高等职业教育土木建筑类专业新形态教材

建筑材料与检测

主　编　连　丽

副主编　刘丘林　鲁周静　周小华

　　　　郑贤忠　罗朝宝

北京理工大学出版社
BEIJING INSTITUTE OF TECHNOLOGY PRESS

内 容 提 要

本书面向建筑类专业群工程材料学习人员进行编写，以国家最新的法律、法规、规章、规范性文件及有关技术规范标准为依据，结合工程各类岗位所需要的建筑材料知识，阐述了常用的建筑工程材料的种类、性能及使用，并给出相关检测依据与步骤。本书共分为五个学习情境，分别介绍了材料基本性质、结构材料、墙体材料、功能材料、装饰材料等内容。

本书可作为高职高专院校建筑工程技术等相关专业的教材，也可作为函授和自考辅导用书，还可供工程项目施工现场相关技术和管理人员工作时参考使用。

版权专有　侵权必究

图书在版编目（CIP）数据

建筑材料与检测 / 连丽主编. —北京：北京理工大学出版社，2019.1（2021.1重印）
ISBN 978-7-5682-6508-9

Ⅰ.①建… Ⅱ.①连… Ⅲ.①建筑材料－检测－高等学校－教材 Ⅳ.①TU502

中国版本图书馆CIP数据核字(2018)第285004号

出版发行 /	北京理工大学出版社有限责任公司
社　　址 /	北京市海淀区中关村南大街5号
邮　　编 /	100081
电　　话 /	（010）68914775（总编室）
	（010）82562903（教材售后服务热线）
	（010）68948351（其他图书服务热线）
网　　址 /	http://www.bitpress.com.cn
经　　销 /	全国各地新华书店
印　　刷 /	河北鑫彩博图印刷有限公司
开　　本 /	787毫米×1092毫米　1/16
印　　张 /	17
字　　数 /	411千字
版　　次 /	2019年1月第1版　2021年1月第5次印刷
定　　价 /	49.80元（含配套实训报告）

责任编辑 / 李　薇
文案编辑 / 李　薇
责任校对 / 周瑞红
责任印制 / 边心超

图书出现印装质量问题，请拨打售后服务热线，本社负责调换

前 言

近年来各种新型材料、新工艺、新技术迅猛发展，有关材料的技术标准和技术规程也在不断修订并颁布实施，本书力求吸收国内外建筑工程材料的先进技术，并结合建筑工程技术、市政工程技术、工程监理等专业的应用情况进行编写。

本书是面向高职高专教育层次的教材，模式上以高职院校人才培养方案和课程改革思路为依据来选取，改变了传统的章节划分、理论较强的教材模式；内容选取上以对学生就业岗位群的分析和二级建造师考试大纲的要求为依据，改变了传统的简单按材料种类划分章节的教材模式；以能力为本位、够用为原则、工作任务为导向，使学生的理论知识和实践能力得到有机的结合。

本书以工作任务划分为学习情境，在学习情境中以任务提出为推动、任务分析为所需理论知识的载体、任务实施为目的，通过"教、学、做"一体化完成对能力目标的培养和知识目标的掌握。

本书共分为五个学习情境，包括建筑材料认知、钢筋混凝土性能与检测、墙体材料性能与检测、建筑功能材料、建筑装饰材料等内容，主要培养学生能够认识各种建筑材料、掌握材料性能与特点；能够根据工程特点合理选用材料；能够对材料的常用性能进行检测；能够掌握材料储存与运输的注意事项等能力。同时本书中配有相应的图片、案例、习题，可增加学生的学习兴趣、分析问题的能力和对知识的巩固。通过每个学习情境后的知识拓展，来了解工程中所用的新材料、新工艺、新技术。最后还附录了历年二级建造师建筑材料相关考试真题，为学生工作后获取相关资质证书做好理论知识的准备。

本书由广州城建职业学院连丽担任主编，由广州城建职业学院刘丘林、鲁周静、周小华、郑贤忠、罗朝宝担任副主编，并得到广州市啊啦棒高分子材料有限公司程维山的大力帮助，并对本书的编写提出了很多宝贵意见。

本书为广东省高等职业教育品牌专业建设项目（2016gzpp016）的配套项目。

限于编者水平，书中不妥之处在所难免，如读者在使用本书的过程中有其他意见或建议，恳请向编者（lili81170@163.com）提出宝贵意见。

编 者

目 录

学习总情境 ………………………………………………………………………………… 1

学习情境 1　建筑材料认知 …………………………………………………………… 2
学习单元 1.1　建筑材料分类与检验 ………………………………………………… 2
学习单元 1.2　建筑材料基本性质分析 ……………………………………………… 7

学习情境 2　结构材料性能与检测 …………………………………………………… 22
学习单元 2.1　钢筋性能与检测 ……………………………………………………… 23
学习单元 2.2　无机胶凝材料性能与检测 …………………………………………… 48
学习单元 2.3　普通混凝土用骨料性能与检测 ……………………………………… 80
学习单元 2.4　普通混凝土性能与检测 ……………………………………………… 99
学习单元 2.5　外加剂的选用 ………………………………………………………… 124
学习单元 2.6　普通混凝土配合比设计 ……………………………………………… 132

学习情境 3　墙体材料性能与检测 …………………………………………………… 146
学习单元 3.1　墙体材料的认知 ……………………………………………………… 146
学习单元 3.2　墙用砖、砌块的检测 ………………………………………………… 161
学习单元 3.3　建筑砂浆的认知 ……………………………………………………… 166

学习情境 4　建筑功能材料性能与检测 ……………………………………………… 176
学习单元 4.1　防水材料的性能与检测 ……………………………………………… 176
学习单元 4.2　其他建筑功能材料认知 ……………………………………………… 195

学习情境 5　建筑装饰材料的认知 …………………………………………… 203

附录 A　历年二级建造师考试材料真题 …………………………………… 229
附录 B　建筑材料相关英语翻译 …………………………………………… 241
参考文献 ……………………………………………………………………… 250

学习总情境

广州某图书馆建设工程，占地面积约为 29 308 m²，分为 A、B 两栋，其结构为框架结构，共 6 层，梁、板、柱等主要结构使用的材料均为钢筋混凝土。假设你作为施工员，项目经理要求你选取框架柱所需的建筑材料，并对所选取的材料进行基本性能检测，以确定其质量及使用的安全性。框架柱的结构配筋如图 0-1 所示。

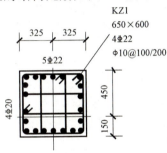

图 0-1　框架柱的结构配筋图

若你作为该工程的一名施工员兼材料员，项目经理目前正在拟订工程计划，分配给你的工作是选取适合该工程的建筑材料，那么完成一幢建筑都需要哪些建筑材料呢？如何选择建筑材料呢？需要注意哪些事项？在建筑材料选取方面结合本工程拟应完成以下工作：

工作一：选取胶凝材料及检测其性质；

工作二：选取金属材料及检测其性质；

工作三：选取墙体材料及检测其性质；

工作四：选取防水材料及检测其性质；

工作五：选取装饰材料。

注：本教材在总情境中不一一规定各项参数，请根据自己的实际情况自行决定。

学习情境 1

建筑材料认知

知识目标

1. 掌握建筑材料分类及相应标准。
2. 掌握建筑材料的基本物理性质、与力学有关的性质及耐久性。
3. 了解材料在建筑工程中的重要作用。

能力目标

1. 能够区分结构材料、功能材料、装饰材料在建筑工程中的使用部位。
2. 能够根据材料的基本性质,初步判断材料的性能。
3. 养成保证材料质量的良好意识。

学习单元 1.1　建筑材料分类与检验

建筑材料是建筑工程的物质基础,对建筑艺术的表达形式、建筑产品的质量及建筑工程的造价都有重要的影响。 因此,作为一名设计人员,需要掌握现有建筑材料和新型建筑材料的性质,才能将建筑艺术与材料的选用有机融合到一起;作为一名结构工程师,只有熟练地掌握材料的性能,才能创造出新型、稳定的结构形式;作为一名造价工程师,为了节约成本,就必须考虑合理地选用建筑材料,因为在一般的建筑工程总造价中,与材料直接相关的费用占到50%以上;作为一名刚毕业走向建筑工作岗位的学生或者从事建筑工程的工作人员,掌握建筑材料与检测相关知识更为重要,例如,施工员应该掌握材料在运输、储存、送检、施工过程中所注意的一些事项和一些材料的检测方法。

建筑材料是随着人类社会生产力的发展和科学技术水平的提高而逐步发展起来的。原始社会,人们开始使用简单的工具,利用土、草、苇、泥、竹、木、石材等天然建筑材料,建成最简单的房屋,抵抗大自然和野兽的侵袭。随着生产力的发展出现了烧土制品、砖、瓦、石灰、玻璃等建筑材料,材料由天然材料阶段进入到人工材料阶段。近代建筑材料主要采用的是钢铁、水泥、混凝土、钢筋混凝土、平板玻璃、胶粘剂、人造板材等,近代建筑材料的出现使建筑技术发生了前所未有的变化。20世纪材料科学的形成和发展，推动了建筑材料的性能和质量的提高，新型建材、绿色建材不断问世，如塑料、铝合金、不锈钢、高性能混凝土、保温隔热材料、防水材料、节能材料等。新型建筑材料正被广泛地应用于建筑结构中，为各种不同需求的建筑物提供了材料保证。

著名建筑

📖 任务提出

请结合图1-1所示民用建筑物的构造组成，按建筑材料在建筑物中的使用部位、使用功能、化学成分对建筑材料进行分类，并说明所用建筑材料的检测和技术标准。

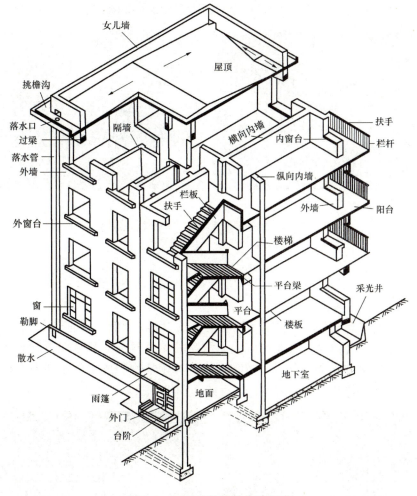

图1-1 民用建筑物的构造组成

⚙️ 任务分析

根据图1-1分析，建筑材料按使用功能分可以分为：起承重作用的结构材料，如用于梁、楼板、柱、基础等的材料；起围护和分隔作用的墙体材料，如用于内墙、隔墙、外墙等的材料；起防水、保温隔热、吸声隔声等担负建筑物各种功能作用的功能材料，如屋顶防水卷材、防水涂料、屋顶保温隔热材料、外墙保温材料等；起装饰美观作用的装饰材料，如室外装饰和室内装饰装修材料。建筑材料根据其化学成分可以分为有机材料、无机材料和复合材料。

任务实施

一、结构材料

结构材料主要是指建筑物中的受力构件和结构所用的材料，如建筑结构中的各种梁、楼板、框架结构中的柱、基础和其他受力构件所用的材料。结构材料主要起到承重的作用，建筑结构受到破坏后无法修复或者修复困难，严重影响建筑物的安全和稳定性，所以，对于结构材料的主要技术要求是强度和耐久性。目前，常用的承重结构材料有钢材、混凝土、钢筋混凝土、砖、石材等。图 1-2 所示为采用钢筋混凝土结构、钢结构的建筑物。

图 1-2　钢筋混凝土结构、钢结构建筑物
(a)钢筋混凝土结构柱；(b)钢结构——鸟巢

二、墙体材料

墙体材料是指建筑物外墙、内墙及隔墙所用的材料，如图 1-3 所示。墙体主要起承重、围护和分隔的作用。墙体材料主要可以分为**承重墙体材料**和**非承重墙体材料**两大类。墙体在建筑物中占有较大的比重，合理选择墙体材料对建筑物的成本控制和安全稳定起着至关重要的作用。目前，我国常用的墙体材料有砖、砌块、板材三大类。

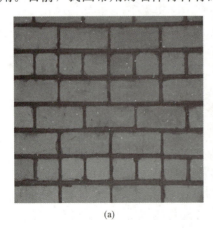 

图 1-3　部分墙体材料使用
(a)灰砖墙；(b)砌块墙

三、功能材料

功能材料主要是指保证建筑物某些功能所用的材料,如防水材料、防火材料、保温材料、吸声(隔声)材料、采光材料、防腐材料等。随着科技的发展和人们对建筑物舒适度要求的不断提高,建筑市场中功能材料的品种越来越多,但在选用时要注意绿色、环保、对人体健康无危害等要求。

四、装饰材料

装饰材料是指用于建筑物内外墙面、地面、顶棚和室内空间装饰装修所用的材料。装饰材料能更好地表达建筑物的艺术效果,给人以美和舒适的享受。目前,常用的装饰材料主要有木材、塑料、石膏、铝合金、涂料、玻璃、陶瓷等。

五、无机材料、有机材料和复合材料

建筑材料按化学成分进行分类见表 1-1。

表 1-1　建筑材料按化学成分分类

分类		举例
无机材料	金属材料	黑色金属:生铁、碳素钢、合金钢等 有色金属:铝、铜及其合金等
	非金属材料	天然石材:石材及其制品等 烧土制品:烧结砖、陶瓷及制品等 胶凝材料:水泥、石灰、石膏、镁质胶凝材料、水玻璃等 硅酸盐制品:混凝土、砂浆等
有机材料	植物材料	木材、竹材、植物纤维及制品等
	沥青材料	石油沥青、煤沥青、改性沥青及制品等
	合成高分子材料	塑料、有机涂料、胶粘剂、合成橡胶等
复合材料	有机—无机非金属材料复合	沥青混凝土、玻璃纤维增强塑料等
	金属—无机非金属材料复合	钢筋混凝土、钢纤维混凝土等
	金属—有机材料复合	PVC 钢板、轻质金属夹芯板等

六、建筑材料技术标准化

随着建筑市场的逐步规范,对建筑产品质量要求不断提高,建筑材料的质量在生产和使用的过程中必须符合相应的规定。建筑材料技术标准是确定建筑材料在生产和使用的过程中产品质量是否合格的技术文件。建筑材料技术标准主要内容包括产品的规格、分类、技术要求、检测方法、验收规定、产品的外部包装及标志、产品在运输和储存过程中应注意的事项等。它是生产、设计、施工、管理和研究等部门应共同遵循的准则,对于绝大多数常用的建筑材料,均由专门的机构制定并颁布了相应的"技术标准",对其质量、规格和验收方法等作了详尽而明确的规定。

目前,**我国常用的标准主要有国家级——国家标准、行业(或部)级——行业标准、地方级——地方标准、企业级——企业标准四级**。

1. 国家标准(代号:GB 或 GB/T)

国家标准是指由国家标准化主管机构批准发布,对全国经济、技术发展有重大意义,且在全国范围内实施的统一标准。其他各级标准均应符合国家标准。国家标准的编号由国家标准的代号、国家标准发布的顺序号和国家标准发布的年号组成。例如，2007 年制定的国家强制性 175 号通用硅酸盐水泥的标准为《通用硅酸盐水泥》(GB 175—2007)。

2. 行业标准

由我国各主管部、委(局)批准发布，在该部门范围内统一使用的标准，称为行业标准。如机械、电子、建筑、化工、冶金、经工、纺织、交通、能源、农业、林业、水利等部门，都制定有行业标准。行业标准一般以行业简写为代号，如 JC——建材行业标准，JT——交通标准，SD——水电标准等。行业标准是国家标准的补充，是专业性、技术性较强的标准，行业标准的制定不得与国家标准相抵触。

3. 地方标准(代号：DB)

地方标准又称区域标准，对没有国家标准和行业标准而又需要在省、自治区、直辖市范围内统一工业产品的安全、卫生要求时，可以制定地方标准。地方标准由省、自治区、直辖市标准化行政主管部门制定，并报国务院标准化行政主管部门和国务院有关行政主管部门备案，在公布国家标准或者行业标准之后，该地方标准即应废止。

4. 企业标准(代号：QB)

企业标准是对企业范围内需要协调统一的技术要求、管理要求和工作要求所制定的标准，仅限于在企业内部使用。企业标准由企业制定，由企业法人代表或法人代表授权的主管领导批准、发布。企业标准一般以"Q"作为企业标准的开头。

技术标准可分为强制性标准和推荐性标准。在全国范围内的所有该类产品的技术指标都不得低于强制性标准中的规定；推荐性标准，不具有强制性，任何单位均有权决定是否采用，违犯这类标准，不构成经济或法律方面的责任。应当指出的是，推荐性标准一经接受并采用，或各方商定同意纳入经济合同中，就成为各方必须共同遵守的技术依据，具有法律上的约束性。

习 题

1. 建筑材料的分类有哪些？
2. 建筑材料的标准有哪些？
3. 建筑材料在建筑工程中的地位如何？
4. 请给周边的实际建筑物所用材料进行分类。

学习单元 1.2　建筑材料基本性质分析

建筑制品直接与大气环境相接触，受到不同环境因素的影响，建筑材料的质量会有所下降。为了保证建筑物的使用功能，提高建筑材料的耐久性，要求在工程设计、施工的过程中必须合理地选用建筑材料。所以，必须对建筑材料的基本性质有所掌握，才能在选用建筑材料的过程中保证耐久性的要求。

任务提出

掌握建筑材料的基本物理性质、与水有关的性质、与热有关的性质、与力学有关的性质等方面的相关知识，能够理解相关专业术语。

任务分析

掌握建筑材料的基本性质及与环境因素的相互关系，能够对材料的基本物理性质、与水有关的性质、与热有关的性质、与力学有关的性质进行简要分析，从而提出提高材料抗渗、抗冻、保温隔热、强度等性能的方法和措施；能够根据材料基本性质在工程中合理选用材料。

建筑材料的基本性质如图 1-4 所示。

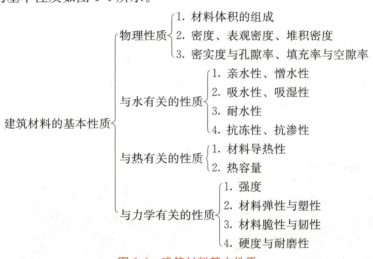

图 1-4　建筑材料基本性质

任务实施

一、分析材料的基本物理性质

1. 材料体积组成分析

自然界中块状材料在自然状态下的体积（V_0）由材料固体物质所占体积（V）和材料内部孔隙所占体积（V_p）组成。材料内部孔隙（V_p）按照开

材料的物理性质

孔特征可分为闭口孔隙和开口孔隙。闭口孔隙为自身封闭的孔隙;开口孔隙为与外界连通的孔隙。散粒材料由具有一定粒径的材料堆积而成,如工程中常用的砂、碎石、卵石等。其体积组成不仅包含了材料实体体积、孔隙体积,还包含了堆积状态下颗粒与颗粒之间的空隙所占的体积(V_s),如图1-5所示。

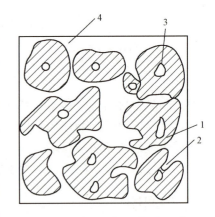

图1-5 散粒材料堆积状态示意图
1—颗粒中固体物质;2—颗粒的开口孔隙;
3—颗粒的闭口孔隙;4—颗粒之间的空隙(V_s)

在材料的体积组成中,孔隙构造对建筑材料的许多性质,如强度、吸水性、抗渗性、抗冻性、导热性及隔声、吸声性等都有很大影响。孔隙的构造特征主要是指孔的形状(连通孔与封闭孔)、孔径的大小及分布是否均匀等。连通孔不仅彼此贯通且与外界相通,而封闭孔则彼此不连通且与外界相隔绝。孔隙按孔径大小分为细孔和粗孔。一般来说,孔径越大,孔隙越多,其危害程度越大;反之,材料的各项性能将明显提高。

2. 密度

密度是指材料在绝对密实状态下单位体积的质量。 材料的密度可按式(1-1)计算。

$$\rho = \frac{m}{V} \tag{1-1}$$

式中 ρ——密度(g/cm³);

m——材料在干燥状态下的质量(g);

V——干燥材料在绝对密实状态下的体积,或称绝对体积(cm³)。

材料在绝对密实状态下的体积是指不包含材料孔隙的体积,在建筑材料中除钢材(图1-6)、玻璃等极少数材料可忽略孔隙体积外,绝大多数材料,如墙体材料、混凝土(图1-7)等材料内部都含有一些孔隙。

图1-6 钢材

图1-7 混凝土

测定材料的绝对密度,通常将材料磨成细粉,以便排除其内部孔隙,一般要求磨细至粒径小于0.2 mm,干燥后用排液(李氏瓶)法测定其实际体积。材料磨得越细,细粉体积越接近实际体积,所测得的值越精确。

3. 表观密度

材料在自然状态下(包含孔隙)单位体积所具有的质量,称为材料的表观密度。材料的表观密度可按式(1-2)计算。

$$\rho_0 = \frac{m}{V_0} \tag{1-2}$$

式中　ρ_0——表观密度(kg/m^3 或 g/cm^3);

　　　m——材料的质量(kg 或 g);

　　　V_0——材料在自然状态下的体积(m^3 或 cm^3)。

材料在自然状态下的体积是指材料固体物质所占的体积与孔隙体积(包含开口孔隙和闭口孔隙)之和。对于形状规则的材料体积可以直接量测计算得出,对于形状不规则的材料,可将其表面用蜡封住后,用排液法测定其体积。当材料孔隙内含有水分时,其质量和体积均有所变化,因此测定材料表观密度时,必须注明其含水情况。未注明含水情况的表观密度,均指干表观密度。

4. 堆积密度

堆积密度是指散粒材料或粉状材料,在自然堆积状态下单位体积的质量。材料的堆积密度可按式(1-3)计算。

$$\rho_0' = \frac{m}{V_0'} \tag{1-3}$$

式中　ρ_0'——材料的堆积密度(kg/m^3);

　　　m——材料的质量(kg);

　　　V_0'——材料的堆积体积(m^3)。

测定散粒状材料的堆积密度时,材料的质量是指填充在一定容积的容器内的材料质量,其堆积体积是指所用容器的容积。材料在自然状态下的堆积密度称为**松散堆积密度**;在振动、压实等密实状态下的堆积密度称为**紧密堆积密度**。

在建筑工程中,计算结构构件自重、拌合站确定材料的堆放空间等,经常会用到材料的密度、表观密度、堆积密度,基本概念对比理解见表1-2;常见建筑材料的密度、表观密度、堆积密度见表1-3。

表1-2　密度、表观密度、堆积密度基本概念对比

名称	定义	计算公式	应用
密度	材料在绝对密实状态下,单位体积的质量	$\rho = \frac{m}{V}$	判断材料性质
表观密度	材料在自然状态下,单位体积的质量	$\rho_0 = \frac{m}{V_0}$	材料用量计算、构件质量计算、确定堆放空间
堆积密度	材料在堆积状态下,单位体积的质量	$\rho_0' = \frac{m}{V_0'}$	

表1-3　常见建筑材料的密度、表观密度、堆积密度

材料名称	密度 $\rho/(g \cdot cm^{-3})$	表观密度 $\rho_0/(kg \cdot m^{-3})$	堆积密度 $\rho_0'/(kg \cdot m^{-3})$
木材	1.51	400~800	—
钢材	7.85	7 850	—

续表

材料名称	密度 ρ/(g·cm^{-3})	表观密度 ρ_0/(kg·m^{-3})	堆积密度 ρ_0'/(kg·m^{-3})
泡沫塑料	1.0～2.6	20～50	—
玻璃	2.55	—	—
花岗石	2.6～2.9	2 500～2 850	—
石灰石	2.4～2.6	2 500～2 600	—
普通砂	2.6～2.8	—	1 450～1 700
碎石或卵石	2.6～2.9	—	1 400～1 700
普通混凝土	2.6～2.8	—	2 300～2 500
烧结普通砖	2.5～2.7	1 500～1 800	—

5. 孔隙率与密实度

孔隙率是指材料中孔隙体积占总体积的百分比。材料的孔隙率（P）按式(1-4)计算。

$$P=\frac{V_0-V}{V_0}\times 100\%=\left(1-\frac{\rho_0}{\rho}\right)\times 100\% \quad (1-4)$$

密实度是指材料中固体物质的体积占总体积的百分比。材料的密实度（D）按式(1-5)计算。

$$D=\frac{V}{V_0}\times 100\%=\frac{\rho_0}{\rho}\times 100\% \quad (1-5)$$

由式(1-4)和式(1-5)可知，孔隙率和密实度的关系为 $P+D=1$。

一般用材料的孔隙率来表示材料的致密程度，材料的**孔隙率越小**，材料的**密实度越大**。一般而言，**孔隙率越小且连通孔隙较少的材料，抗冻性、抗渗性较好**；反之，孔隙率越大，对材料的危害越大。在材料的生产过程中，应采取提高材料的密实度、改变材料内部孔隙的结构来改善材料的性能。

6. 填充率与空隙率

填充率是指散粒材料在其堆积体积中，颗粒体积占总体积的比例。填充率按式(1-6)计算。

$$D'=\frac{V_0}{V_0'}\times 100\%=\frac{\rho_0'}{\rho_0}\times 100\% \quad (1-6)$$

空隙率是指散粒材料在其堆积体积中，颗粒之间的空隙体积占总体积的比例。空隙率按式(1-7)计算。

$$P'=\frac{V_0'-V_0}{V_0'}\times 100\%=\left(1-\frac{\rho_0'}{\rho_0}\right)\times 100\% \quad (1-7)$$

由式(1-6)和式(1-7)可知，填充率和空隙率的关系为 $P'+D'=1$。

空隙率的大小，反映了散粒材料的颗粒之间互相填充的致密程度。**空隙率可以作为控制混凝土骨料级配与计算砂率的依据**。

【案例分析1-1】 某块材料在全干状态下称量，质量为150 g，在自然状态下的体积为50 cm³，绝对密实状态下的体积为40 cm³，求其密度、表观密度、密实度和孔隙率。

【解析】 密度：$\rho=\dfrac{m}{V}=\dfrac{150}{40}=3.75(\text{g/cm}^3)$

表观密度：$\rho_0=\dfrac{m}{V_0}=\dfrac{150}{50}=3.0(\text{g/cm}^3)$

密实度：$D=\dfrac{V}{V_0}\times 100\%=\dfrac{40}{50}\times 100\%=80\%$

孔隙率：$P=1-D=1-80\%=20\%$

二、分析材料与水有关的性质

1. 亲水性与憎水性

固体材料在空气中与水接触时，按其是否易被水润湿可分为亲水性材料和憎水性材料两类。

润湿是指水在材料表面逐渐被吸附的过程，材料被水润湿的程度用润湿角 θ 表示。润湿角是在材料、水、空气三相交接处，沿水滴表面做切线，切线与水和材料接触面所成的角，如图1-8所示。润湿角 $\theta\leqslant 90°$ 时，材料表现为亲水性，为亲水材料；润湿角 $\theta>90°$ 时，材料表现为憎水性，为憎水材料。

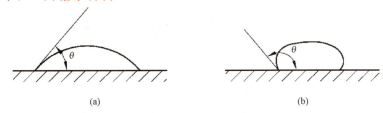

图1-8 材料的润湿角
(a)亲水材料；(b)憎水材料

材料表现为亲水或憎水的原因在于材料的分子结构。亲水性材料与水分子之间的分子亲和力，大于水本身分子间的内聚力，憎水性材料与水分子之间的亲和力，小于水本身分子间的内聚力。

大多数建筑材料属于亲水性材料，如混凝土、砖、石材、木材等；大部分有机材料属于憎水性材料，如沥青、塑料、石蜡等。憎水性材料能阻止水分渗入材料内部孔隙中，所以能降低材料的吸水性。憎水性材料具有较好的防水性、防潮性、抗渗性，常用作防潮防水材料，也可用于亲水性材料的表面处理。

2. 吸水性与吸湿性

材料的**吸水性**是指材料在水中吸收水分的性质。吸水性的大小可以用质量**吸水率**和体积吸水率两种方法表示。

材料的**吸湿性**是指材料在潮湿空气中吸收水分的性质。吸湿性的大小用**含水率**表示。

质量吸水率是指材料在吸水饱和状态下，所吸收水分的质量占材料干燥质量的百分比。质量吸水率按式(1-8)计算。

$$W_\text{质}=\dfrac{m_\text{饱}-m_\text{干}}{m_\text{干}}\times 100\% \tag{1-8}$$

式中　$W_\text{质}$——材料的质量吸水率(%)；

　　　$m_\text{饱}$——材料吸水饱和状态下的质量(g)；

　　　$m_\text{干}$——材料在干燥状态下的质量(g)。

体积吸水率是指材料在吸水饱和状态下，所吸收水分的体积占干燥材料自然状态下的体积的百分比。体积吸水率按式(1-9)计算。

$$W_{体} = \frac{m_{饱} - m_{干}}{V_{0干}} \cdot \frac{1}{\rho_w} \times 100\% \qquad (1-9)$$

式中　$W_{体}$——材料的体积吸水率(%)；

　　　ρ_w——水的密度(未特殊说明取 g/cm³)；

　　　$V_{0干}$——干燥材料在自然状态下的体积(cm³)。

含水率是指材料中所含水分的质量占材料干燥质量的百分率。含水率按式(1-10)计算。

$$W_{含} = \frac{m_{含} - m_{干}}{m_{干}} \times 100\% \qquad (1-10)$$

式中　$W_{含}$——材料的含水率(%)；

　　　$m_{含}$——材料含水时的质量(g)；

　　　$m_{干}$——材料在干燥至恒质量状态下的质量(g)。

材料含水率的大小不仅与材料孔隙率大小和孔隙的结构特征有关，还与周围空气的温度、湿度有关，当空气湿度大且温度较低时，材料的含水率就大。材料中的水分与周围空气的湿度达到平衡，这时的材料处于气干状态。**材料在气干状态下的含水率，称为平衡含水率**。平衡含水率不是固定不变的，它随着环境温度与湿度的改变而改变。

材料的吸水性，不仅取决于材料本身的亲水性，还与其孔隙率的大小及孔隙特征有关。一般孔隙率越大，吸水性越强。封闭的孔隙，水分不能进入；粗大开口的孔隙，不易吸满水分；具有很多微小开口孔隙的材料，其吸水能力特别强。各种材料的吸水率相差很大，例如，密实花岗岩的质量吸水率为0.1%~0.7%，普通混凝土为2%~3%，烧结普通砖为8%~20%，而木材及其他轻质材料的质量吸水率常大于100%。水对材料有许多不良的影响，它使材料的表观密度和导热性增大，强度降低，体积膨胀，易受冰冻破坏，因此，材料吸水率大是不利的。在建筑工程中经常涂抹一些憎水材料减少建筑部位基层材料的吸水性，从而达到防水防潮的目的，如图1-9所示。

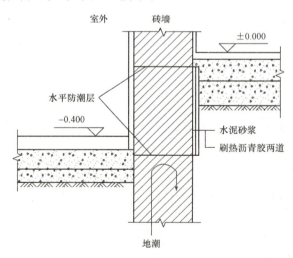

图1-9　某建筑墙身防潮构造图

3. 耐水性

材料受水的作用后不损坏，其强度也不显著降低的性质称为耐水性。材料的耐水性以软化系数 $K_{软}$ 表示，按式(1-11)计算。

$$K_{软}=\frac{f_{饱}}{f_{干}} \tag{1-11}$$

式中　$K_{软}$——软化系数；

　　　$f_{饱}$——材料在吸水饱和状态下的强度(MPa)；

　　　$f_{干}$——材料在干燥状态下的强度(MPa)。

一般材料在含水时，强度均有所降低。这是因为材料微粒之间的结合力被渗入的水分子削弱。如果材料中含有某些易被水溶解或软化的物质(如黏土、石膏等)，则强度降低更为严重。

软化系数越大，材料的耐水性越好，耐水性是选择材料的重要依据。经常位于水中或受潮严重的重要结构，其材料的软化系数不宜小于 0.85，如水中的桥梁结构的桥墩、承台等；受潮较轻或次要结构，材料软化系数也不宜小于 0.70。

4. 抗渗性

材料抵抗压力水渗透的性能，称为抗渗性。材料的抗渗性与其孔隙率及孔隙特征有关。绝对密实的材料，具有封闭孔隙或极细孔隙的材料，实际上是不透水的。材料毛细管壁的亲水或憎水也对抗渗性有一定影响。材料抗渗性常用渗透系数 K_s 来表示，按式(1-12)计算。

$$K_s=\frac{Qd}{AtH} \tag{1-12}$$

式中　K_s——渗透系数(cm/s)；

　　　Q——渗水量(mL)；

　　　d——材料厚度(cm)；

　　　A——渗水面积(cm^2)；

　　　t——渗水时间(s)；

　　　H——静水压力水头(cm)。

根据达西定律，在一定时间内，透过材料的水量与材料过水断面面积及水头差成正比，与材料的厚度成反比。渗透系数 K_s 越小，表明材料的抗渗性越强。

对于混凝土和砂浆材料，抗渗性常用抗渗等级 PN 表示，如 P4、P6、P8 分别表示材料所能承受液体压力分别为 0.4 MPa、0.6 MPa、0.8 MPa，且不发生渗透。

水工建筑物和某些地下建筑物，因常受到压力水的作用，所用材料应具有一定的抗渗性。作为防水材料，一般也要求有较高的不透水性。

5. 抗冻性

材料的抗冻性是指材料在水饱和状态下，能经受多次冻融循环作用而不破坏，强度也不显著降低的性质。

材料抗冻等级是指标准尺寸的材料试件，在水饱和状态下，经受标准的冻融作用后，其强度不严重降低、质量不显著损失、性能不明显下降时，所经受的冻融循环次数。材料的抗冻性用**抗冻等级 FN** 来表示，如 F100 表示材料在规定条件下，最多能承受 100 次的冻融循环而不破坏。

材料经受多次冻融循环作用后，表面将出现裂纹、剥落等现象，造成材料的质量损失和强度降低。材料抵抗冻融破坏作用的能力，与其孔隙率及孔隙特征和孔隙内的充水状况有关，受到材料变形能力、抗拉强度及耐水性的影响。材料的孔隙特征及孔隙内的充水状况，直接影响材料受冰冻破坏作用的程度。绝对密实或孔隙率极小的材料，一般是耐冻的；材料内含有大量封闭、球形、间隙小且未充满水的孔隙时，冰冻破坏作用也较小，抗冻性较好。材料的强度越高、韧性越好、变形能力越大,对冰冻破坏作用的抵抗能力越强,抗冻性越好。另外,抗冻性良好的材料,抵抗干湿变化及温度变化等风化作用的性能也较强,所以,抗冻性可作为矿物质材料抵抗环境物理作用的耐久性综合指标。处于温暖地区的结构物,为抵抗风化作用,对材料也应提出了一定的抗冻性要求。

三、分析材料与热有关的性质

1. 导热性

材料传导热量的性质称为导热性。材料导热性的大小用导热系数 λ 表示,导热系数按式(1-13)计算。

$$\lambda = \frac{Qd}{AZ\Delta t} \tag{1-13}$$

式中　λ——导热系数[W/(m·K)];
　　　Q——通过材料的热量(J);
　　　d——材料厚度或传导的距离(m);
　　　A——材料传热面积(m^2);
　　　Z——导热时间(s);
　　　Δt——材料两侧的温度差(K)。

材料的导热系数越小,材料的绝热性能越好。影响材料导热性的因素很多,其中最主要的有材料的孔隙率、孔隙特征及含水率等。材料内部闭口孔隙越多,材料的导热系数越小,这是因为材料的导热系数主要取决于材料固体物质的导热系数和孔隙中空气的导热系数,而空气的导热系数相对比较低[0.023 W/(m·K)],所以材料的孔隙率越大,导热性越低。空气在粗大和连通的孔隙中较易形成对流,使导热性增大,故具有细微或封闭孔隙的材料,比具有粗大或连通孔隙的材料导热性低。水的导热系数[0.58 W/(m·K)]大大超过空气,所以当材料的含水率增大时,其导热性也相应提高。若水结冰,冰的导热系数[2.20 W/(m·K)]进一步增大。材料的导热性对建筑物的隔热和保温具有重要的意义,特别是保温、隔热材料在运输、储存、施工等过程中应注意防潮、防冻。

【案例分析1-2】　我国北方某住宅工程,因冬季气温比较低,外墙及顶层需做保温层,图1-10所示为两种材料的剖面,请问应选择何种材料?

图 1-10　材料的剖面
(a)加气混凝土砖; (b)普通混凝土砖

【解析】：做保温层的目的是减小外界温度变化对住户的影响。材料保温性能的主要描述指标为导热系数和热容量，其中导热系数越小越好。观察两种材料的剖面，图1-10(a)所示材料为多孔结构，图1-10(b)所示材料为密实结构，多孔材料因其孔隙中含有较多的空气，导热系数较小，适合作保温层材料。

2. 热容量与比热容

材料具有受热时吸收热量、冷却时放出热量的性质，该热量称为材料的热容量(Q)。比热容(C)表示1 kg材料温度升高(或降低)1 K时所吸收(或放出)的热量。热容量及比热容按式(1-14)和式(1-15)计算。

$$Q = CG(t_2 - t_1) \tag{1-14}$$

$$C = \frac{Q}{G(t_2 - t_1)} \tag{1-15}$$

式中　Q——材料吸收或放出的热量(J)；
　　　C——材料的比热[J/(kg·K)]；
　　　G——材料的质量(kg)；
　　　$t_2 - t_1$——材料受热(或冷却)前后的温度差(K)。

比热容反应材料吸热和放热能力的大小。**比热容越大，材料吸热或放热的能力就越大**。材料的热容量对保持室内的温度稳定有很大意义。热容量高的材料能对室内温度起调节作用，使温度变化不致过快。冬季或夏季施工对材料进行加热或冷却处理时，均需考虑材料的热容量。表1-4列出了几种典型材料及物质的热性质。

表1-4　几种典型材料及物质的热性质

材料名称	钢材	普通混凝土	冰	烧结空心砖	花岗石	密闭空气	水
比热容/[J·(kg·K)$^{-1}$]	0.48	0.84	2.05	0.92	0.92	1.00	4.18
导热系数/[W·(m·K)$^{-1}$]	58	1.51	2.20	0.64	3.49	0.023	0.58

墙体材料的热学性能对建筑节能具有重要的意义。建筑物外墙的墙体材料，既要导热性低，具有隔热、保温功能以及防水性能，又要具有较大的热容量，以提高建筑物内部温度稳定性，节约冬季取暖及夏季降温过程中的能耗。为同时满足导热性和热容量两个方面的要求，常采用在热容量大的墙体材料外表面覆盖一层导热性低并具有防水功能的新型复合材料面层。

3. 温度变形性

材料的温度变形性是指材料随温度变化而体积发生变化的程度，一般材料都符合热胀冷缩的属性。材料的温度变形性常用长度方向上的尺寸变化，即膨胀系数(线膨胀和线收缩)来表示，按式(1-16)计算。

$$\alpha = \frac{\Delta L}{L(t_2 - t_1)} \tag{1-16}$$

式中　α——线膨胀系数(1/K)；
　　　L——材料原来的长度(mm)；
　　　ΔL——材料的线变形量(mm)；
　　　$t_2 - t_1$——材料在温度升高或降低前后的温度差(K)。

在建筑工程中,材料的温度变形对建筑材料和建筑结构的稳定会产生一定的破坏作用,因此,在材料的使用上要求温度变形不要太大,或采用温度伸缩缝来减轻材料变形对建筑物的危害。

四、分析材料与力学有关的性质

材料的力学性质是指材料在外力(荷载)作用下,产生变形和抵抗破坏方面的性质。

1. 强度与比强度

材料的强度是指材料在外力(荷载)作用下抵抗破坏的能力。根据外力作用的形式不同,材料强度有抗压强度、抗拉强度、抗(折)弯强度、抗剪强度等,各强度的计算公式见表1-5。

为了合理选用材料,在建筑工程中根据受力形式的不同,将材料根据其极限强度的大小分为不同的强度等级。塑性材料按抗拉强度划分强度等级,脆性材料按抗压强度划分强度等级,如混凝土按其抗压强度可分为C7.5、C10、C20等16个强度等级。将建筑材料划分若干个强度等级,对工程的选材、设计、施工、工程质量控制是非常重要的。

表 1-5 强度计算公式

强度名称	受力简图	计算公式	说明
抗压强度	抗压	$f = P/A$	P——破坏荷载(N) A——受力面积(mm^2) L——跨度(mm) b——断面宽度(mm) h——断面高度(mm)
抗拉强度	抗拉	$f_t = \dfrac{P}{A}$	
抗弯强度	抗弯	$f_m = \dfrac{3PL}{2bh^2}$	
抗剪强度	抗剪	$f_V = \dfrac{P}{A}$	

比强度的值等于材料的强度与表观密度之比。比强度是衡量材料**轻质高强**的重要指标，其值越大，材料轻质高强的性能越好。轻质高强材料可用于高层、大跨度结构等建筑物，轻质高强是未来材料的发展方向。

2. 弹性与塑性

材料在外力作用下产生变形，当外力取消后，材料变形即可消失并能完全恢复原来形状的性质称为**弹性**。这种可恢复的变形称为**弹性变形**，图 1-11 所示为弹簧在其弹性范围内的变形。

材料在外力作用下产生变形，当外力取消后，材料仍保持变形后的形状和尺寸，并且材料不发生破坏的性质称为**塑性**，这种外力取消后不可恢复的变形称为**塑性变形**，如图 1-12 所示的钢筋弯曲变形。

图 1-11　弹簧变形

图 1-12　钢筋弯曲

材料在弹性范围内，应力与应变成正比例关系变化，如图 1-13 所示，其比值称为弹性模量（E）。按式（1-17）计算。

$$E = \frac{\sigma}{\varepsilon} \quad (1\text{-}17)$$

式中　E——材料的弹性模量（MPa）；
　　　σ——材料的应力（MPa）；
　　　ε——材料的应变。

弹性模量反应材料抵抗弹性变形的能力，弹性模量越大，材料在荷载作用下抵抗变形的能力就越强。

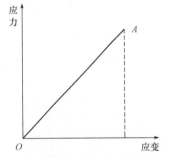
图 1-13　弹性模量示意

有些材料在受力不大时发生弹性变形，当荷载继续增加超过一定限度后发生塑性变形，如建筑钢材、沥青等。有的材料在外力作用下，弹性变形和塑性变形同时发生，如果外力取消，弹性变形可以恢复，塑性变形不能恢复，这种材料称为弹塑性材料，如混凝土、砂浆等。

3. 脆性与韧性

材料在外力作用下（如拉伸、冲击等）仅产生很小的变形即断裂破坏，这种性质称为材料的**脆性**。脆性材料在破坏前无明显预兆，如石材、陶瓷、玻璃、素混凝土等。通常脆性材料的抗压强度比抗拉强度高很多，所以，脆性材料不宜用于受振动荷载和冲击荷载的部位。

材料在冲击荷载或振动荷载作用下，能吸收较多的能量，同时产生一定的变形而不破坏的性质称为材料的**韧性**。具有韧性的材料在破坏前有明显的变形预兆，如钢筋混凝土、低碳钢、低合金钢等。韧性材料具有一定的抗拉强度，所以，对于要求承受冲击荷载和振动荷载的结构宜选用韧性材料。如图1-14所示，材料在脆性破坏前无明显变形，无论是受力较小的初期还是受力加大的后期，而韧性材料随着受力的加大，在破坏前发生了明显的变形。

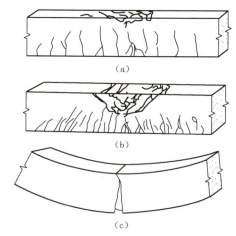

图1-14 塑性与脆性破坏
(a)脆性破坏(受力较小时)；
(b)脆性破坏(受力加大时)；(c)韧性破坏

4. 硬度与耐磨性

硬度是指材料表面的坚硬程度，是抵抗其他物体刻划、压入其表面的能力。 材料的硬度与其分子键的键性有关，一般共价键、离子键及某些金属键结合的材料硬度较大。硬度大的材料耐磨性较高，但不易加工。在工程中，常利用材料的硬度与强度之间的关系，间接测定材料强度。

材料受外界物质的摩擦作用而造成质量和体积损失的现象称为磨损。 材料同时受到摩擦和冲击两种作用而造成的质量和体积的损耗现象称为磨耗。建筑中用于地面、踏步、台阶、路面等处的材料，应适当考虑耐磨性；道路工程所用路面材料，必须考虑抵抗磨损及磨耗的能力；在水利工程中，如滚水坝的溢流面、闸墩和闸底板等部位，经常受到挟带砂子的高速水流的冲刷作用或水底挟带石子的冲击作用而遭受破坏，这些部位都需要考虑材料抵抗磨损及磨耗的能力。若材料的硬度较高、韧性较好、构造较密实，则其抗磨损及磨耗的能力较强。

五、材料耐久性的认知

材料耐久性是指**材料在使用过程中受到各种内外因素的作用下能长久保持原有性质的能力**。耐久性包含材料的抗冻性、抗风(老)化性能(图1-15)、抗腐蚀性能(图1-16)等。

图1-15 沥青路面老化

图1-16 石材腐蚀

材料在使用过程中会受到自然环境中各种因素的作用，使其性能逐渐降低，甚至被破坏，这些破坏作用可分为物理作用、化学作用及生物作用等。**物理作用**包括干湿变化、温度变化及冻融作用等。干湿及温度变化使材料发生膨胀与收缩，多次反复会导致材料裂缝和破坏。在寒冷地区，冰冻及冻融对材料的破坏更为严重。**化学作用**包括酸、碱、盐等物质的水溶液或气体对材料的侵蚀破坏。生物及生物化学作用是指材料被昆虫、菌类等蛀蚀及腐朽。一般矿物质材料，如石料、砖、混凝土等，暴露于大气中或处于水位变化区时，主要发生物理破坏作用；当处于水中时，除物理作用外还可能发生化学侵蚀作用。金属材料，引起破坏的原因主要是化学腐蚀及电化学腐蚀作用。木材及植物纤维组成的有机质材料，常由于**生物作用**而破坏。

在建筑工程中，为**提高材料的耐久性**，根据材料本身的特性和受腐蚀的原因可采取以下措施：

（1）在材料的生产过程中：
①降低材料内部的孔隙率，特别是开口孔隙率；
②降低材料内部裂纹的数量和长度；
③使材料的内部结构均质化；
④对多相复合材料应增加各相界面间的粘结力，如对混凝土材料，应增加砂、石与水泥石间的粘结力。

（2）在材料的使用过程中：
①在材料表面加做保护层，如涂刷油漆、涂料、抹灰等；
②减轻外部环境的腐蚀作用，如排除侵蚀性物质、降低温度等；
③提高材料本身的密实度，如混凝土要注意搅拌机的选用和振捣方法。

知识拓展

浅析建筑材料与检测学习方法

一、课程分析

"建筑材料与检测"是高校土建类专业（群）的重要的、实践性和应用性较强的专业技术基础课。它不仅为后续的建筑设计、建筑施工、质量控制、工程造价、结构设计等课程提供必要的基础知识，也为工程实际中解决建筑材料问题和从事相关领域的专业技术工作提供必要的基本知识和基本技能。培养学生具备从事相关工作的职业能力和职业素质，是学生毕业后从事相关领域岗位工作的保证，是取得建设行业职业资格证书相应的模块。

本课程学习领域的任务是培养学生具备建筑工程、市政工程施工现场质量员、施工员、试验员岗位的职业能力和职业素质。通过学习，学生能熟悉常用建筑材料的质量标准，能编制常用建筑材料检测方案，并能在保证环境和安全的条件下实施检测，填写检测报告，最终能根据检测结果正确判断材料质量状况，正确选用、验收和保管材料，了解材料与设计、施工的关系，了解材料科学及新材料的发展方向，能针对不同工程合理选用材料。在培养学生专业素质的同时进一步培养学生树立独立思考、吃苦耐劳、勤奋工作的意识以及团结协作、诚实守信的优秀品质，为后续课程的学习和能够胜任相关领域的专业技术工作奠定良好的基础。

二、方法介绍

（1）主次分明、抓住重点。"建筑材料与检测"这门课程知识点相对较多，这就需要在学习的过程中对于建筑材料的生产工艺，检测方法，选用、运输、储存及后期养护要做到理解、掌握、运用；对于功能和建筑材料的相关性质和适用工程部位做到掌握并运用。

(2)学会归纳、善于总结。对于不同品种的材料要善于总结它们的相同点和不同点,理清思路,如水泥这一章,主要学习五大品种的水泥,如果单独理解、记忆每种水泥的性能和适用部位,这样很容易混淆,所以对各品种水泥的共性、特性、适用工程部位和不适用工程部位进行归纳总结、绘制成表格,便于对比理解。

(3)勤于观察思考。对于在新闻中报道的一些工程事故、在自己周围所发生的一些和材料有关的工程问题要勤于思考,分析原因,并找出其预防措施,避免在以后工作中出现类似的事故。

(4)认真负责。本门课除要掌握相关理论知识外,还要掌握几种基本材料的检测方法,在检测的过程中要实事求是,不要弄虚作假,对检测所得数据不得随意更改,对检测数据不符合相关要求的材料要分析其原因,按检测步骤认真进行检测,降低误差。

(5)开阔视野。建筑材料种类繁多,建筑市场新型材料不断出现,所以要对新型材料的特性和生产工艺有所掌握。

习 题

一、填空题

1. 脆性材料抵抗_____荷载能力较强,不宜用于承受_____荷载和_____荷载的工程部位。

2. 在选用长期处于潮湿环境中比较重要的结构材料时,要考虑材料的_____性。

3. 在选用保温材料时,宜选用导热系数_____、比热容_____的材料。

4. 如果材料的 ρ_0 越接近 ρ,则固体物质越多,能承受的荷载_____,材料的强度_____,内部空气_____,保温隔热性_____。

5. 材料受力破坏时,无显著的变形而突然断裂的性质称为_____。

二、选择题

1. 孔隙率增大,材料的(　　)降低。
   A. 密度　　　B. 表观密度　　　C. 憎水性　　　D. 抗冻性

2. 材料在空气中吸收水分的性质称为(　　)。
   A. 吸水性　　　B. 吸湿性　　　C. 耐水性　　　D. 渗透性

3. 材料的抗渗等级 P6 表示材料能承受(　　)MPa 的液体压力而不发生渗透。
   A. 0.6　　　B. 6.0　　　C. 0.3　　　D. 1.2

4. 含水率为 10% 的湿砂 220 g,其中水的质量为(　　)g。
   A. 19.8　　　B. 22　　　C. 20　　　D. 20.2

5. 有一块烧结普通砖,在潮湿状态下质量为 3 260 g,经测定其含水率为 6%。若将该砖浸水饱和后质量为 3 420 g,其质量吸水率为(　　)。
   A. 4.9%　　　B. 6.0%　　　C. 11.2%　　　D. 4.6%

6. 评价材料抵抗水的破坏能力的指标是(　　)。
   A. 抗渗等级　　　B. 渗透系数　　　C. 软化系数　　　D. 抗冻等级

三、案例分析

某地发生历史罕见的洪水,洪水退后,许多砖房倒塌,这些砖房砌筑所用的砖多为未烧透的多孔烧结普通砖,其断面情况如图 1-17 所示,请分析砖房倒塌的原因。

图 1-17　倒塌房屋所用烧结普通砖的断面

四、简答题

1. 孔隙对材料性能的影响表现在哪些方面？
2. 简述提高材料耐久性的措施。
3. 材料的抗冻性与哪些因素有关？

五、计算题

1. 质量为3.4 kg，容积为10 L的容量筒装满绝干石子后的总质量为18.4 kg。若向筒内注入水，待石子吸水饱和后，为注满此筒共注入水4.27 kg。将上述吸水饱和的石子擦干表面后称得总质量为18.6 kg(含筒重)。求该石子的吸水率、表观密度、堆积密度及开口孔隙率。

2. 烧结普通砖的尺寸为 240 mm×115 mm×53 mm，已知其孔隙率为37%，干燥质量为2 487 g，浸水饱和后质量为2 984 g。试求该砖的表观密度、密度、吸水率、开口孔隙率及闭口孔隙率。

3. 施工现场搅拌混凝土，每罐需加入干砂250 kg，现场砂的含水率为2%。试计算需要加入多少湿砂。

学习情境 2
结构材料性能与检测

➡ 知识目标

1. 掌握常用五大品种水泥的共性、特性、适用范围和相应的检测指标及标准。掌握水泥在储存和运输过程中的注意事项。了解相应特性水泥和专用水泥的性能。

2. 掌握混凝土组成材料的技术性质、要求及影响因素,掌握混凝土拌合物和易性的概念,理解混凝土的力学强度与影响因素以及提高强度的措施,了解混凝土外加剂的作用原理,熟悉从原材料和配合比方面如何控制混凝土的质量,学会混凝土配合比的设计方法。

3. 掌握建筑工程中常用钢材的品种、牌号表示方法、取样及力学性能检测方法,了解建筑钢材的分类及化学成分对其性能的影响,了解钢材的腐蚀及防护措施。

◎ 能力目标

1. 能够根据工程环境和工程部位合理选用水泥品种,能够独立检测水泥的标准稠度用水量、凝结时间、强度等性能并对试验结果进行分析。

2. 能够独立完成混凝土拌合物和易性的检测,并对其检测结果进行评定,若不满足要求能够提出调整方案;能够检测混凝土强度,并检测结果进行评定;能依据实际工程中钢筋混凝土构件配合比设计任务的基本要求和选定的原材料进行初步配合比、基准配合比、试验室配合比和施工配合比的设计,并写出相应的计算书。

3. 能正确认知建筑钢材的分类及其牌号表示方法,能够独立地对建筑钢材原材料和焊接接头正确取样并检测分析其抗拉、抗弯强度,能够根据检测结果分析其力学性能。

钢筋、混凝土是目前房屋建筑中应用最多的结构材料,也是从事施工、监理、检测等工作中接触最多的建筑材料,因此,该内容是学习本课程的重点及难点部分。由于钢筋、混凝土材料之间的联系比较密切,特将其归入一个学习情境中学习,以加强对钢筋、混凝土的整体认知。

学习单元 2.1　钢筋性能与检测

任务提出

本学习单元主要是针对钢筋而设置的，研究对象为框架结构柱，如图 2-1 所示，所需完成的具体任务主要包括以下几项：

（1）根据设计图纸要求选取正确等级的钢筋，并检测钢筋的拉伸性能及冷弯性能是否合格。

（2）该柱要求混凝土强度等级为 C30。由于资金有限，现需要自己确定混凝土配合比，请根据本建筑所处的环境及强度要求，合理选取混凝土原材料，力求满足施工要求且尽量经济。①合理选取水泥的品种与强度等级，并检测选取的水泥的各项性能是否合格；②合理选取砂、石骨料，并检测所购买骨料的相关性能是否符合要求；③设计出混凝土初步配合比；④检测设计的混凝土的强度及和易性是否达到要求，确定试验室配合比；⑤施工时所购买的砂、石由于天气原因含有一些水分，请根据砂、石的含水率计算出施工配合比。

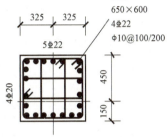

图 2-1　框架结构柱

任务分析

建筑钢筋是建筑钢材中的一种，要想正确、经济、合理地选择和使用钢筋，必须了解和掌握钢材的分类、化学成分、力学性能及工艺性能等。

钢结构建筑欣赏

一、钢的分类

钢是以铁为主要元素，含碳量为 0.02%～2.06%并含有其他元素的铁碳合金。

钢是由生铁冶炼而成。炼钢的原理就是将熔融的生铁进行氧化，使碳的含量降低到一定的程度，同时将其他杂质的含量也降低到允许范围内。根据炼钢设备所用炉种的不同，**炼钢方法**主要可分为**氧气转炉炼钢**（能有效去除有害杂质，冶炼时间短，生产效率高，质量好，成本低，应用广）、**平炉炼钢**（化学成分可精确控制，成品质量高，主要用于炼制优质钢；缺点是能耗大、成本高、冶炼周期长）和**电炉炼钢**（质量最好，主要用于冶炼优质碳素钢及特殊合金钢，成本较高）三种。

由于炼钢过程中必须供给足够的氧以保证碳、硅、锰的氧化及其他杂质的去除，因此，钢液中尚有一定数量的氧化铁。为了消除氧化铁对钢质量的影响，常在精炼的最后阶段向钢液中加入硅铁、锰铁等脱氧剂，以去除钢液中的氧，这种操作工艺称为脱氧。**按照脱氧程度，钢可以分为沸腾钢**（脱氧不完全的钢，钢水浇筑后，产生大量的一氧化碳气体逸出，引起钢水沸腾，故称沸腾钢；沸腾钢组织不够致密，气泡含量较多，化学偏析较大，成分不均匀，质量较差，但成本较低）、**镇静钢**（脱氧充分，铸锭时钢水不致产生气泡，在锭模内平静地凝固，故称镇静钢。镇静钢组织致密，化学成分均匀，机械性能好，是质量较好的钢种，但成本较高）和**半镇静钢**（脱氧程度及钢的质量介于沸腾钢和镇静钢之间）。

钢一般可按以下方式分类：

按冶炼方法分 { 转炉钢 / 平炉钢 / 电炉钢

按脱氧程度分 { 沸腾钢(F) / 半镇静钢(b) / 镇静钢(Z)

按化学成分分 {
- 碳素钢 { 低碳钢(含碳量＜0.25%) / 中碳钢(含碳量为0.25%～0.60%) / 高碳钢(含碳量＞0.60%)
- 合金钢 { 低合金钢(合金元素总量＜5%) / 中合金钢(合金元素总量为5%～10%) / 高合金钢(合金元素总量＞10%)
}

按品质分 { 普通碳素钢(含硫量≤0.055%～0.065%，含磷量≤0.045%～0.085%) / 优质碳素钢(含硫量≤0.030%～0.045%，含磷量≤0.035%～0.040%) / 高级优质钢(含硫量≤0.020%～0.030%，含磷量≤0.027%～0.035%)

按用途分 {
- 结构钢 { 建筑工程用结构钢 / 机械制造用结构钢
- 工具钢：用于制作刀具、量具、模具等
- 特殊钢：不锈钢、耐酸钢、耐热钢、耐磨钢、磁钢等
}

二、钢材的化学成分对其性能的影响

钢中除铁、碳两种基本元素外，还含有其他的一些元素，它们对钢的性能和品质有一定的影响。

1. 碳

碳是决定钢材性能的主要元素。**随着含碳量的增加，钢的强度、硬度提高，塑性、韧性降低。**当含碳量大于1.0%时，由于钢材变脆，抗拉性能反而下降。钢中含碳量增加，还会使钢的焊接性能变差(含碳量大于0.3%的钢，可焊性显著降低)，冷脆性和时效敏感性增大，并使钢耐大气锈蚀能力下降。

2. 硅、锰

硅和锰是钢材的有益元素。硅和锰是在炼钢时为了脱氧加入硅铁和锰铁而留在钢中的合金元素。硅的含量在1.0%以内时，可提高钢材的强度，对塑性和韧性没有明显影响，但含硅量超过1.0%时，钢材冷脆性增加，可焊性变差。锰的含量为0.8%～1.0%时，可显著提高钢的强度和硬度，几乎不降低塑性及韧性；当其含量大于1.0%时，在提高强度的同时，塑性及韧性有所下降，可焊性变差。

3. 铝、钛、钒、铌

铝、钛、钒、铌等元素是钢材中的有益元素，它们均是炼钢时的强脱氧剂，也是合金钢中常见的合金元素，适量加入这些元素，可以改善钢材的组织，细化晶粒，显著提高钢材的强度，改善钢材的韧性。

4. 硫、磷

硫、磷是钢中的有害元素,主要来源于炼钢用的原料。

硫在钢的热加工时易引起钢的脆裂,称为热脆性。 热脆性严重降低了钢的热加工性。硫的存在还使钢的冲击韧性、疲劳强度、可焊性及耐蚀性降低。

磷可显著降低钢材的塑性和韧性,使钢材容易脆裂,特别是低温环境下的冲击韧性下降更为明显,这种现象称为冷脆性。 磷还能使钢的冷弯性能降低,可焊性变坏,但磷与铜等合金元素配合使用时可使钢的强度、耐磨性、耐蚀性明显提高,还可有效改善钢的切削加工性能。

5. 氮、氧、氢

氮、氧、氢三种气体元素也是钢中的有害杂质,它们在固态钢中溶解度极小,偏析严重,使钢的塑性、韧性显著降低,甚至会造成微裂纹事故。钢的强度越高,其危害性越大。

三、建筑钢材的力学性能

1. 钢材的抗拉性能

钢材的抗拉性能,可通过低碳钢受拉时的应力-应变图阐明(图2-2)。

图2-2所示为低碳钢在常温和静载条件下的受拉应力-应变曲线。从图2-2中可以看出,就变形性质而言,曲线可划分为**四个阶段,即弹性阶段($O \to A$)、屈服阶段($A \to B$)、强化阶段($B \to C$)、颈缩阶段($C \to D$)。**

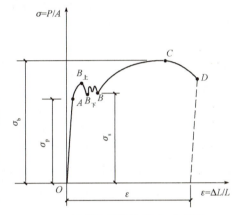

图2-2 低碳钢受拉的应力-应变图

(1)弹性阶段。在图2-2所示弹性阶段OA范围内,应力较低,应力与应变成比例关系,此时,如卸去拉力,试件能完全恢复原状,无残余形变,这一阶段称为弹性阶段(OA段)。弹性阶段的最高点A点所对应的应力称为弹性极限,用σ_p表示。在此阶段,应力与应变的比值为常数,称为弹性模量,用E表示,即$E=\sigma/\varepsilon$。**弹性模量反映钢材的刚度**,它是钢材在受力时计算结构变形的重要指标。

(2)屈服阶段。在曲线的AB范围内,应力和应变不再成正比关系,应力在$B_上$(上屈服点)至$B_下$(下屈服点)的范围内波动,变形迅速增加,产生明显的塑性变形,似乎钢材不能承受外力而屈服,AB阶段称为屈服阶段。**国家标准规定,以下屈服点($B_下$点)所对应的应力值作为钢材的屈服强度,也称为屈服点,用σ_s表示。对于在外力作用下屈服现象不明显的钢材,规定以产生残余变形为原标距长度0.2%时的应力作为屈服强度,用$\sigma_{0.2}$表示,称为条件屈服强度。**

屈服强度对钢材的使用具有重要的意义。钢材受力达到屈服强度后,变形迅速增长,尽管尚未断裂,但已不能满足使用要求,故结构设计中以屈服强度**作为许用应力取值的依据**。常用碳素结构钢Q235的屈服强度在235 MPa以上。

(3)强化阶段。当应力超过屈服强度后,钢材内部晶格扭曲、晶粒破碎,阻止了晶格进一步滑移,钢材抵抗拉力的能力重新提高,图2-2中BC段为一段上升曲线,这一过程称为强化阶段。对应于最高点C点的应力称为抗拉强度(σ_b),它是钢材所承受的最大拉应力。

抗拉强度在设计中虽然不能利用，但是屈服强度与抗拉强度之比（屈强比）σ_s/σ_b却是评价钢材使用可靠性的一个参数。**屈强比越小，钢材受力超过屈服点工作时的可靠性越大，安全性越高。但是，屈强比太小，钢材强度的利用率偏低，浪费材料。** 建筑结构用钢合理的屈强比一般为 0.60～0.75。

（4）颈缩阶段。当钢材达到最高点 C 点后，试件薄弱处的断面将显著减小，塑性变形急剧增加，产生"颈缩现象"（图 2-3），拉力下降，直到发生断裂，此阶段为颈缩阶段。

图 2-3 钢筋颈缩现象

将拉断后的试件于断裂处对接在一起（图 2-4），测其断后标距 L_1（单位为 mm）。标距的伸长值占原始标距 L_0（单位为 mm）的百分率，称为伸长率，以 δ 表示。

$$\delta = \frac{L_1 - L_0}{L_0} \times 100\% \qquad (2-1)$$

式中　L_0——试件的原始标距长度（mm）；
　　　L_1——试件拉断后的标距长度（mm）。

由于试件断裂前的颈缩现象，使塑性变形在试件标距内的分布是不均匀的，当原标距与直径之比越大，则颈缩处的伸长值在整个伸长值中的比重越小，因而计算的伸长率偏小，**通常取标距长度 L_0 等于 5 或 10 倍试件直径 d_0，其伸长率以 δ_5 或 δ_{10} 表示，对于同一钢材，δ_5 大于 δ_{10}。**

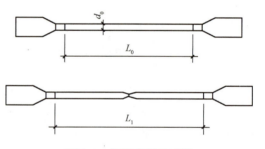

图 2-4 拉断前后的试件

伸长率表明了钢材的塑性变形能力，是钢材的重要技术指标。尽管大多数结构通常是在弹性范围内工作，但其应力集中处可能超过 σ_s 而产生一定的塑性变形，使应力重分布，从而避免结构破坏。

2. 冲击韧性

冲击韧性是指材料抵抗冲击荷载作用的能力。建筑钢材的冲击韧性通过夏比（V 形缺口）冲击试验测定。如图 2-5 所示，用带有 V 形缺口的标准试样，在摆锤式试验机上进行冲击弯曲试验，测定在冲击负荷作用下试样折断时所吸收的功，作为钢材的冲击韧性指标。同一种钢材的冲击韧性常随温度降低而下降，开始时下降缓和，当达到一定温度范围时，突然下降很多而呈现脆性，这种性质称为**钢材的冷脆性**。这时的温度称为钢材的**临界温度**，这个温度越低，说明钢材的低温冲击韧性越好。对一切承受动荷载并可能在负温下工作的建筑钢材，都必须通过冲击韧性试验。

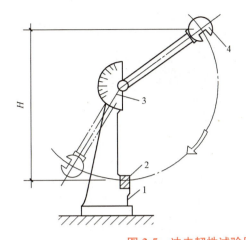
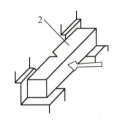

图 2-5 冲击韧性试验原理图

1—机座；2—试样；3—支架；4—摆锤；H—摆锤下落高度

3. 疲劳强度

钢材在交变荷载的反复作用下，在应力远低于抗拉强度的情况下突然发生破坏的现象称为**疲劳破坏**。疲劳破坏是拉应力引起的。首先在局部形成细小裂纹，然后在裂纹端部产生应力集中，使裂纹逐渐扩展直至发生突然的脆性断裂。

钢材的疲劳破坏的指标用疲劳强度（或疲劳极限）来表示，它是指试件在交变应力的作用下，不发生疲劳破坏的最大应力值。一般将承受交变荷载达 10^7 周次时不破坏的最大应力规定为钢材的疲劳强度。在设计承受反复荷载且必须进行疲劳验算的结构时，应当了解所用钢材的疲劳强度。

4. 硬度

钢材的硬度是指其表面抵抗硬物压入而不产生塑性变形的能力，也即材料表面抵抗塑性变形的能力。

测定钢材硬度的方法有布氏法、洛氏法等，相应的硬度试验指标称为布氏硬度（HB）和洛氏硬度（HR），较常用的方法是布氏法。各类钢材的 HB 值与抗拉强度之间有较好的相关关系。材料的强度越高，塑性变形抵抗力越强，硬度值也就越大。

布氏法的测定原理如图 2-6 所示，将直径为 $D(mm)$ 的淬火钢球以 $P(N)$ 的荷载压入试件表面，经规定的持续时间后卸荷，即得直径为 $d(mm)$ 的压痕，荷载 P 与压痕表面积 $F(mm^2)$ 的比值，即为试件的布氏硬度值，记作 HB。

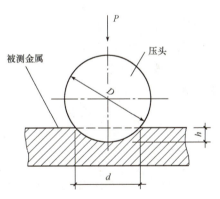

图 2-6 布氏硬度试验原理图

P—施加于钢球上的荷载；d—压痕直径；
D—钢球直径；h—压痕深度

四、建筑钢材的工艺性能

1. 冷弯性能

冷弯性能是指钢材**在常温下**承受弯曲变形的能力，是建筑钢材的重要工艺性能。

图2-7所示为冷弯试验示意图。钢材的冷弯性能指标用试件在常温下所能承受的弯曲程度表示。弯曲程度则通过试件被弯曲的角度和弯心直径对试件厚度（或直径）的比值来区分。试验时采用的弯曲角度越大，弯心直径对试件厚度（或直径）的比值越小，表示对冷弯性能的要求越高。**按规定的弯曲角度和弯心直径进行试验时，试件的弯曲处不发生裂缝、断裂或起层，即认为冷弯性能合格。**

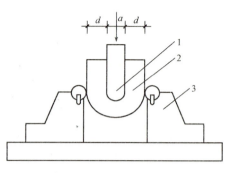

图2-7 冷弯试验示意图（$d=a$，180°）
1—弯心；2—试件；3—支座

钢材含碳（C）、磷（P）较高或曾经过不正常冷热处理，则其冷弯性能往往不合格。冷弯试验是钢材处于不利变形条件下的塑性变形，钢材局部发生非均匀变形，有助于暴露钢材的某些内在缺陷。相对于伸长率而言，冷弯是对钢材塑性更严格的检验，它能判断钢材内部是否存在组织不均匀、内应力和夹杂物等缺陷。

2. 焊接性能

焊接是各种型钢、钢板、钢筋的重要连接方式。建筑工程的钢结构有90%以上是焊接结构。焊接的质量取决于焊接工艺、焊接材料及钢的焊接性能。

焊接性能又称可焊性，可焊性好的钢材易于用一般焊接方法和焊接工艺施焊，焊接后不易形成裂纹、气孔、夹渣等缺陷，焊接接头牢固可靠，硬脆倾向小，焊缝及其附近热影响区的性能仍能保持与原有钢材相近的力学性能。

闪光对焊

钢的化学成分及含量、冶炼质量和冷加工等都影响钢材的焊接性能。一般含碳量小于0.25%的碳素钢具有良好的可焊性，含碳量超过0.3%的碳素钢，可焊性变差。硫、磷及气体杂质含量的增多会使可焊性降低，加入过多的合金因素也会降低可焊性。

焊接过程的特点是在很短的时间内达到很高的温度，金属熔化的体积很小，由于金属传热快，故冷却的速度很快。因此，在焊件中常产生复杂的、不均匀的反应和变化，存在剧烈的膨胀和收缩，所以易产生变形、内应力，甚至导致裂缝。

钢筋焊接应注意的问题：冷拉钢筋的焊接应在冷拉之前进行；钢筋焊接之前，焊接部位应清除铁锈、熔渣、油污等；应尽量避免不同国家的进口钢筋之间或进口钢筋与国产钢筋之间的焊接。

五、建筑工程常用钢材的品种与应用

1. 建筑常用钢种

建筑工程中需要消耗大量的钢材，应用最广泛的钢种主要是碳素结构钢和低合金高强度结构钢，另外，钢丝中也部分使用了优质碳素结构钢。这里主要讲述前两种。

（1）**碳素结构钢**。碳素结构钢是普通碳素结构钢的简称。在各类钢中，碳素结构钢产量最大，用途最广泛，多轧制成钢板、钢带、型钢等。现行国家标准《碳素结构钢》（GB/T 700—2006）具体规定了碳素结构钢的牌号表示方法、技术要求、试验方法、检验规则等。

1）**牌号表示方法**。碳素结构钢的牌号由代表屈服强度的字母、屈服强度数值、质量等级符号、脱氧方法符号等4个部分按顺序组成。其中，以字母"Q"代表屈服强度；屈服强度数值共分195、215、235和275四个牌号；质量等级以硫、磷等杂质含量由多到少分为四

个等级，分别由符号 A、B、C、D 表示；脱氧方法以 F 表示沸腾钢、Z 表示镇静钢、TZ 表示特殊镇静钢，Z 和 TZ 在钢的牌号中可以省略。例如，Q235BF 表示屈服点为 235 MPa 的 B 级沸腾碳素钢；Q235C 表示屈服点为 235 MPa 的 C 级镇静碳素钢。

2) **技术要求**。碳素结构钢的化学成分、力学性质、冷弯性能应分别符合表 2-1～表 2-3 的要求。

表 2-1 碳素结构钢化学成分

牌号	统一数字代号[①]	等级	厚度(或直径)/mm	脱氧方法	化学成分(质量分数)/%，不大于				
					C	Si	Mn	P	S
Q195	U11952	—	—	F, Z	0.12	0.30	0.50	0.035	0.040
Q215	U12152	A	—	F, Z	0.15	0.35	1.20	0.045	0.050
	U12155	B							0.045
Q235	U12352	A	—	F, Z	0.22	0.35	1.40	0.045	0.050
	U12355	B			0.20[②]			0.045	0.045
	U12358	C		Z	0.17			0.040	0.040
	U12359	D		TZ				0.035	0.035
Q275	U12752	A	—	F, Z	0.25	0.35	1.50	0.045	0.050
	U12755	B	≤40	Z	0.21			0.045	0.045
			>40		0.22				
	U12758	C	—	Z	0.20			0.040	0.040
	U12759	D	—	TZ				0.035	0.035

①表中为镇静钢、特殊镇静钢牌号的统一数字，沸腾钢牌号的统一数字代号如下：
Q195F—U11950；
Q215AF—U12150，Q215BF—U12153；
Q235AF—U12350，Q235BF—U12353；
Q275AF—U12750。
②经需方同意，Q235 的碳含量可不大于0.22%。

表 2-2 碳素结构钢的力学性能

牌号	等级	屈服强度[①]/MPa，不小于						抗拉强度[②] R_m/MPa	断后伸长率 A/%，不小于					冲击试验(V形缺口)	
		厚度(或直径)/mm							厚度(或直径)/mm					温度/℃	冲击功(纵向)/J，不小于
		≤16	>16~40	>40~60	>60~100	>100~150	>150~200		≤40	>40~60	>60~100	>100~150	>150~200		
Q195	—	195	185	—	—	—	—	315~430	33	—	—	—	—	—	—
Q215	A	215	205	195	185	175	165	335~450	31	30	29	27	26	—	—
	B													+20	27
Q235	A	235	225	215	215	195	185	370~500	26	25	24	22	21	—	—
	B													+20	27[③]
	C													0	
	D													−20	
Q275	A	275	265	255	245	225	215	410~540	22	21	20	18	17	—	—
	B													+20	27
	C													0	
	D													−20	

①Q195 的屈服强度值仅供参考，不作交货条件。
②厚度大于 100 mm 的钢材，抗拉强度下限允许降低 20 N/mm²。宽带钢(包括剪切钢板)抗拉强度上限不作交货条件。
③厚度小于 25 mm 的 Q235B 级钢材，如供方能保证冲击吸收功值合格，经需方同意，可不作检测。

表2-3 碳素结构钢的冷弯试验指标

牌号	试样方向	冷弯试验180°($B=2a$①)	
		钢材厚度（或直径）②/mm	
		≤60	>60~100
		弯心直径d	
Q195	纵	0	—
	横	0.5a	
Q215	纵	0.5a	1.5a
	横	a	2a
Q235	纵	a	2a
	横	1.5a	2.5a
Q275	纵	1.5a	2.5a
	横	2a	3a

① B为试样宽度，a为试样厚度（或直径）。
② 钢材厚度（或直径）大于100 mm时，弯曲试验由双方协商确定。

3)**碳素结构钢的性能和应用**。碳素结构钢随牌号的增大，含碳量增加，强度和硬度提高，塑性和冲击韧性降低，冷弯性能变差。

Q195钢和Q215钢强度低，塑性和韧性较好，易于冷加工，常用于轧制薄板和盘条，制造钢钉、铆钉、螺栓及钢丝等。Q215钢经冷加工后可代替Q235钢使用。

建筑工程中应用最广泛的是Q235钢，属低碳钢，具有较高的强度，良好的塑性、韧性及可焊性，综合性能好，能满足一般钢结构和钢筋混凝土用钢要求，且成本较低，大量被用作轧制各种型钢、钢板及钢筋。其中，Q235A钢一般仅适用于承受静荷载作用的结构，Q235C和Q235D钢可用于重要的焊接结构，Q235D钢含有足够的形成细晶粒的元素，同时对硫、磷有害元素控制严格，故其冲击韧性很好，具有较强的抗冲击、抗振动荷载的能力，尤其适宜在较低温度下使用。

Q275钢强度较高，但塑性、韧性较差，可焊性也差，不易焊接和冷弯加工，可用于轧制钢筋，作螺栓配件等，但更多用于机械零件和工具等。

受动荷载作用结构、焊接结构及低温下工作的结构，不能选用A、B质量等级钢及沸腾钢。

(2)**低合金高强度结构钢**。低合金高强度结构钢是在碳素结构钢的基础上，添加少量的一种或几种合金元素（总含量小于5%）的一种结构钢。所加元素主要有锰(Mn)、硅(Si)、钒(V)、钛(Ti)、铌(Nb)、铬(Cr)、镍(Ni)及稀土元素。低合金高强度结构钢综合性能较为理想，尤其在大跨度、承受动荷载和冲击荷载的结构中更适用，而且与使用碳素钢相比，可节约钢材20%~30%，但成本并不很高。

1)**牌号表示方法**。根据国家标准《低合金高强度结构钢》(GB/T 1591—2008)的规定，低合金高强度结构钢共有8个牌号。牌号由代表屈服强度的汉语拼音字母Q、屈服强度数值、质量等级符号三个部分组成，屈服点数值有345 MPa、390 MPa、420 MPa、460 MPa、500 MPa、550 MPa、620 MPa、690 MPa共8种，质量的等级按照硫、磷等杂质含量由多到少分为A、B、C、D、E共5级。

2)**技术要求**。低合金高强度结构钢的化学成分应符合表2-4的要求，力学性能和冷弯性能应符合表2-5的要求，夏比(V形)冲击试验的试验温度和冲击吸收能量应符合表2-6的要求，弯曲试验应符合表2-7的要求。

表2-4 低合金高强度结构钢化学成分（GB/T 1591—2008）

牌号	质量等级	化学成分①.②（质量分数）/%													
		C	Si	Mn	P	S	Nb	V	Ti	Cr	Ni	Cu	N	Mo	B	Als
		不大于													不小于
Q345	A	≤0.20	≤0.50	≤1.70	0.035	0.035	—	—	—	0.30	0.50	0.30	—	—	—	—
	B	≤0.20	≤0.50	≤1.70	0.035	0.035	—	—	—	0.30	0.50	0.30	—	—	—	—
	C	≤0.20	≤0.50	≤1.70	0.030	0.030	0.07	0.15	0.20	0.30	0.50	0.30	0.012	0.10	—	0.015
	D	≤0.18	≤0.50	≤1.70	0.030	0.025	0.07	0.15	0.20	0.30	0.50	0.30	0.012	0.10	—	0.015
	E	≤0.18	≤0.50	≤1.70	0.025	0.020	0.07	0.15	0.20	0.30	0.50	0.30	0.012	0.10	—	0.015
Q390	A	≤0.20	≤0.50	≤1.70	0.035	0.035	0.07	0.20	0.20	0.30	0.50	0.30	0.015	0.10	—	—
	B	≤0.20	≤0.50	≤1.70	0.035	0.035	0.07	0.20	0.20	0.30	0.50	0.30	0.015	0.10	—	—
	C	≤0.20	≤0.50	≤1.70	0.030	0.030	0.07	0.20	0.20	0.30	0.50	0.30	0.015	0.10	—	0.015
	D	≤0.20	≤0.50	≤1.70	0.030	0.025	0.07	0.20	0.20	0.30	0.50	0.30	0.015	0.10	—	0.015
	E	≤0.20	≤0.50	≤1.70	0.025	0.020	0.07	0.20	0.20	0.30	0.50	0.30	0.015	0.10	—	0.015
Q420	A	≤0.20	≤0.50	≤1.70	0.035	0.035	0.07	0.20	0.20	0.30	0.80	0.30	0.015	0.20	—	—
	B	≤0.20	≤0.50	≤1.70	0.035	0.035	0.07	0.20	0.20	0.30	0.80	0.30	0.015	0.20	—	—
	C	≤0.20	≤0.50	≤1.70	0.030	0.030	0.07	0.20	0.20	0.30	0.80	0.30	0.015	0.20	—	0.015
	D	≤0.20	≤0.50	≤1.70	0.030	0.025	0.07	0.20	0.20	0.30	0.80	0.30	0.015	0.20	—	0.015
	E	≤0.20	≤0.50	≤1.70	0.025	0.020	0.07	0.20	0.20	0.30	0.80	0.30	0.015	0.20	—	0.015
Q460	C	≤0.20	≤0.60	≤1.80	0.030	0.030	0.11	0.12	0.20	0.60	0.80	0.55	0.015	0.20	0.004	0.015
	D	≤0.20	≤0.60	≤1.80	0.030	0.025	0.11	0.12	0.20	0.60	0.80	0.55	0.015	0.20	0.004	0.015
	E	≤0.20	≤0.60	≤1.80	0.025	0.020	0.11	0.12	0.20	0.60	0.80	0.55	0.015	0.20	0.004	0.015
Q500	C	≤0.18	≤0.60	≤1.80	0.030	0.030	0.11	0.12	0.20	0.80	0.80	0.55	0.015	0.20	0.004	0.015
	D	≤0.18	≤0.60	≤1.80	0.030	0.025	0.11	0.12	0.20	0.80	0.80	0.55	0.015	0.20	0.004	0.015
	E	≤0.18	≤0.60	≤1.80	0.025	0.020	0.11	0.12	0.20	0.80	0.80	0.55	0.015	0.20	0.004	0.015
Q550	C	≤0.18	≤0.60	≤2.00	0.030	0.030	0.11	0.12	0.20	1.00	0.80	0.80	0.015	0.30	0.004	0.015
	D	≤0.18	≤0.60	≤2.00	0.030	0.025	0.11	0.12	0.20	1.00	0.80	0.80	0.015	0.30	0.004	0.015
	E	≤0.18	≤0.60	≤2.00	0.025	0.020	0.11	0.12	0.20	1.00	0.80	0.80	0.015	0.30	0.004	0.015
Q620	C	≤0.18	≤0.60	≤2.00	0.030	0.030	0.11	0.12	0.20	1.00	0.80	0.80	0.015	0.30	0.004	0.015
	D	≤0.18	≤0.60	≤2.00	0.030	0.025	0.11	0.12	0.20	1.00	0.80	0.80	0.015	0.30	0.004	0.015
	E	≤0.18	≤0.60	≤2.00	0.025	0.020	0.11	0.12	0.20	1.00	0.80	0.80	0.015	0.30	0.004	0.015
Q690	C	≤0.18	≤0.60	≤2.00	0.030	0.030	0.11	0.12	0.20	1.00	0.80	0.80	0.015	0.30	0.004	0.015
	D	≤0.18	≤0.60	≤2.00	0.030	0.025	0.11	0.12	0.20	1.00	0.80	0.80	0.015	0.30	0.004	0.015
	E	≤0.18	≤0.60	≤2.00	0.025	0.020	0.11	0.12	0.20	1.00	0.80	0.80	0.015	0.30	0.004	0.015

① 型材及棒材P、S含量可提高0.005%，其中A级钢上限可为0.045%；
② 当细化晶粒元素组合加入时，20(Nb+V+Ti)≤0.22%，20(Mo+Cr)≤0.30%。

表 2-5 低合金高强度结构钢的力学性能和冷弯性能（GB/T 1591—2008）

牌号	质量等级	拉伸试验[1][2][3]																						
		以下公称厚度（直径,边长）下屈服强度 R_{eL} /MPa									以下公称厚度（直径,边长）抗拉强度 R_m /MPa							断后伸长率(A)/% 公称厚度（直径,边长）						
		≤16	16~40	40~63	63~80	80~100	100~150	150~200	200~250	250~400	≤40	40~63	63~80	80~100	100~150	150~250	250~400	≤40	40~63	63~100	100~150	150~250	250~400
Q345	A	≥345	≥335	≥325	≥315	≥305	≥285	≥275	≥265	—	470~630	470~630	470~630	470~630	450~600	450~600	—	≥20	≥19	≥19	≥18	≥17	—
	B	≥345	≥335	≥325	≥315	≥305	≥285	≥275	≥265	—	470~630	470~630	470~630	470~630	450~600	450~600	—	≥20	≥19	≥19	≥18	≥17	—
	C	≥345	≥335	≥325	≥315	≥305	≥285	≥275	≥265	—	470~630	470~630	470~630	470~630	450~600	450~600	—	≥20	≥19	≥19	≥18	≥17	—
	D	≥345	≥335	≥325	≥315	≥305	≥285	≥275	≥265	—	470~630	470~630	470~630	470~630	450~600	450~600	—	≥20	≥19	≥19	≥18	≥17	—
	E	≥345	≥335	≥325	≥315	≥305	≥285	≥275	≥265	≥265	470~630	470~630	470~630	470~630	450~600	450~600	450~600	≥21	≥20	≥19	≥18	≥17	≥17
Q390	A	≥390	≥370	≥350	≥330	≥310	—	—	—	—	490~650	490~650	490~650	490~650	470~620	—	—	≥20	≥19	≥19	≥18	—	—
	B	≥390	≥370	≥350	≥330	≥310	—	—	—	—	490~650	490~650	490~650	490~650	470~620	—	—	≥20	≥19	≥19	≥18	—	—
	C	≥390	≥370	≥350	≥330	≥310	—	—	—	—	490~650	490~650	490~650	490~650	470~620	—	—	≥20	≥19	≥19	≥18	—	—
	D	≥390	≥370	≥350	≥330	≥310	—	—	—	—	490~650	490~650	490~650	490~650	470~620	—	—	≥20	≥19	≥19	≥18	—	—
	E	≥390	≥370	≥350	≥330	≥310	—	—	—	—	490~650	490~650	490~650	490~650	470~620	—	—	≥20	≥19	≥19	≥18	—	—
Q420	A	≥420	≥400	≥380	≥360	≥340	—	—	—	—	520~680	520~680	520~680	520~680	500~650	—	—	≥19	≥18	≥18	—	—	—
	B	≥420	≥400	≥380	≥360	≥340	—	—	—	—	520~680	520~680	520~680	520~680	500~650	—	—	≥19	≥18	≥18	—	—	—
	C	≥420	≥400	≥380	≥360	≥340	—	—	—	—	520~680	520~680	520~680	520~680	500~650	—	—	≥19	≥18	≥18	—	—	—
	D	≥420	≥400	≥380	≥360	≥340	—	—	—	—	520~680	520~680	520~680	520~680	500~650	—	—	≥19	≥18	≥18	—	—	—
	E	≥420	≥400	≥380	≥360	≥340	—	—	—	—	520~680	520~680	520~680	520~680	500~650	—	—	≥19	≥18	≥18	—	—	—
Q460	C	≥460	≥440	≥420	≥400	≥380	—	—	—	—	550~720	550~720	550~720	550~720	530~700	—	—	≥17	≥16	≥16	—	—	—
	D	≥460	≥440	≥420	≥400	≥380	—	—	—	—	550~720	550~720	550~720	550~720	530~700	—	—	≥17	≥16	≥16	—	—	—
	E	≥460	≥440	≥420	≥400	≥380	—	—	—	—	550~720	550~720	550~720	550~720	530~700	—	—	≥17	≥16	≥16	—	—	—
Q500	C	≥500	≥480	≥470	≥450	—	—	—	—	—	610~770	600~760	590~750	540~730	—	—	—	≥17	≥17	≥17	—	—	—
	D	≥500	≥480	≥470	≥450	—	—	—	—	—	610~770	600~760	590~750	540~730	—	—	—	≥17	≥17	≥17	—	—	—
	E	≥500	≥480	≥470	≥450	—	—	—	—	—	610~770	600~760	590~750	540~730	—	—	—	≥17	≥17	≥17	—	—	—
Q550	C	≥550	≥530	≥520	≥500	—	—	—	—	—	670~830	620~810	600~790	590~780	—	—	—	≥16	≥16	≥16	—	—	—
	D	≥550	≥530	≥520	≥500	—	—	—	—	—	670~830	620~810	600~790	590~780	—	—	—	≥16	≥16	≥16	—	—	—
	E	≥550	≥530	≥520	≥500	—	—	—	—	—	670~830	620~810	600~790	590~780	—	—	—	≥16	≥16	≥16	—	—	—
Q620	C	≥620	≥600	≥590	≥570	—	—	—	—	—	710~880	690~880	670~860	—	—	—	—	≥15	≥15	≥15	—	—	—
	D	≥620	≥600	≥590	≥570	—	—	—	—	—	710~880	690~880	670~860	—	—	—	—	≥15	≥15	≥15	—	—	—
	E	≥620	≥600	≥590	≥570	—	—	—	—	—	710~880	690~880	670~860	—	—	—	—	≥15	≥15	≥15	—	—	—
Q690	C	≥690	≥670	≥660	≥640	—	—	—	—	—	770~830	750~920	730~900	—	—	—	—	≥14	≥14	≥14	—	—	—
	D	≥690	≥670	≥660	≥640	—	—	—	—	—	770~830	750~920	730~900	—	—	—	—	≥14	≥14	≥14	—	—	—
	E	≥690	≥670	≥660	≥640	—	—	—	—	—	770~830	750~920	730~900	—	—	—	—	≥14	≥14	≥14	—	—	—

[1] 当屈服不明显时，可测量 $R_{p0.2}$ 代替下屈服强度。
[2] 宽度不小于 600 mm 扁平材，拉伸试验取横向试样；宽度小于 600 mm 的扁平材、型材及棒材取纵向试样，断后伸长率最小值相应提高 1%（绝对值）。
[3] 厚度 250~400 mm 的数值适用于扁平材。

表 2-6 夏比(V形)冲击试验的试验温度和冲击吸收能量

牌号	质量等级	试验温度/℃	冲击吸收能量(KV_2)①/J 公称厚度(直径、边长)		
			12～150 mm	>150～250 mm	>250～400 mm
Q345	B	20	≥34	≥27	—
	C	0			27
	D	−20			
	E	−40			
Q390	B	20	≥34	—	—
	C	0			
	D	−20			
	E	−40			
Q420	B	20	≥34	—	—
	C	0			
	D	−20			
	E	−40			
Q460	C	0	≥34	—	—
	D	−20			
	E	−40			
Q500、Q550 Q620、Q690	C	0	≥55	—	—
	D	−20	≥47		
	E	−40	≥31		

① 冲击试验取纵向试样。

表 2-7 弯曲试验

牌号	试样方向	180°弯曲试验 [d=弯心直径, a=试样厚度(直径)] 钢材厚度(直径、边长)	
		≤16 mm	>16～100 mm
Q345 Q390 Q420 Q460	宽度不小于 600 mm 扁平材,拉伸试验取横向试样;宽度小于 600 mm 的扁平材、型材及棒材取纵向试样	2a	3a

3) **性能和应用**。低合金高强度结构钢具有较高的强度,良好的塑性、韧性,良好的焊接性、耐蚀性和冷成形性,低的韧脆转变温度,适用于冷弯和焊接,广泛用于桥梁、车辆、船舶、锅炉、高压容器和输油管等。

2. 混凝土结构用钢

钢筋混凝土结构用钢筋主要有热轧钢筋、冷轧带肋钢筋、冷拉热轧钢筋(简称冷拉钢筋)、预应力混凝土用热处理钢筋等。钢丝主要有不同规格的预应力混凝土钢丝及钢绞线。

(1) **热轧钢筋。钢筋混凝土用热轧钢筋有热轧光圆钢筋、热轧带肋钢筋及余热处理钢筋**。经热轧成型并自然冷却的成品光圆钢筋，称为热轧光圆钢筋；其成品为带肋钢筋，称为热轧带肋钢筋。经热轧成型后立即穿水，进行表面控制冷却，然后利用芯部余热完成回火处理所得的成品钢筋，称为余热处理钢筋。

热轧光圆钢筋的横截面通常为圆形，且表面光滑(图2-8)；热轧带肋钢筋的横截面通常为圆形，且表面上有两条对称的纵肋和沿长度方向均匀分布的横肋。按肋的纵截面形状分为月牙肋钢筋和等高肋钢筋(图2-9)。月牙肋钢筋的纵横肋不相交，而等高肋钢筋的纵横肋相交(图2-10)。与光圆钢筋相比，带肋钢筋与混凝土之间的粘结力大，共同工作的性能更好。

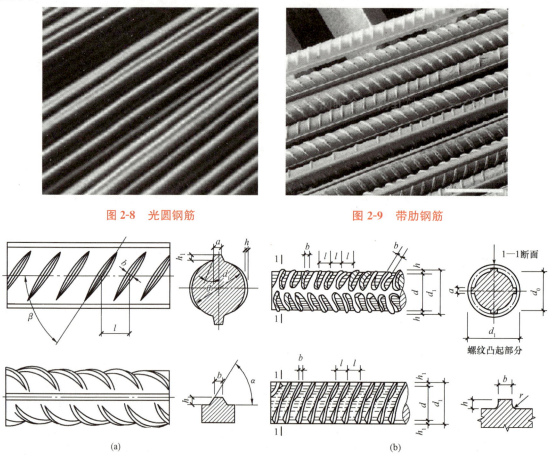

图2-8 光圆钢筋　　　　图2-9 带肋钢筋

图2-10 月牙肋与等高肋钢筋

热轧光圆钢筋可以是直条或盘卷，其公称直径为6～22 mm，常用有6 mm、8 mm、10 mm、12 mm、16 mm、20 mm；热轧带肋钢筋通常是直条，也可以盘卷交货，每盘应是一条钢筋，公称直径(与钢筋的公称横截面面积相等的圆直径)为6～50 mm，常用的有6 mm、8 mm、10 mm、12 mm、16 mm、20 mm、25 mm、32 mm、40 mm、50 mm。

1) 热轧钢筋的牌号和化学成分。《钢筋混凝土用钢 第1部分：热轧光圆钢筋》(GB 1499.1—2017)及《钢筋混凝土用钢 第2部分：热轧带肋钢筋》(GB 1499.2—2018)中规定，**热轧光圆钢筋的牌号由HPB**(Hot rolled Plain Bars)**加屈服强度特征值构成**；普通热轧带肋**钢筋**的牌号由 **HRB**（Hot rolled Ribbed Bars）**加屈服强度特征值构成**；HRBF（Hot rolled Ribbed Bars Fine）是细晶粒热轧钢筋。热轧钢筋的牌号及化学成分应符合表 2-8 的要求。

表 2-8　热轧钢筋的化学成分

牌号	化学成分（质量分数）/%，不大于					碳当量 Ceq /%
	C	Si	Mn	P	S	
HPB300	0.25	0.55	1.50	0.045	0.045	—
HRB400 HRBF400 HRB400E HRBF400E	0.25	0.80	1.60	0.045	0.045	0.54
HRB500 HRBF500 HRB500E HRBF500E						0.55
HRB600	0.28					0.58

2）热轧钢筋的力学性能和冷弯性能。热轧钢筋的力学性能和冷弯性能应符合表 2-9 的规定。

表 2-9　热轧钢筋的力学性能和冷弯性能　　　　　　　　　　mm

牌号	力学性能指标				冷弯试验180°	
	下屈服强度 R_{eL} /MPa	抗拉强度 R_m /MPa	断后伸长率 A /%	最大力总延伸率 A_{gt} /%	公称直径	弯曲压头直径
	不小于					
HPB300	300	420	25.0	10.0	$a=d$	
HRB400 HRBF400	400	540	16	7.5	6～25	$4d$
					28～40	$5d$
HRB400E HRBF400E			—	9.0	>40～50	$6d$
HRB500 HRBF500	500	630	15	7.5	6～25	$6d$
					28～40	$7d$
HRB500E HRBF500E			—	9.0	>40～50	$8d$
HRB600	600	730	14	7.5	6～25	$6d$
					28～40	$7d$
					>40～50	$8d$

注：1. a—弯曲压头直径；d—钢筋公称直径。
　　2. E 表示抗震钢筋

热轧光圆钢筋的强度较低，但塑性及焊接性能很好，便于各种冷加工，因而广泛用作普通钢筋混凝土构件的受力钢筋及各种钢筋混凝土结构的构造钢筋。HRB400 级钢筋强度较高，塑性和焊接性能也较好，故广泛用作大、中型钢筋混凝土结构的受力钢筋（图2-11）。HRB500级钢筋强度高，但塑性和焊接性能较差，可用作预应力钢筋。

（2）冷加工钢筋。

1）冷轧带肋钢筋。冷轧带肋钢筋是用低碳钢或低合金高强度钢热轧圆盘条，经冷轧后，在其表面形成二面或三面横肋的钢筋。

国家标准《冷轧带肋钢筋》（GB/T 13788—2017）规定，冷轧带肋钢筋按延性高低可分为冷轧带肋钢筋和高延性冷轧带肋钢筋。

冷轧带肋钢筋的牌号由CRB和钢筋的抗拉强度特征值构成， 高延性冷轧带肋钢筋的牌号由CRB+钢筋的抗拉强度特征值+H构成。其中C、R、B、H分别为冷轧（Cold rolled）、带肋（Ribbed）、钢筋（Bar）、高延性（High elongation）四个词的英文首位字母。冷轧带肋钢筋可分为CRB550、CRB650、CRB800、CRB600H、CRB680H、CRB800H六个牌号。CRB550、CRB600H为普通钢筋混凝土用钢筋，CRB650、CRB800、CRB800H为预应力混凝土用钢筋，CRB680H既可作为普通钢筋混凝土用钢筋，也可作为预应力混凝土用钢筋使用。

图2-11 钢筋混凝土结构钢筋绑扎图

CRB550、CRB600H、CRB680H钢筋的公称直径范围为4～12 mm。CRB650、CRB800、CRB800H钢筋的公称直径为4 mm、5 mm、6 mm。

冷轧钢筋的力学性能和工艺性能应符合表2-10的规定。当进行弯曲试验时，受弯曲部位表面不得产生裂纹。反复弯曲试验的弯曲半径应符合表2-11的规定。

表2-10 力学性能和工艺性能（GB 13788—2017）

分类	牌号	$R_{p0.2}$/MPa 不小于	R_m/MPa 不小于	$R_m/R_{p0.2}$ 不小于	断后伸长率/% 不小于		最大力总延伸率/% 不小于	弯曲试验①180°	反复弯曲次数	应力松弛初始应力应相当于公称抗拉强度的70% 1 000 h松弛率/%，不大于
					A	A_{100mm}	A_{gt}			
	CRB550	500	550	1.05	11.0	—	2.5	$D=3d$	—	—
	CRB600H	540	600	1.05	14.0	—	5.0	$D=3d$	—	—
	CRB680H②	600	680	1.05	14.0	—	5.0	$D=3d$	4	5
	CRB650	585	650	1.05	—	4.0	2.5		3	8
	CRB800	720	800	1.05	—	4.0	2.5		3	8
	CRB800H	720	800	1.05	—	7.0	4.0		3	5

①D为弯心直径，d为钢筋公称直径。
②当该牌号钢筋作为普通钢筋混凝土用钢筋使用时，对反复弯曲和应力松弛不做要求；当该牌号钢筋作为预应力混凝土用钢筋使用时，应进行反复弯曲试验代替180°弯曲试验，并检测松弛率。

表 2-11　反复弯曲试验的弯曲半径

钢筋公称直径/mm	4	5	6
弯曲半径/mm	10	15	15

冷轧带肋钢筋具有强度高、塑性好、与混凝土黏结牢固，节约钢材，质量稳定等优点。

2）冷轧扭钢筋。冷轧扭钢筋（图 2-12）是由低碳钢热轧圆盘条经专用钢筋冷轧扭机调直、冷轧并冷扭（或冷滚）一次成型具有规定截面形式和相应节距的连续螺旋状钢筋。

冷轧扭钢筋按其截面形状不同可分为三种类型，即近似矩形截面为Ⅰ型、近似正方形截面为Ⅱ型；近似圆形截面为Ⅲ型。冷轧扭钢筋按其强度级别不同可分为 550 级和 650 级。

冷轧扭钢筋的标记由产品名称代号（CTB 冷轧扭）、强度级别代号（550，650）、标志代号（ϕ^T）、主要参数代号（标志直径）以及类型代号（Ⅰ、Ⅱ、Ⅲ）组成。如冷轧扭钢筋 650 级Ⅲ型，标志直径为 8 mm，标记为：CTB650ϕ^T8－Ⅲ。

冷轧扭钢筋在力学性能、工艺性能、使用性能等方面具有下列优势特点，从而使其在建筑行业中大显其能：

①具有良好的塑性（$\delta_{10} \geqslant 4.5\%$）和较高的抗拉强度（$\sigma_b \geqslant 580$ MPa）。

②螺旋状外形大大提高了与混凝土的握裹力，改善了构件受力性能，使混凝土构件具有承载力高、刚度好、破坏前有明显预兆等特点。

③冷轧扭钢筋可按工程需要定尺供料，使用中不需再做弯钩；钢筋的刚性好，绑扎后不易变形和移位，对保证工程质量极为有利，特别适用于现浇板类工程（图 2-13）。

④冷轧扭钢筋的生产与加工合二为一，产品商品化、系列化，与使用 HPB300 级钢筋相比，可节约钢材 30%～40%，节省工程资金 15%～20%，经济效益十分显著。

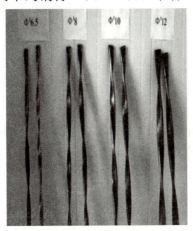

图 2-12　冷轧扭钢筋

图 2-13　冷轧扭钢筋在楼板中的应用

（3）预应力混凝土用热处理钢筋。根据国家标准《预应力混凝土用热处理钢筋》（GB 4463—1984）的规定，这类钢筋的代号为 RB150，可分为有纵肋与无纵肋两种。而目前该标准已经被《预应力混凝土用钢棒》（GB/T 5223.3—2017）所替代。

热处理钢筋的强度高，与混凝土黏结性好，应力松弛率低，主要用作各种预应力钢筋。

这种钢筋不适宜焊接和点焊等加工工艺。

(4)预应力混凝土用钢丝及钢绞线。

1)预应力混凝土用钢丝。预应力混凝土用钢丝是用优质碳素结构钢热轧盘条，经淬火、回火等调质处理后，再冷拉加工制得的钢丝，简称为预应力钢丝。根据国家标准《预应力混凝土用钢丝》(GB/T 5223—2014)规定，钢丝可分为消除应力光圆钢丝(代号 P)、消除应力刻痕钢丝(代号 I)、消除应力螺旋肋钢丝(代号 H)和冷拉钢丝(代号 WCD)四种。抗拉强度高达 1 470～1 770 MPa。

预应力钢丝具有强度高、柔性好、无接头、质量稳定、施工简便、安全可靠等特点，主要用于大型预应力混凝土结构、压力管道、轨枕及电杆等。

2)预应力混凝土用钢绞线。预应力混凝土用钢绞线是用冷拉光圆钢丝或冷拉刻痕钢丝捻制而成的钢绞线。国家标准《预应力混凝土用钢绞线》(GB/T 5224—2014)规定，钢绞线按结构分为：两根光圆钢丝捻制的钢绞线，代号 1×2；三根光圆钢丝捻制的钢绞线，代号 1×3；三根刻痕钢丝捻制的钢绞线，代号 1×3I；七根光圆钢丝捻制的标准型钢绞线，代号 1×7；六根刻痕钢丝和一根光圆中心钢丝捻制的钢绞线，代号 1×7I；七根光圆钢丝捻制又经模拔的钢绞线，代号(1×7)C；十九根光圆钢丝捻制的 1+9+9 西鲁试钢绞线，代号 1×19S；十九根光圆钢丝捻制的 1+6+6/6 瓦林吞式钢绞线，代号 1×19W 八类。

预应力钢绞线的产品标记应包含下列内容：预应力钢绞线、结构代号、公称直径、强度级别、标准编号。如公称直径为 15.20 mm，强度级别为 1 860 MPa 的七根钢丝捻制的标准型钢绞线，其标记为：预应力钢绞线 1×7-15.20-1 860-GB/T 5224—2014。

钢绞线具有强度高，与混凝土黏结好，断面面积大，使用根数少，在结构中排列布置方便，易于锚固等优点，主要用于大跨度、大荷载的预应力屋架、薄腹梁等构件，还可用于山体、岩洞等岩体锚固工程等。

任务实施

一、钢筋选用

根据图 2-1 可以看出框架结构柱配筋图为平面整体表示方法，其中 Φ 代表 HPB300 级钢筋，Φ 代表 HRB335 级钢筋。HPB300 级钢筋为屈服强度 300 MPa 的光圆钢筋，HRB335 级钢筋为屈服强度 335 MPa 的带肋钢筋。因此，应选取直径为 10 mm 的 HPB300 级热轧光圆钢筋若干，直径为 20 mm、22 mm 的 HRB335 热轧带肋钢筋 8 根和 14 根。

二、钢筋性能检测

1. 钢筋性能检测的一般规定

(1)同一截面尺寸和同一炉罐号组成的钢筋分批验收时，每批质量不大于 60 t。

(2)钢筋应有出厂证明书或试验报告单。验收时应抽样作机械性能试验，包括拉力试验和冷弯试验两个项目。两个项目中如有一个项目不合格，该批钢筋即为不合格品。

(3)钢筋在使用中如有脆断、焊接性能不良或机械性能显著不正常时，还应进行化学成分分析，或其他专项试验。

(4)取样方法和结果评定规定,自每批钢筋中任意抽取两根,于每根距端部 50 mm 处各取一套试样(两根试件),在每套试样中取一根作拉力试验,另一根作冷弯试验。在拉力试验的两根试件中,如其中一根试件的屈服点、抗拉强度和伸长率三个指标中有一个指标达不到标准中规定的数值,应再抽取双倍(4 根)钢筋,制取双倍(4 根)试件重做试验,如仍有一根试件的一个指标达不到标准要求,则无论这个指标在第一次试件中是否达到标准要求,拉力试验项目也作为不合格。在冷弯试验中,如有一根试件不符合标准要求,应同样抽取双倍钢筋,制成双倍试件重做试验,如仍有一根试件不符合标准要求,冷弯试验项目即为不合格。

2. 钢材的拉伸性能检测

(1)检测目的。

1)能够掌握《金属材料 拉伸试验 第 1 部分:室温试验方法》(GB/T 228.1—2010)和钢筋强度等级的评定方法;

2)能够求得钢筋的屈服强度、抗拉强度、伸长率三个指标,并评定钢筋的强度等级。

钢筋拉伸

(2)检测设备。

1)试验机:应具备调速指示装置、记录或显示装置,以满足测定力学性能的要求。其误差应符合《拉力、压力和万能试验机检定规程》(JJG 139—2014)的一级试验机要求。

2)钢板尺、游标卡尺、千分尺、两脚爪规等。

(3)检测原理。屈服强度是利用屈服阶段时外力大致在恒定的位置上波动,可计算出此时单位截面面积上的应力值(即为屈服强度σ_s);抗拉强度是利用钢材被拉断时对应一个最大应力值,可计算出此时单位截面面积上的应力值(即为抗拉强度σ_b);伸长率δ是指钢材被拉断前后伸长的长度占原来长度的百分比。

(4)检测步骤。

1)试件制备。钢筋试件一般不经过车削(图 2-14)。如受试验机量程限制,直径为 22~40 mm 的钢筋可制成车削加工试件,其形状及尺寸如图 2-15 和表 2-12。

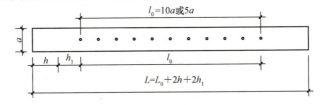

图 2-14 不经车削的试件

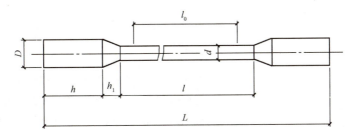

图 2-15 车削的试件

表 2-12 车削试件尺寸

一般尺寸/mm			长试件 $l_0=10d$/mm				短试件 $l_0=5d$/mm		
d	D	h	h_1	l_0	l	L	l_0	l	L
25	35	不作规定	25	250	275	$L=l+2h+2h_1$	125	150	$L=l+2h+2h_1$
20	30		20	200	220		100	120	
15	22		15	150	165		75	90	
10	15		10	100	110		50	60	

用两个或一系列等分小冲点或细画线标出原始标距，如图 2-16 所示。如平行长度比原始标距长许多（如不经机加工的试件），可以标出互相重叠的几组原始标距。

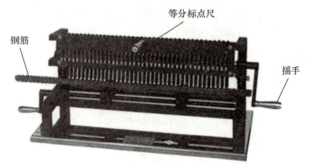

图 2-16 标点机标点图

2) 试件原始尺寸的测定。

① 测量标距长度 l_0，精确至 0.1 mm。

② 圆形试件横断面直径应在标距的两端及中间处两个相互垂直的方向上各测一次，取其算术平均值，选用三处测得的横截面面积中最小值，横截面面积按式 (2-2) 计算。

$$A_0 = \frac{1}{4}\pi d_0^2 \tag{2-2}$$

式中　A_0——试件的横截面面积（mm^2）；

　　　d_0——圆形试件原始横断面直径（mm）。

③ 等横截面不经机加工的试件，可采用质量法测定其平均原始横截面面积，按式 (2-3) 计算：

$$A_0 = \frac{m}{\rho \cdot L} \times 100 \tag{2-3}$$

式中　m——试件的质量（g）；

　　　ρ——钢筋的密度（g/cm^3）；

　　　L——试件的长度（cm）。

3) 屈服强度和抗拉强度的测定。

① 调整试验机测力度盘的指针，使对准零点，并拨动副指针，使与主指针重叠。

② 将试件固定在试验机夹头内，开动试验机进行拉伸。拉伸速度为：屈服前，应力增加速度每秒钟为 10 MPa；屈服后，试验机活动夹头在荷载下的移动速度为不大于 $0.5L_c$/min（不经车削试件 $L_c=l_0+2h_1$）。

③ 拉伸中，测力度盘的指针停止转动时的恒定荷载，或不计初始瞬时效应时的最小荷

载,即为求的屈服点荷载P_s。

④向试件连续施荷直至拉断,由测力度盘读出最大荷载P_b。

4)伸长率的测定。

①将已拉断试件的两端在断裂处对齐,尽量使其轴线位于一条直线上。如拉断处由于各种原因形成缝隙,则此缝隙应计入试件拉断后的标距部分长度内。

②如拉断处到临近标距端点的距离大于$l_0/3$时,可用卡尺直接量出已被拉长的标距长度l_1(mm)。

③如拉断处到临近标距端点的距离小于或等于$l_0/3$时,可按下述移位法确定l_1:

在长度上,从拉断处O取基本等于短段格数,得B点,接着取等于长段所余格数[偶数,如图2-17(a)所示]的一半,得C点;或者取所余格数[奇数,如图2-17(b)所示]减1与加1的一半,得C与C_1点。移位后的l_1分别为$AO+OB+2BC$或者$AO+OB+BC+BC_1$。如用直接测量所求得的伸长率能达到技术条件的规定值,则可不采用移位法。

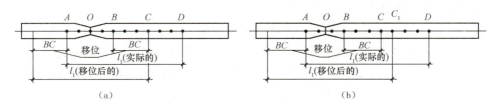

图2-17 用移位法计算标距

(a)格数为偶数标距计算示意图;(b)格数为奇数标距计算示意图

④如试件在标距端点上或标距处断裂,则试验结果无效,应重新试验。

5)注意事项。

①试验应在(20±10)℃的温度下进行,如试验温度超出这一范围,应在试验记录和报告中注明。

②冲点作原始标距标记时,不能影响试件断裂。对于脆性试件和小尺寸试件,建议用快干墨水或带色涂料进行标记。

③预先估计好试件的抗拉强度,以便正确选择试验机的量程。

④对试件进行拉伸试验时,要严格按规定的加荷速度进行。

⑤试件拉断后,应按整条放好,便于伸长率的测定。

6)检测结果处理。

①屈服强度按式(2-4)计算:

$$\sigma_s = \frac{P_s}{A_0} \tag{2-4}$$

式中 σ_s——屈服强度(MPa);

P_s——屈服时的荷载(N);

A_0——试件原横截面面积(mm^2)。

σ_s应计算至1 MPa,小数点数字按四舍六入五单双法处理。

②抗拉强度按式(2-5)计算:

$$\sigma_b = \frac{P_b}{A_0} \tag{2-5}$$

式中 σ_b——抗拉强度(MPa);
P_b——最大荷载(N)。

σ_b 应计算到 1 MPa,小数点后数字按四舍六入五单双法处理。

③伸长率按式(2-6)计算(精确至1%):

$$\delta_{10}(\delta_5) = \frac{l_1 - l_0}{l_0} \times 100\% \quad (2-6)$$

式中 $\delta_{10}(\delta_5)$——分别表示 $l_0=10d_0$ 和 $l_0=5d_0$ 时的伸长率;
l_0——原始标距长度 $10d_0$(或 $5d_0$)(mm);
l_1——试件拉断后直接量出或按移位法确定的标距部分长度(mm)(测量精确至 0.1 mm)。

④将检测结果与国家标准的规定相比较,如果都符合规定,则该批钢材的拉伸性能合格。当检测结果有一项不合格时,应另取双倍数量的试样重做试验,如仍有不合格项目,则该批钢材判为拉伸性能不合格。

3. 钢筋的冷弯性能检测

(1)检测目的。通过检验钢筋的工艺性能评定钢筋的质量。掌握《金属材料 弯曲试验方法》(GB/T 232—2010)的测试方法和钢筋质量的评定方法,正确使用仪器设备。

(2)检测设备。压力机或万能试验机,有两支承辊,支辊间距离可以调节;具有不同直径的弯心,弯心直径由有关标准规定,如图 2-18 所示。

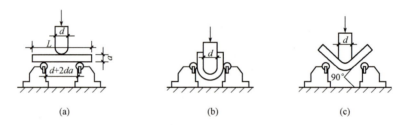

图 2-18 钢筋冷弯试验装置
(a)装好的试件;(b)弯曲 180°;(c)弯曲 90°

(3)试件制备。试件长 $L=0.5\pi(d+a)+140$ mm,a 为试件直径(单位为 mm),b 为弯心直径(单位为 mm),π 为圆周率,其值取为 3.1。

(4)检测步骤。

1)按图 2-18(a)所示调整两支辊间的距离为 χ,使 $\chi=d+2.5a$。

2)选择弯心直径 d,HPB300 级钢筋 $d=a$,HRB400 级钢筋 $d=4a(a=6\sim25$ mm) 或 $5a(a=28\sim40$ mm) 或 $6a(a=40\sim50$ mm),HRB500 级钢筋 $d=6a(a=6\sim25$ mm) 或 $7a(a=28\sim40$ mm) 或 $8a(a=40\sim50$ mm)。

3)将试件按图 2-18(a)所示装置好后,平稳地加荷,在荷载作用下,钢筋绕着冷弯压头弯曲到要求角度(HPB300 级钢筋为 180°,HRB400 级钢筋为 90°),如图 2-18(b)、(c)所示。

(5)检测结果处理。按以下五种试验结果评定方法进行,若无裂纹、裂缝或裂断,则评定试件合格:

1)完好。试件弯曲处的外表面金属基本上无肉眼可见因弯曲变形产生的缺陷时,称为完好。

2)微裂纹。试件弯曲外表面金属出现细小裂纹,其长度不大于 2 mm,宽度不大于 0.2 mm

时，称为微裂纹。

3）裂纹。试件弯曲外表面金属出现裂纹，其长度大于 2 mm，但小于或等于 5 mm，宽度大于 0.2 mm，但小于或等于 0.5 mm 时，称为裂纹。

4）裂缝。试件弯曲外表面金属出现明显开裂，其长度大于 5 mm，宽度大于 0.5 mm 时，称为裂缝。

5）裂断。试件弯曲外表面出现沿宽度贯穿的开裂，其深度超过试件厚度的 1/3 时，称为裂断。

注：在微裂纹、裂纹、裂缝中规定的长度和宽度，只要有一项达到某规定范围，即应按该级评定。

知识拓展

钢材的加工及建筑实例

一、钢材的冷加工及热加工

压延加工是将钢锭（或钢材）在加热条件下或室温条件下，进行压延加工改变钢材外形的工艺。钢材经过压延加工后，其微观组织及力学性质都会发生变化。热处理是将钢材进行加热、冷却等处理的工艺，以达到改善钢材组织和性能的目的。在冷热加工过程中及加工后钢材性能发生的延时性变化，称为钢的时效硬化。

1. 压力热加工

压力热加工是生产钢材或制造零件的一种常用方法。将加热到 900 ℃～1 200 ℃ 的钢锭（或钢材）通过碾轧或锻压，以获得一定大小或形状的钢材或零件。

压力热加工可消除钢锭中的某些缺陷，如使粗大晶粒破碎变为相对均匀的细晶，使气孔焊合而增大密实性，从而带来机械性能的提高。这是热轧薄钢板或较小截面型钢的强度较高的重要原因之一。锻造工艺使钢材机械性能提高，其原理也在于此。

2. 冷加工及冷加工强化

冷加工工艺是常温下钢材的冷拉、冷拔、冷轧等工艺的总称。在冷加工过程中，钢材产生了塑性变形，并引起其强度和硬度的提高，塑性和韧性降低，称为冷加工强化。产生冷加工强化的原因是钢材在塑性变形过程中，晶粒破碎而细化，晶格发生拉长、压扁或歪扭等畸变，晶界处位错密度增大。

3. 钢的热处理

钢的热处理是通过对钢进行加热、保温、冷却等手段，来改变钢材的组织结构，以达到改善性质的一种工艺。

（1）退火。将钢材加热到一定温度，保温若干时间，而后缓慢冷却，称为退火。低温退火的加热温度一般为 600 ℃～650 ℃，其目的是减少钢的晶格畸变，消除内应力和降低硬度。

（2）淬火。将钢材加热到铁碳合金状态图的 GSK 线以上 30 ℃～50 ℃，保温一段时间后，在盐水、冷水或油中急速冷却的处理过程，称为淬火。淬火的目的是要获得更高强度和硬度的钢材。钢材经淬火后强度和硬度提高的原因是，钢材中奥氏体在速冷的情况下，生成了 C-Fe 中的过饱和固溶体，并产生晶格畸变。

含碳量过多的钢，淬火后钢材太脆；含碳量过少的低碳钢，淬火后性能变化不显著；

最适宜淬火的钢,其含碳量在0.9%左右。

(3) 回火。将淬火处理后的钢,再进行加热、冷却处理,称为回火。回火的目的是消除钢件的内应力,增加其韧性。回火温度一般在150℃～650℃范围内。回火温度越高,其硬度降低和韧性提高越显著。对刀具、钻头等一般使用较低的回火温度。

(4) 正火。将钢材加热到铁碳合金状态图的GSK线以上30℃～50℃(或更高温度),保持足够时间,然后静置于空气中冷却,称为正火。对于断面尺寸较大的钢件,正火相当于退火的效果。低碳钢退火后硬度太低,改用正火可提高硬度,以改善其切削加工性能。高碳钢正火处理后,可使其具有较好的综合力学性质。

(5) 调质处理。对钢材进行多次淬火、回火等多种处理的综合热处理工艺,称为调质处理。其目的是使钢材具有所需的晶体组织(奥氏体、索氏体等)及均匀的细晶结构,从而得到强度、硬度、韧性等力学性质均较满意的钢材。

4. 钢的时效硬化

钢的强度和硬度随时间延长而逐渐增大,塑性和韧性逐渐减退的现象称为时效硬化(简称为时效)。正常状态的钢材发生时效硬化,是一个极长的缓慢过程,但当其受淬火及冷加工后,这一过程将急骤缩短,故时效分为热时效和冷加工时效两种。

热时效又称淬火时效,是低碳钢由高温快速冷却后,其塑性和韧性会随静置时间延长而不断降低的现象。产生淬火时效的原因是钢中的微量元素C、N在淬火过程中形成了在α-Fe中的过饱和固溶体,这种固溶体是不稳定的,随着时间的延长,其C、N原子在晶界或晶格缺陷处聚集,使钢材变得硬脆。沸腾钢的淬火时效倾向较大;镇静钢使用Al、Mn等作脱氧剂,可消除N对淬火时效的作用。焊接的钢结构及承受动荷载或冲击荷载的钢结构,如桥梁,应对钢材提出时效冲击韧性值的要求。

钢材经冷加工后,将发生冷加工强化现象,静置一段时间后,又会发生冷加工时效。产生冷加工时效的原因是冷加工的塑性变形使钢中位错数增加,并降低了C-Fe中的溶解度。C、N原子较未受冷加工者更易于在位错线附近聚集。由于C、N原子在位错线附近聚集,使钢材强度进一步提高,韧性进一步降低;另外,存在C、N原子在位错线附近聚集的钢材,当发生某种程度的塑性变形时,C、N原子可与位错分离,从而使位错运动的阻力突然减小,塑性变形突然增大,即重新出现屈服平台。

淬火时效和冷加工时效可同时发生。

时效可引起船舶、桥梁及受动荷载的水工钢结构(如受水击作用的压力钢管)发生突然断裂,从而失事,尤其在低温下工作的结构,这种影响更为严重。在建筑工程中,将钢筋进行冷加工(如冷拉),并在常温下放置15～20 d后再使用,就是通过冷加工强化和时效,来提高钢筋的屈服强度,从而达到节约钢材的目的。

二、鸟巢

鸟巢原意是指鸟类筑建的供自己栖息的巢,国家体育场是2008年北京奥运会的主场馆,由于其独特造型又俗称"鸟巢",如图2-19所示。国家体育场在奥运会期间设有10万个座位,承办该届奥运会的开、闭幕式,以及田径、足球等比赛项目。2001年由普利茨克奖获得者赫尔佐格、德梅隆与中国建筑师李兴刚等合作完成的巨型体育场设计,形态如同孕育生命的"巢",它更像一个摇篮,寄托着人类对未来的希望。设计者们对这个国家体育场没有做任何多余的处理,只是坦率地把结构暴露在外,因而自然形成了建筑的外观。国家体育场于2003年12月24日开工建设,2004年7月30日因设计调整而暂时停工,同年12月27日恢复施工，2008年3月完工。工程总造价为22.67亿元。

图2-19　鸟巢

1. "鸟巢"钢材全都国产化

"鸟巢"这个辐射式旋转而成的梦幻般的造型，让4.2万吨钢的受力点集中在24根柱子和柱脚上。什么样的钢能够支撑起如此大的质量和重力？这不仅是中国建筑科学家、设计家们的难题，更是世界建筑界的难题。2005年3月，一次特殊的会议在北京举行，会议成员是北京市委、市政府领导和宝钢、首钢、鞍钢、武钢和舞钢等国内7家钢铁巨头的老总，他们参会的目的就是研究如何解决钢材，而且必须全部国产化。攻克这个难题，实际上就是攻克世界建筑行业的"诺贝尔高地"。

"鸟巢"钢结构最大跨度达到343 m，如果使用普通钢材，受力厚度要达到220 mm，若果真如此，"鸟巢"钢材重量将超过8万吨。如果钢板太厚，焊接技术要求就更高，焊接难度就会更大。2005年7月，为"鸟巢"准备的110 mm厚的Q460E钢板经过舞阳钢厂的反复实验，轧制成功并进入批量生产。400 t Q460E钢材，成了"鸟巢"钢筋铁骨中最坚硬的一部分。首钢、鞍钢等企业也接下了GJ345D、345C、420C等高强度钢材生产的订单。在鸟巢整个施工期间，国产化钢材经受住了考验。这是一次了不起的飞跃，在鸟巢逐渐呈现在人们面前的同时，中国钢材界也写下了浓重的一笔。

2. 完美浇筑的1 064根柱子

124根钢管柱、228根斜梁、600多根斜柱、112根Y形柱与空间曲形环梁相互交织，共1 064根柱子，是支撑整个鸟巢的力量。如何浇筑成功，是鸟巢工程的难点之一。

据施工人员介绍，边长1.0 m的方钢管被连接成120多根长短不同、倾斜角度多样的钢柱，70%以上都是双斜柱：一根柱子在垂直面上扭转两次。鸟巢中最高的钢柱全长为21 m，横跨整座体育场的一至四层；最倾斜的钢柱和地面的夹角达到59°，钢柱的最大自转角度超过45°，浇筑这样杂乱无章的柱子，必须有周全的措施，才能让整个浇筑过程不影响鸟巢的完美。

开始的时候，工程建设者只能试着从上口往钢管里浇筑，每天只能浇筑四五米。后来国家体育场工程总承包部经过自主研究，提出了一个新方案：采用高流态自密实混凝土，采取高压顶升，从钢管底部注入混凝土，由底向上顶升逐步填充。结果，不仅浇筑成功且让施工过程缩短了两个多月，鸟巢的完美一点也没有受到影响。

习 题

一、填空题

1. 低碳钢受拉直至破坏,经历_____、_____、_____和_____四个阶段。
2. 按冶炼时的脱氧程度分类,钢材可分为_____、_____和_____。
3. 碳素结构钢 Q215-A•F 表示_____。
4. 国家标准《碳素结构钢》(GB/T 700—2006)中规定,钢的牌号由_____、_____、_____和_____四部分构成。
5. 冲击韧性随温度的降低而下降,开始时下降_____,当达到一定温度范围时,突然下降很多而呈_____,这种性质称为钢材的_____。这时的温度称为_____。
6. 冷弯试验时,采用的弯曲角度越_____,弯心直径对试件厚度(或直径)的比值越_____,表示对冷弯性能的要求越高。
7. 建筑工地或混凝土预制构件厂对钢筋常用的冷加工方法有_____及_____,钢筋冷加工后_____提高,故可达到_____目的。
8. 冷拉钢筋的焊接应在冷拉之_____进行。
9. 普通碳素结构钢,按_____强度不同,分为_____个牌号,随着牌号的增大,其_____和_____提高,_____和_____降低。
10. 热轧钢筋根据表面形状分为_____钢筋和_____钢筋。_____钢筋比混凝土的粘结力大,共同工作性更好。

二、单选题

1. 钢材抵抗冲击荷载的能力称为( )。
   A. 塑性　　　B. 冲击韧性　　　C. 弹性　　　D. 硬度
2. 钢材的含碳量为( )。
   A. <2.06　　B. >3.0　　　C. >2.06　　D. 无具体规定
3. 以下对于钢材来说属于有害的元素是( )。
   A. 硅、锰　　B. 硫、磷、氧、氮　C. 铝、钛、钒、铌　D. 以上都是
4. 钢材中( )的含量过高,将导致其热脆现象发生。
   A. 碳　　　B. 磷　　　C. 硫　　　D. 硅
5. 钢材中( )的含量过高,将导致其冷脆现象发生。
   A. 碳　　　B. 磷　　　C. 硫　　　D. 硅
6. 以下对于钢材来说有害的元素是( )。
   A. Si、Mn　B. S、P、O、N　C. Al、Ti、V、Nb　D. S、P、Si、Mn
7. 吊车梁和桥梁用钢,要注意选用( )较大,且时效敏感性( )的钢材。
   A. 塑性　　　B. 韧性　　　C. 脆性　　　D. 大
   E. 小

三、判断题

1. 屈强比越大,钢材受力时超过屈服点工作的可靠性越大,结构的安全性越高。( )

2. 碳素结构钢牌号越大，其强度越大，塑性越好　　　　　　　　　　　　　（　　）
3. 沸腾钢是用强脱氧剂，脱氧充分，液面沸腾，故质量好。　　　　　　　（　　）
4. 钢材的强度和硬度随含碳量的提高而提高。　　　　　　　　　　　　　（　　）
5. 钢材中含磷较多呈热脆性，含硫较多呈冷脆性。　　　　　　　　　　　（　　）
6. 在钢材设计时，屈服点是确定钢材容许应力的主要依据。　　　　　　　（　　）
7. 与沸腾钢比较，镇静钢的冲击韧性和焊接性较差，特别是低温冲击韧性的降低更为显著。　　　　　　　　　　　　　　　　　　　　　　　　　　　　　　　（　　）
8. 同一根钢筋取样作拉伸试验时，其伸长率 $\delta_{10} < \delta_5$。　　　　　　　　（　　）

四、案例分析

1. 某厂钢结构屋架使用中碳钢，采用一般焊条直接焊接。使用一段时间后，屋架坍塌，试分析原因。

2. 1980年3月27日，北海油田的A.L.基尔兰德号平台突然从水下深部传来一声震动，紧接着一声巨响，平台立即倾斜，短时间内翻入海中，致使123人丧生，造成巨大人员和经济损失。试分析原因。

五、计算题

从新进的一批钢筋中取样，并截取两根进行拉伸试验，已知屈服下限荷载分别是42.4 kN和41.5 kN，抗拉极限荷载分别是62.0 kN和61.6 kN，钢筋直径为12 mm，标距为60 mm，拉断时长度分别为66.0 mm和67.0 mm。试确定该钢筋的级别和使用时的安全可靠性。

学习单元 2.2 无机胶凝材料性能与检测

📖 任务提出

合理选取水泥的品种与强度等级,并检测选取的水泥的各项性能是否合格。

⚙ 任务分析

凡在一定条件下,经过自身的一系列物理、化学作用后,能将散粒状或块状材料黏结成为具有一定强度的整体材料,统称为**胶凝材料**。胶凝材料也叫作胶结材料,在工程中具有将散粒材料(如砂、石子等)或块状材料(如砖、石材等)结合成整体(如混凝土构件、砖石砌体等)的黏结作用。

从另一个角度分析胶凝材料时,也被认为是抹灰材料之一。这是因为在抹灰材料的组成(胶结材料、细骨料、填料和少量外加剂)中,胶凝材料是抹灰材料中的主要组分,总是起着关键作用。许多抹灰材料的名称就是根据胶结材料的名字命名的,如石膏抹灰材料、水泥砂浆等。

胶凝材料按其化学成分可分为无机胶凝材料和有机胶凝材料两大类(图 2-20)。

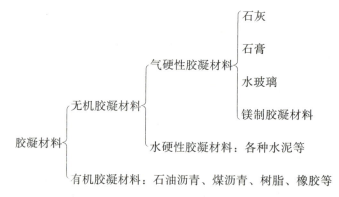

图 2-20 胶凝材料的分类

气硬性胶凝材料只能在空气中硬化,也只能在空气中保持或发展其强度,在水中不能硬化,也就不能具有强度。气硬性胶凝材料只适用于地上或干燥环境,不宜用于潮湿环境,更不能用于水中。

水硬性胶凝材料不仅能在空气中硬化,而且能更好的在水中硬化,保持并继续发展其强度。水硬性胶凝材料既适用于地上,也可用于地下或水中环境。

一、气硬性胶凝材料分析

气硬性胶凝材料主要有**石灰、石膏、水玻璃、镁质胶凝材料(菱苦土)**等,这些材料是传统的性能稳定的胶凝材料,也是现代许多新型胶凝材料的基础。其化学组成及性能特点对比分析见表 2-13。

表 2-13 气硬性胶凝材料对比分析

品种	石灰	石膏	水玻璃	菱苦土
生产	将以含碳酸钙为主要成分的天然岩石（如石灰石、白垩、白云质石灰石），在低于烧结温度条件下煅烧而成，即生石灰	将原料（二水石膏）在不同压力和温度下煅烧、脱水，再经磨细而成	将石英砂粉或石英岩粉加入 Na_2CO_3 或 Na_2SO_4，在玻璃炉内以 1 300 ℃～1 400 ℃温度熔化，冷却后即成固态水玻璃。然后在 0.3～0.8 MPa 压力的蒸压锅内加热，将其溶解成液态水玻璃	将菱镁矿或天然白云石经适当温度煅烧后，经磨细而成
化学组成	石灰石 $CaCO_3$ 生石灰 CaO 熟石灰 $Ca(OH)_2$	天然石膏、生石膏（二水石膏）$CaSO_4 \cdot 2H_2O$ 建筑石膏、熟石膏（半水石膏）$CaSO_4 \cdot 1/2H_2O$ 硬石膏（无水石膏）$CaSO_4$	水玻璃俗称泡花碱，是一种水溶性的硅酸盐，由碱金属氧化物和二氧化硅结合而成，如硅酸钠（$Na_2O \cdot nSiO_2$）、硅酸钾（$K_2O \cdot nSiO_2$）等	MgO
性能特点	(1) 可塑性和保水性好； (2) 吸湿性强； (3) 凝结硬化慢，强度低； (4) 硬化后体积收缩大； (5) 耐水性差	(1) 凝结硬化快； (2) 硬化制品的孔隙率大，体积小，保温、吸声性能好； (3) 具有一定的调温调湿性； (4) 凝固时体积微膨胀； (5) 防火性好； (6) 耐水性、抗冻性差	(1) 粘结力强； (2) 耐酸能力强； (3) 耐热性好	(1) 硬化较快； (2) 强度高； (3) 吸湿性强； (4) 耐水性差
应用	配制石灰砂浆和石灰乳涂料； 配制灰土和三合土； 制作碳化石灰板； 制作硅酸盐制品； 配制无熟料水泥	室内抹灰及粉刷； 制作石膏制品，目前，我国生产的石膏制品主要有纸面石膏板、纤维石膏板、石膏空心板、石膏装饰板及石膏吸声板，以及各种石膏砌块等	配制耐酸砂浆和混凝土； 配制耐热砂浆和混凝土； 加固地基； 涂刷或浸渍材料； 修补裂缝、堵漏	制造木屑地板、木丝板、刨花板等； 用作机械设备的包装构件，可节省大量木材

1. 石灰

石灰是不同化学组成和物理形态的生石灰 CaO、消石灰 $Ca(OH)_2$ 等的总称，是建筑上最早使用的胶凝材料之一。因其原料分布广泛，生产工艺简单，成本低廉，使用方便，故广泛应用至今。

(1) 石灰的原料及生产。石灰是由石灰岩燃烧而成。石灰岩的主要成分是碳酸钙，并有少量碳酸镁，还含有黏土等杂质。石灰岩在适当温度

石灰

（900 ℃～1 000 ℃）下煅烧，得到以 CaO 为主要成分的物质，即石灰，也称生石灰（其中含一定量氧化镁）。其煅烧的反应式为

$$CaCO_3 \longrightarrow CaO(生石灰) + CO_2 \uparrow$$

生石灰在烧制过程中，往往由于石灰石原料的尺寸过大或窑中温度不均匀等原因，残留有未烧透的内核，其成分仍为 $CaCO_3$ 或 $MgCO_3$，这种石灰称为"欠火石灰"（图 2-21）；另一种情况是由于烧制的温度过高或时间过长，使得石灰表面出现裂缝或玻璃状的外壳，体积收缩明显，颜色呈黄褐色，这种石灰称为"过火石灰"（图 2-22）。过火石灰表面常被黏土杂质融化形成的玻璃釉状物包覆，熟化很慢。当石灰已经硬化后，过火石灰才开始熟化，并产生体积膨胀，引起隆起鼓包和开裂。

图 2-21　欠火石灰

图 2-22　过火石灰

（2）石灰的熟化与硬化。

1）石灰的熟化。烧制成的生石灰，在使用时必须加水使其"消化"成为"消石灰"，这一过程亦称"熟化"，故消石灰亦称"熟石灰"。其化学反应式为

$$CaO + H_2O \longrightarrow Ca(OH)_2$$

石灰的熟化过程会放出大量的热，熟化时体积增大 1～2.5 倍。煅烧良好、氧化钙含量高的石灰熟化较快，释放的热量和增大的体积也较多。为了消除过火石灰的危害，石灰膏在使用之前应进行陈伏处理。陈伏是指石灰乳（或石灰膏）在储灰坑中放置 14 d 以上的过程。过火石灰在这一期间将慢慢熟化。陈伏期间，石灰膏表面应保有一层水分，使其与空气隔绝，以免与空气中的二氧化碳发生碳化反应。

2）石灰的硬化。石灰浆体在空气中逐渐硬化，是由下面两个同时进行的过程来完成的：

①石灰浆的**干燥硬化**（结晶作用）。石灰浆体在干燥过程中，游离水分蒸发，形成网状孔隙，这些滞留于孔隙中的自由水由于表面张力的作用而产生毛细管压力，使石灰粒子更紧密，且由于水分蒸发，$Ca(OH)_2$ 从饱和溶液中逐渐结晶析出。

②石灰浆的**碳化**（碳化作用）。$Ca(OH)_2$ 与空气中的 CO_2 和水发生反应，形成不溶于水的 $CaCO_3$ 晶体，析出的水分则逐渐蒸发。由于碳化作用主要发生在与空气接触的表层，且生成的 $CaCO_3$ 膜层较致密，阻碍了空气中 CO_2 的渗入，也阻碍了内部水分向外蒸发，因此硬化缓慢。

（3）石灰的品种及技术要求和技术标准。

1）石灰的品种。

①生石灰粉：石灰在制备过程中，采用石灰石、白云石、贝壳等原料经燃烧后，即得到块状的生石灰，生石灰粉是由块状生石灰磨细生成的。

②消石灰粉：将生石灰用适量水经消化和干燥而成的粉末。

③石灰膏：将块状生石灰用过量水(生石灰体积的3~4倍)消化，或者将消石灰粉与水拌和，所得的一定稠度的膏状物，主要成分为$Ca(OH)_2$和水。

2)石灰的技术要求。

①**有效的CaO和MgO含量**：石灰中产生黏结性的有效成分是活性氧化钙和氧化镁，它们的含量是评价石灰质量的主要指标，其含量越多，活性越高，质量也越好。

②**生石灰产浆量和未消化残渣含量**：产浆量是单位质量(1 kg)的生石灰经消化后，所产石灰浆体的体积(L)，生石灰产浆量越高，表示其质量越好。未消化残渣含量是生石灰消化时未能消化而存留在5 mm圆孔筛上的残渣占试样的百分率，其值越高，石灰质量越差，须加以限制。

③**CO_2含量**：CO_2含量越高，即表示未分解完全的碳酸盐含量越高，则($CaO+MgO$)含量相对降低，导致石灰的胶结性能下降。

④**消石灰游离水含量**：游离水含量是指化学结合水以外的含水量，生石灰消化时加入的水量比理论需水量要多很多，多加的水残留于$Ca(OH)_2$中，残余水分蒸发后，留下孔隙会加剧消石灰粉碳化作用，因而影响其使用质量。

⑤**细度**：细度与石灰的质量有密切联系，过量的筛余物影响石灰的黏结性。现行标准《建筑生石灰》(JC/T 479—2013)和《建筑消石灰》(JC/T 481—2013)以0.9 mm和0.125 mm筛余百分率控制。试验方法是，称取试样50 g，倒入0.9 mm、0.125 mm套筛内进行筛分，分别称量筛余物，按原试样计算其筛余百分率。

3)石灰的技术标准。建筑石灰按现行标准《建筑生石灰》(JC/T 479—2013)和《建筑消石灰》(JC/T 481—2013)规定，按其氧化镁含量划分为钙质石灰和镁质石灰两类，见表2-14。

表2-14　钙质石灰和镁质石灰中 MgO 含量

石灰种类	生石灰	生石灰粉	消石灰粉
钙质石灰	≤5%	≤5%	≤5%
镁质石灰	>5%	>5%	>5%

①生石灰技术标准：生石灰按其加工情况可分为建筑生石灰和建筑生石灰粉；按生石灰的化学成分可分为钙质石灰和镁质石灰两类；根据化学成分的含量可将每类分为各个等级，见表2-15。生石灰的识别标志由产品名称、加工情况和产品依据标准编号组成；生石灰块在代号后加Q，生石灰粉在代号后加QP。建筑生石灰的化学成分应符合表2-16的要求。

表2-15　建筑生石灰的分类

类别	名称	代号
钙质石灰	钙质石灰90	CL90
	钙质石灰85	CL85
	钙质石灰75	CL75
镁质石灰	镁质石灰85	ML85
	镁质石灰80	ML80

表 2-16　建筑生石灰的化学成分　　　　　　　　　　　　　　　　　　　　%

名称	（氧化钙＋氧化镁）(CaO＋MgO)	氧化镁(MgO)	二氧化碳(CO_2)	三氧化硫(SO_3)
CL90-Q CL90-QP	≥90	≤5	≤4	≤2
CL85-Q CL85-QP	≥85	≤5	≤7	≤2
CL75-Q CL75-QP	≥75	≤5	≤12	≤2
ML85-Q ML85-QP	≥85	>5	≤7	≤2
ML80-Q ML80-QP	≥80	>5	≤7	≤2

②消石灰粉技术标准：消石灰粉按扣除游离水和结合水后(CaO＋MgO)的百分含量进行分类，见表 2-17。消石灰的识别标志由产品名称和产品依据标准编号组成。建筑消石灰的化学成分应符合表 2-18 的要求。

表 2-17　建筑消石灰的分类

类别	名称	代号
钙质消石灰	钙质消石灰 90	HCL90
	钙质消石灰 85	HCL85
	钙质消石灰 75	HCL75
镁质消石灰	镁质消石灰 85	HML85
	镁质消石灰 80	HML80

表 2-18　建筑消石灰的化学成分　　　　　　　　　　　　　　　　　　　　%

名称	（氧化钙＋氧化镁）(CaO＋MgO)	氧化镁(MgO)	三氧化硫(SO_3)
HCL90 HCL85 HCL75	≥90 ≥85 ≥75	≤5	≤2
HML85 HML80	≥85 ≥80	>5	≤2

注：表中数值以试样扣除游离水和化学结合水后的干基为基准。

(4)石灰的特性。

1) **可塑性好**。生石灰熟化为石灰浆时，能自动形成颗粒极细的呈胶体分散状态的 $Ca(OH)_2$，表面吸附一层厚的水膜。因此，用石灰调成的石灰砂浆的突出优点是具有良好的可塑性。在水泥砂浆中掺入石灰浆，可使可塑性显著提高。

2) **硬化慢、强度低**。从石灰浆体的硬化过程可以看出，由于空气中 CO_2 稀薄，碳化甚为缓慢，而且表面碳化后，形成紧密外壳，不利于碳化作用的深入，也不利于内部水分的蒸发，因此，石灰是硬化缓慢的材料，硬化后的强度也不高。如 1：3 石灰砂浆 28 d 抗压强度仅为 0.2～0.5 MPa。所以，石灰不宜用于重要建筑物的基础。

3) **硬化时体积收缩大**。石灰在硬化过程中,蒸发大量的游离水而引起显著的收缩,所以除调成石灰乳作薄层涂刷外,一般不宜单独使用。常在其中掺入砂、纸筋等材料以减少收缩和节约石灰用量。

4) **耐水性差**。$Ca(OH)_2$ 易溶于水,如果长期受潮或被水浸泡,会使已硬化的石灰溃散。若石灰浆体在完全硬化之前就处于潮湿的环境中,石灰中的水分不能蒸发出去,其硬化就会被阻止,所以,石灰不宜在潮湿的环境中使用。

5) **吸湿性强**。生石灰极易吸收空气中的水分熟化成熟石灰粉,所以,生石灰长期存放应在密闭条件下,并应防潮、防水。

(5) 石灰的应用。

1) 砌筑工程和抹面装饰工程。将消石灰粉或熟化好的石灰膏加入多量的水稀释搅拌,成为石灰乳,是一种廉价的涂料,主要用于内墙和天棚刷白,增加室内美观和亮度。

石灰砂浆是将石灰膏、砂加水拌制而成,按其用途,可分为砌筑砂浆和抹面砂浆。

2) 制作灰砂砖和硅酸盐制品。石灰与天然砂或硅铝质工业废料混合均匀,加水搅拌,经压振或压制形成硅酸盐制品。为使其获得早期强度,往往采用高温高压养护或蒸压养护,使石灰与硅铝质材料反应速度显著加快,从而使制品产生较高的早期强度,如灰砂砖(图 2-23)、硅酸盐砖、硅酸盐混凝土制品(图 2-24)等。

图 2-23 灰砂砖

图 2-24 硅酸盐保温板

3) 加固软土地基。在软土地基中打入生石灰桩,可以利用生石灰吸水产生的膨胀对桩周土壤起挤密作用,利用生石灰和黏土矿物之间产生的胶凝反应使周围的土固结,从而达到提高地基承载力的目的。

4) 用于道路工程的垫层。石灰和黏土按一定比例拌和制成石灰土,或与黏土、砂石、矿渣制成三合土,用于道路工程的垫层。

2. 石膏

石膏在建筑工程中的应用有着较长的历史,由于其具有轻质、隔热、吸声、耐火、色白且质地细腻等优点,使之被广泛应用至今。

我国的石膏资源极其丰富,分布很广,有自然界存在的天然二水石膏($CaSO_4 \cdot 2H_2O$,又称软石膏或生石膏)、天然无水石膏($CaSO_4$,又称硬石膏)和各种工业副产品或废料——化学石膏。

将天然的二水石膏($CaSO_4 \cdot 2H_2O$)经过加热,根据温度和受热方式不同能得到不同的石膏品种。当温度为 65 ℃~75 ℃时,二水石膏($CaSO_4 \cdot 2H_2O$)开始脱水;至 107 ℃~170 ℃时,脱去部分结晶水,得到 β 型半水石膏,也称建筑石膏。

石膏

建筑石膏（β型半水石膏）为白色粉末状、杂质少，可制作模型石膏，用于建筑装饰和陶瓷制品。

天然二水石膏在 0.13 MPa 压力的蒸压锅内蒸炼（温度为 125 ℃）脱水，可制得 α 型半水石膏。α 型半水石膏浆体硬化后的强度较高，故又称高强度石膏。

$$CaSO_4 \cdot 2H_2O \xrightarrow{107\ ℃\sim170\ ℃} CaSO_4 \cdot \frac{1}{2}H_2O + 1\frac{1}{2}H_2O$$

(1) 石膏的水化及凝结硬化。

1) 石膏的水化。半水石膏和水反应生成二水石膏的过程为

$$CaSO_4 \cdot \frac{1}{2}H_2O + 1\frac{1}{2}H_2O \longrightarrow CaSO_4 \cdot 2H_2O$$

由于半水石膏的溶解度比二水石膏的大（约为四倍），所以二水石膏处于过饱和状态，不断从溶液中析晶，水解反应不断右移，直至半水石膏全部转变成二水石膏。

2) 石膏的凝结硬化。

凝结：可塑性浆体失去可塑性，开始产生强度的过程。

硬化：失去可塑性浆体强度增加的过程。

石膏浆体的凝结硬化是一个连续进行的过程。从加水开始拌和到浆体开始失去可塑性的过程称浆体初凝，对应的时间为初凝时间；建筑石膏凝结硬化快，一般初凝不早于 6 min，终凝不迟于 30 min。

(2) 石膏的技术要求。 石膏色白，密度为 2.60～2.75 g/cm³，堆积密度为 800～1 000 kg/m³。根据《建筑石膏》(GB/T 9776—2008) 的规定，按原材料种类可分为三类，见表 2-19；按 2 h 强度（抗折）可分为 3.0、2.0、1.6 三个等级。

表 2-19 建筑石膏分类

类别	天然建筑石膏	脱硫建筑石膏	磷建筑石膏
代号	N	S	P

建筑石膏的标记按产品名称、代号、等级及标准编号的顺序标记，如等级为 2.0 的天然建筑石膏标记为：建筑石膏 N2.0GB/T 9776—2008。

建筑石膏组成中 β 半水硫酸钙（β-$CaSO_4 \cdot 1/2H_2O$）的含量（质量分数）应不小于 60.0%。建筑石膏的物理力学性能应符合表 2-20 的要求。

表 2-20 建筑石膏的物理力学性能

等级	细度(0.2 mm 方孔筛筛余)/%	凝结时间/min		2 h 强度/MPa	
		初凝	终凝	抗折	抗压
3.0	≤10	≥3	≤30	≥3.0	≥6.0
2.0				≥2.0	≥4.0
1.6				≥1.6	≥3.0

(3) 石膏的特性。

1) **硬化时体积微膨胀。** 石灰和水泥等胶凝材料硬化时往往产生收缩，而建筑石膏却略有膨胀（膨胀率为 0.05%～0.15%），这使石膏制品表面光滑饱满、棱角清晰，干燥时不开裂。

2) **硬化后孔隙率较大，表观密度和强度较低。** 建筑石膏在使用时，为获得良好的流动性，加入的水量往往比水化所需的水分要多。理论需水量为 18.6%，而实际加水量为

60%～80%，石膏凝结后，多余水分蒸发，在石膏硬化体内留下大量孔隙（孔隙率高达50%～60%），故表观密度小，强度较低。

3) 隔热、吸声性良好。 石膏硬化后孔隙率高，且均为微细的毛细孔，故导热系数小，一般为 0.121～0.205 W/(m·K)，具有良好的绝热能力；石膏的大量微孔，尤其是表面微孔使声音传导或反射的能力显著下降，从而具有较强的吸声能力。

4) 防火性能良好。 遇火时，石膏硬化后的主要成分二水石膏中的结晶水蒸发的同时还能吸收热量，制品表面形成蒸汽幕，能有效阻止火的蔓延。

5) 具有一定的调温性和调湿性。 建筑石膏的热容量大、吸湿性强，故能对室内温度和湿度起到一定的调节作用。

6) 耐水性和抗冻性差。 建筑石膏吸湿性和吸水性好，故在潮湿环境中，建筑石膏晶体粒子间黏合力会被削弱，在水中还会使二水石膏溶解而引起溃散，故耐水性差。另外，建筑石膏中的水分受冻结冰后会产生崩裂，故抗冻性差。

7) 加工性能好。 石膏制品可锯、可刨、可钉、可打眼，具有良好的可加工性能。

8) 塑性变形大。 石膏制品有明显的塑性变形性能，因此，一般不能用于承重构件。

(4) 石膏的应用。

建筑石膏常用于室内抹灰、粉刷、油漆打底层，也可制作各种建筑装饰构件和石膏板等。

石膏板具有轻质、保温、隔热、吸声、不燃，以及热容量大、吸湿性大、可调节室内温度和湿度、施工方便等性能，是一种有发展前途的新型板材。石膏板常见的品种有纸面石膏板、纤维石膏板、装饰石膏板、空心石膏板等。另外，还有石膏蜂窝板、石膏矿棉复合板、防潮石膏板等，分别用作绝热板、吸声板、内墙隔墙板及天花板等。

建筑石膏的储运应注意防潮，一般存储 3 个月后，强度将降低 30% 左右。所以，存储期超过 3 个月应重新进行质量检验，以确定其等级。

3. 水玻璃

水玻璃俗称泡花碱，是一种能溶于水的硅酸盐，由不同比例的碱金属和二氧化硅(SiO_2)所组成，**最常用的是硅酸钠水玻璃($Na_2O \cdot nSiO_2$)**，以及硅酸钾水玻璃($K_2O \cdot nSiO_2$)等。

水玻璃

(1) 水玻璃的生产。

1) 湿法生产：将石英砂和钠溶液在蒸压锅（2～3 个大气压）内用蒸汽加热，并加以搅拌，使其直接反应而成液体水玻璃，如图 2-25 所示。

2) 干法生产：干法生产是将石英砂和碳酸钠磨细拌匀，在熔炉内于 1 300 ℃～1 400 ℃温度下熔化，反应生成固体水玻璃（图 2-26），然后在水中加热溶解而得到液体水玻璃（碳酸盐法）。

图 2-25 液体水玻璃

图 2-26 固体水玻璃

(2) 水玻璃的硬化。 水玻璃与空气中的 CO_2 反应，析出硅酸凝胶，并逐渐干燥而硬化。水玻璃的硬化过程非常慢，通常可通过加热或掺入促硬剂的方法加速硬化过程，**常用的促硬剂为氟硅酸钠。**

氟硅酸钠不仅能加快水玻璃的硬化速度，还能提高水玻璃的强度和耐水性。氟硅酸钠适宜掺量为水玻璃质量的 12%～15%。氟硅酸钠有毒，在施工操作时应做好安全防护措施。

(3) 水玻璃的特性。

1) 耐酸腐蚀性。水玻璃能抵抗除氢氟酸外多数无机酸和有机酸的腐蚀，但若长期受到酸性介质的腐蚀，其化学稳定性会变差，还将导致变质和破坏。在防腐工程中，常采用耐酸骨料配置耐酸砂浆和耐酸混凝土。

2) 耐热性。在高温下水玻璃不会分解；在 1 200 ℃ 高温下，水玻璃的强度不会降低。水玻璃具有耐热性，可以配制耐热砂浆和耐热混凝土。

3) 粘结力强。水玻璃硬化后的主要成分为硅凝胶和固体，因而具有较高的黏结强度、抗拉强度和抗压强度。用水玻璃配制的水玻璃混凝土，抗压强度可达到 15～40 MPa；水玻璃的抗拉强度可达 2.5 MPa。另外，水玻璃硬化后析出的硅酸凝胶还可以堵塞毛细孔隙，防止水分渗出。

4) 抗风化性。涂刷在天然石材、硅酸盐制品及混凝土表面，水玻璃硬化时析出的硅酸凝胶能堵塞材料的毛细孔隙，提高材料的密实度，阻止水分渗透，起到耐水和抗风化的作用。

(4) 水玻璃的应用。

1) 配置混凝土。以水玻璃作胶结材料，以氟硅酸钠作促硬剂，与耐酸粉料及耐酸粗骨料按一定比例配置成的材料，称为水玻璃耐酸混凝土。水玻璃耐酸混凝土能抵抗除氢氟酸之外的各种酸类的侵蚀，特别是对硫酸、硝酸有良好的抗腐性，并且具有较高的强度。

以水玻璃作胶结材料，以氟硅酸钠作促硬剂，与耐热粗、细骨料按一定比例配置成的材料，称为水玻璃耐热混凝土。水玻璃耐热混凝土能承受一定的高温作用而强度不降低，通常用于耐热工程。

2) 配置防水剂。以水玻璃为基料，加入两种、三种或四种矾可配制成二矾、三矾或四矾防水剂。四矾防水剂是以蓝矾（硫酸铜）、明矾（钾铝矾）、红矾（重铬酸钾）和紫矾（铬矾）各 1 份，溶于 60 ℃ 热水中，降温到 50 ℃，投入水玻璃溶液中，搅拌均匀而成。水玻璃能促进水泥凝结，可用于堵塞漏洞、缝隙等局部抢修工程。但由于凝结速度过快，故不宜调配水泥防水砂浆。

3) 加固土壤和地基。将水玻璃和氯化钙溶液交替注入土壤中，反应析出的硅酸胶体可胶结土壤、填充孔隙，阻止水分的渗透，提高土壤密度和强度。用这种方法加固的沙土地基，其抗压强度可达 3～6 MPa。

4) 涂刷材料。将液体水玻璃直接涂刷在烧结普通砖、水泥混凝土等多孔材料表面，可提高材料抗风化性和耐久性。这是由于水玻璃硬化后可形成硅酸凝胶，同时，水玻璃与材料中的氢氧化钙作用生成硅酸钙胶体，可填充毛细孔隙，使材料致密。需要注意的是，硅酸钠水玻璃不能用来涂刷或浸渍石膏制品，因为硅酸钠与硫酸钙会发生反应生成硫酸钠，在制品孔隙中结晶膨胀，从而导致制品破坏。

课外作业

前面学习了这么多气硬性胶凝材料，你掌握了吗？还有一个菱苦土，请查阅资料来了解它的性能特点吧。

菱苦土

二、水硬性胶凝材料分析

水硬性胶凝材料一般指各种水泥。

水泥呈粉末状,加适量水调制后,经过一系列物理、化学作用,由最初的可塑性浆体变成坚硬的石状体,具有较高的强度,并且能将散粒状、块状材料黏结成整体。

由于水泥本身的工程性能,不仅是工业与民用建筑工程中不可缺少的胶凝、结构材料,而且也广泛地用于道路、水利、桥梁、海洋开发等各种建设工程中。

水泥的种类繁多,按<u>其矿物组成</u>可分为硅酸盐系水泥、铝酸盐系水泥、硫铝酸盐系水泥、铁铝酸盐系水泥及少熟料水泥或无熟料水泥等;按其<u>用途</u>又可分为通用水泥、专用水泥及特性水泥三大类。通用水泥主要用于一般土木建筑工程,它包括硅酸盐水泥;普通硅酸盐水泥、矿渣硅酸盐水泥、火山灰质硅酸盐水泥、粉煤灰硅酸盐水泥以及复合硅酸盐水泥;专用水泥是指具有专门用途的水泥,如砌筑水泥、道路水泥、油井水泥等;特性水泥是某种性能比较突出的水泥,如快硬水泥、白色水泥、抗硫酸盐水泥、中热硅酸盐水泥和低热矿渣硅酸盐水泥及膨胀水泥等。

在每一品种的水泥中,又根据其胶结强度的大小,可分为若干强度等级。当水泥的品种及强度等级不同时,其性能也有较大差异。因此在使用水泥时,必须注意区分水泥的品种及强度等级,掌握其性能特点和使用方法,根据工程的具体情况,合理选择与使用水泥,这样既可提高工程质量,又能节约水泥。

水泥品种虽然很多,但从应用方面考虑,本节主要介绍通用硅酸盐系列水泥,并在此基础上简单介绍其他品种水泥。

1. 通用硅酸盐水泥

根据国家标准《通用硅酸盐水泥》(GB 175—2007)规定,通用硅酸盐水泥是指以硅酸盐水泥熟料和适量的石膏以及规定的混合材料制成的水硬性胶凝材料。通用硅酸盐水泥按混合材料的品种和掺量分为硅酸盐水泥、普通硅酸盐水泥、矿渣硅酸盐水泥、火山灰质硅酸盐水泥、粉煤灰硅酸盐水泥和复合硅酸盐水泥。其中,硅酸盐水泥是最基本的品种。

《通用硅酸盐水泥》(GB 175—2007)

(1)硅酸盐水泥的基本知识。

1)硅酸盐水泥的定义。<u>凡由硅酸盐水泥熟料、0~5%石灰石或粒化高炉矿渣及适量石膏磨细制成的水硬性胶凝材料称为硅酸盐水泥(即国外通称的波特兰水泥)</u>。硅酸盐水泥分为两种类型:不掺混合材料的称为<u>I</u>型硅酸盐水泥,代号为P·I;在硅酸盐水泥粉磨时掺加不超过水泥质量5%的石灰石或粒化高炉矿渣混合材料的称为<u>II</u>型硅酸盐水泥,代号为P·II。

2)硅酸盐水泥熟料的矿物组成。硅酸盐水泥熟料的主要矿物组成及含量见表2-21。

表2-21 硅酸盐水泥熟料的矿物组成及含量

矿物名称	矿物化学分子式	简写	含量/%(各种水泥中熟料矿物含量的相对变化的参考值)				
			普通水泥	低热水泥	早强水泥	超早强水泥	耐硫酸盐水泥
硅酸三钙	$3CaO \cdot SiO_2$	C_3S	52	41	65	68	57
硅酸二钙	$2CaO \cdot SiO_2$	C_2S	24	34	10	5	23
铝酸三钙	$3CaO \cdot Al_2O_3$	C_3A	9	6	8	9	2
铁铝酸四钙	$4CaO \cdot Al_2O_3 \cdot Fe_2O_3$	C_4AF	9	6	8	9	13

在以上的矿物组成中，硅酸三钙和硅酸二钙的总含量占75%～82%；而铝酸三钙和铁铝酸四钙的总含量仅占总量的18%～25%，因硅酸盐占绝大部分，故命名为硅酸盐水泥熟料。

这四种矿物成分单独与水作用时，表现出不同的性能，主要特征如下：

① C_3S 的水化速率较快，水化热较大，且主要在水化反应早期释放；强度最高，且能不断得到增长，是决定水泥强度等级高低的最主要矿物。

② C_2S 的水化速率最慢，水化热最小，且主要在后期释放；早期强度不高，但后期强度增长率较高，是保证水泥后期强度增长的主要矿物。

③ C_3A 的水化速率极快，水化热最大，且主要在早期释放，硬化时体积减缩也最大。早期强度增长率很快，但强度不高，而且以后几乎不再增长，甚至降低，C_3A 是影响水泥凝结时间的主要矿物之一。

④ C_4AF 的水化速率较快，仅次于 C_3A，水化热中等，强度较低。脆性较其他矿物小，当含量增多时，有助于水泥抗拉强度的提高。

单矿物的水化特性说明，改变熟料矿物之间的比例，水泥的性质也会发生相应的变化。例如，要使水泥具有快硬高强的性能，应适当提高熟料中 C_3S 及 C_3A 的相对含量；若要求水泥的发热量较低，可适当提高 C_2S 及 C_4AF 的含量而控制 C_3S 及 C_3A 的含量。因此，掌握了硅酸盐水泥熟料中各矿物成分的含量及特性，也就可以大致了解该水泥的性能特点。

硅酸盐水泥熟料除上述主要成分外，还含有少量以下成分：

①游离氧化钙 $f\text{-}CaO$。它是在煅烧过程中没有全部化合而残留下来呈游离态存在的氧化钙，其含量过高将造成水泥安定性不良，危害很大。

②游离氧化镁 $f\text{-}MgO$。若其含量高、晶粒大时，也会导致水泥安定性不良。

③含碱矿物以及玻璃体等。含碱矿物及玻璃体中 Na_2O、K_2O 含量高的水泥，当其遇到活性骨料时，易发生碱-集料膨胀反应。

3）硅酸盐水泥的水化与凝结硬化。硅酸盐水泥在工程中使用时，首先与水拌和形成具有可塑性的水泥浆体，随着时间的延长，水泥浆体逐渐变稠失去可塑性而具有一定的塑性强度，这一过程称为水泥的"凝结"。随后凝结了的水泥浆体开始产生机械强度，并逐渐发展成为坚硬的水泥石，这一过程称为"硬化"。水泥的凝结、硬化过程与水泥的技术性能密切相关，其结果直接影响硬化水泥石的结构和使用性能。

水泥浆之所以能够凝结、硬化，发展成为坚硬的水泥石，是因为水泥与水之间要发生一系列的水化反应。

①硅酸盐水泥的水化。水泥加水后，熟料矿物开始与水发生水化反应，生成水化产物，并放出一定的热量。其水化反应式为

$$2(3CaO \cdot Si_2O) + 6H_2O = 3CaO \cdot 2Si_2O \cdot 3H_2O + 3Ca(OH)_2$$

$$2(2CaO \cdot Si_2O) + 4H_2O = 3CaO \cdot 2Si_2O \cdot 3H_2O + Ca(OH)_2$$

$$3CaO \cdot Al_2O_3 + 6H_2O = 3CaO \cdot Al_2O_3 \cdot 6H_2O$$

$$4CaO \cdot Al_2O_3 \cdot Fe_2O_3 + 7H_2O = 3CaO \cdot Al_2O_3 \cdot 6H_2O + CaO \cdot Fe_2O_3 \cdot H_2O$$

在上述反应中，由于 C_3A 与水反应非常快，使水泥凝结过快，为了调节水泥凝结时间，**在粉磨水泥中加入适量石膏作缓凝剂**，其机理可解释为：石膏能与最初生成的水化铝酸三钙反应生成难溶的水化硫铝酸钙晶体（俗称钙矾石）。其化学反应式为

$$3CaO \cdot Al_2O_3 \cdot 6H_2O + 2(3CaSO_4 \cdot 2H_2O) + 20H_2O = 3CaO \cdot Al_2O_3 \cdot 3CaSO_4 \cdot 32H_2O$$

在熟料颗粒表面形成的钙矾石保护膜，封闭熟料组分的表面，阻止水分子及离子的扩

散，从而延缓了熟料颗粒特别是 C_3A 的继续水化。

综上所述，硅酸盐水泥熟料矿物与水反应后，生成的主要水化产物有水化硅酸钙、水化铁酸钙胶体、氢氧化钙、水化铝酸钙和水化硫铝酸钙晶体。

②硅酸盐水泥的凝结硬化过程。水泥的凝结是指水泥加水拌和后，成为塑性的水泥浆，其中水泥颗粒表面的矿物开始在水中溶解并与水发生水化反应，水泥浆逐渐变稠失去塑性，但还不具有强度的过程。

硬化是指凝结的水泥浆体随着水化的进一步进行，开始产生明显的强度并逐渐发展成为坚硬水泥石的过程。凝结和硬化是人为划分的，实际上这是一个连续复杂的物理化学变化过程。

一般按水化反应速率和水泥浆体的结构特征，硅酸盐水泥的凝结硬化过程可分为初始反应期、潜伏期、凝结期、硬化期四个阶段，如图 2-27 所示。

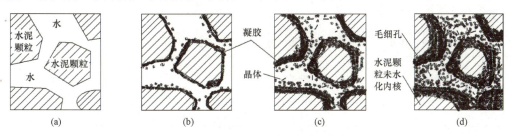

图 2-27　水泥凝结硬化过程示意图
(a)初始反应期；(b)潜伏期；(c)凝结期；(d)硬化期

a. 初始反应期。水泥与水接触后立即发生水化反应，在初始的 5~10 min 内，放热速率剧增，可达此阶段的最大值，然后又降至很低。这个阶段称为初始反应期。在此阶段硅酸三钙开始水化，生成水化硅酸钙凝胶，同时释放出氢氧化钙，氢氧化钙立即溶于水中，钙离子浓度急剧增大，当达到过饱和时，则呈结晶析出。同时，暴露于水泥熟料颗粒表面的铝酸三钙也溶于水，并与已溶解的石膏反应，生成钙矾石结晶析出，附着在颗粒表面，在这个阶段中，水化的水泥只是极少的一部分。

b. 潜伏期。在初始反应期后，有相当长一段时间(为 1~2 h)，水泥浆的放热速率很低，这说明水泥水化十分缓慢。这主要是由于水泥颗粒表面覆盖了一层以水化硅酸钙凝胶为主的渗透膜层，阻碍了水泥颗粒与水的接触。在此期间，由于水泥水化产物数量不多，水泥颗粒仍呈分散状态，所以水泥浆基本保持塑性。许多研究者将上述两个阶段合并称为诱导期。

c. 凝结期。在潜伏期后由于渗透压的作用，水泥颗粒表面的膜层破裂，水泥继续水化，放热速率又开始增大，6 h 内可增至最大值，然后又缓慢下降。在此阶段，水化产物不断增加并填充水泥颗粒之间的空间，随着接触点的增多，形成了由分子力结合的凝聚结构，使水泥浆体逐渐失去塑性，这一过程称为水泥的凝结。此阶段结束约有 15% 的水泥水化。

d. 硬化期。在凝结期后，放热速率缓慢下降，至水泥水化 24 h 后，放热速率已降到一个很低的值，约 4.0(J/g·h)以下，此时，水泥水化仍在继续进行，水化铁铝酸钙形成；由于石膏的耗尽，高硫型水化硫铝酸钙转变为低硫型水化硫铝酸钙，水化硅酸钙凝胶形成纤维状。在这一过程中，水化产物越来越多，它们更进一步地填充孔隙且彼此间的结合也更加紧密，使得水泥浆体产生强度，这一过程称为水泥的硬化。硬化期是一个时间相当长的过程，在适当的养护条件下，水泥硬化可以持续很长时间，几个月、几年、甚至几十年后强度还会继续增长。

水泥石强度发展的一般规律是：3~7 d 内强度增长最快，28 d 内强度增长较快，超过 28 d 后强度将继续发展但增长较慢。

需要注意的是，水泥凝结硬化过程的各个阶段不是彼此截然分开的，而是交错进行的。影响水泥凝结硬化的因素主要有熟料的矿物成分、水泥的细度、用水量、养护时间、石膏掺量、温度和湿度。

(2) 通用硅酸盐水泥的品种。

1) 通用硅酸盐水泥的品种及其组分。国家标准《通用硅酸盐水泥》(GB 175—2007) 规定，通用硅酸盐水泥**按混合材料的品种和掺量分**为硅酸盐水泥、普通硅酸盐水泥、矿渣硅酸盐水泥、火山灰质硅酸盐水泥、粉煤灰硅酸盐水泥和复合硅酸盐水泥。通用硅酸盐水泥品种的组分和代号见表 2-22。

通用硅酸盐水泥的品种

表 2-22 通用硅酸盐水泥的品种及其组分 (GB 175—2007)

水泥品种	水泥代号	水泥组分/%				
		熟料＋石膏	粒化高炉矿渣	火山灰质混合材料	粉煤灰	石灰石
硅酸盐水泥	P·Ⅰ	100	—	—	—	—
	P·Ⅱ	≥95	≤5	—	—	—
		≥95	—	—	—	≤5
普通硅酸盐水泥	P·O	≥80 且＜95	＞5 且≤20			
矿渣硅酸盐水泥	P·S·A	≥50 且＜80	＞20 且≤50	—	—	—
	P·S·B	≥30 且＜50	＞50 且≤70	—	—	—
火山灰质硅酸盐水泥	P·P	≥60 且＜80	—	＞20 且≤40	—	—
粉煤灰硅酸盐水泥	P·F	≥60 且＜80	—	—	＞20 且≤40	—
复合硅酸盐水泥	P·C	≥50 且＜80	＞20 且≤50			

从表 2-22 中可以看出，除硅酸盐水泥外，其他水泥品种都掺加了较多的混合材料。在硅酸盐水泥熟料中掺加一定量的混合材料，能改善水泥的性能，增加品种，调整水泥强度等级，提高产量，降低成本，充分利用工业废料，扩大水泥的使用范围。

2) 水泥混合材料。在生产水泥时，为改善水泥性能，调节水泥强度等级而添加到水泥中的矿物质材料称为水泥混合材料（或简称混合材）。**根据所添加矿物质材料的性质**，可划分为**活性混合材**和**非活性混合材**。混合材有天然的，也有人为加工的（或工业废渣），见表 2-23。

表 2-23 水泥混合材的种类

分类	定义	种类	作用
活性混合材	活性混合材是指能与水泥熟料的水化产物 Ca(OH)$_2$ 等发生化学反应，并形成水硬性胶凝材料的矿物质材料	粒化高炉矿渣	**二次反应**，水化放热量很低，反应消耗了部分水泥石中的氢氧化钙
		粉煤灰	
		火山灰质混合材料	

续表

分类	定义	种类	作用
非活性混合材	非活性混合材是指将其掺入水泥中，主要起填充作用而又不损害水泥性能的矿物质材料，又称为惰性混合材料	磨细石英砂 石灰石粉 磨细块状高炉矿渣 高硅质炉灰	调节水泥强度等级，增加水泥产量，降低水化热，降低成本及改善砂浆或混凝土和易性等

①粒化高炉矿渣。高炉冶炼生铁所得到的以硅酸钙和铝酸钙为主要成分的熔融物，经淬冷粒化后的产品称为粒化高炉矿渣，如图2-28(a)所示。

粒化高炉矿渣的主要化学成分有 CaO、SiO_2、Al_2O_3、MgO、FeO、MnO、TiO_2 及硫化物、氟化物等。其中，CaO、SiO_2、Al_2O_3 占总量的 90％以上，它们是决定粒化高炉矿渣活性的主要成分。如果 CaO、Al_2O_3 含量越高，则粒化高炉矿渣活性越高。SiO_2 的含量一般都偏多，因得不到足够的 CaO 和 Al_2O_3 等与其化合，故 SiO_2 含量越高，粒化高炉矿渣活性越低。MgO 在粒化高炉矿渣中大都形成化合物或固溶于其他矿物中，而不以方镁石结晶形态存在，故它不会影响水泥安定性且对粒化高炉矿渣活性有利。MnO、TiO_2 使粒化高炉矿渣活性降低，硫化物及氟化物等是粒化高炉矿渣中的有害成分。根据国家标准《用于水泥中的粒化高炉矿渣》(GB/T 203—2008)，粒化高炉矿渣按质量系数、化学成分、粒度和松散堆积表观密度可分为合格品和优等品两个等级。

经水淬处理过的粒化高炉矿渣，呈疏松多孔的玻璃体结构。粒化高炉矿渣中玻璃体含量越高，其活性越高。国家标准中除对矿渣松散堆积表观密度提出要求外，还规定不得有未经充分淬冷的矿渣夹杂物。

②火山灰质混合材料。具有火山灰性的天然或人工的矿物质材料，称为火山灰质混合材料。所谓火山灰性，是指一种材料磨成细粉后，单独加水拌和不具有水硬性，但在常温下与少量石灰等一起遇水后能形成具有水硬性化合物的性质。

火山灰质混合材料中含有较多的活性 SiO_2 和 Al_2O_3，它分别能与 $Ca(OH)_2$ 在常温下起化学反应，生成水化硅酸钙和水化铝酸钙，因而具有水硬性。

火山灰质混合材料的品种很多，天然的有火山灰、凝灰岩、浮石、沸石岩、硅藻土和硅藻石等；人工的有煅烧的煤矸石、烧页岩、烧黏土、煤渣、硅质渣等。国家标准《用于水泥中的火山灰质混合材料》(GB/T 2847—2005)规定，火山灰质混合材料中的 SO_3 含量不得超过3％；火山灰性试验必须合格；掺30％火山灰质混合材料的水泥胶砂 28 d 抗压强度与硅酸盐水泥胶砂 28 d 抗压强度的比值不得低于 0.65。对于人工的火山灰质混合材料，还规定其烧失量不得超过 10％。

③粉煤灰。粉煤灰是火力发电厂的工业废渣，是从煤粉炉烟道气体中收集的粉末，如图2-28(b)所示。按所燃煤的品种不同，粉煤灰可分为 F 类和 C 类两种。F 类粉煤灰是由燃烧无烟煤或烟煤的烟道中收集的灰，一般氧化钙含量较少；C 类粉煤灰是燃烧褐煤或次烟煤的灰，其氧化钙含量一般大于 10％。

粉煤灰的主要化学成分为 SiO_2 和 Al_2O_3，并含少量 CaO，其水硬性原理与火山灰质类似。火山灰性试验是判定材料是否具有火山灰活性的一种方法。一般来说，当其中 SiO_2 和 Al_2O_3 含量越高，含碳量越低，细度越细时，质量越好。

④非活性混合材料。非活性混合材料在水泥中起调节水泥强度等级、节约水泥熟料的

作用，因此又称填充性混合材料。在此类混合材料中，质地较坚实的有石英岩、石灰岩、砂岩等磨成的细粉；质地较松软的有黏土、黄土等。另外，凡不符合技术要求的粒化高炉矿渣、火山灰质混合材料及粉煤灰，均可作为非活性混合材料应用。

对于非活性混合材料的品质要求主要是应具有足够的细度，不含或极少含对水泥有害的杂质。

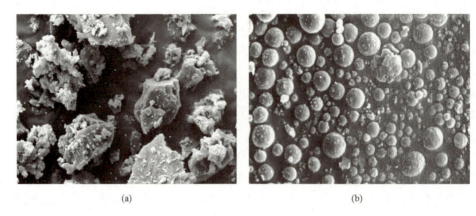

图 2-28　电子显微镜下颗粒形状图
(a)磨细矿渣颗粒；(b)粉煤灰颗粒

(3)通用硅酸盐水泥的技术要求。

1)密度与堆积密度。硅酸盐水泥的密度一般为 $3.1\sim3.2$ g/cm³，储藏过久的水泥，密度稍有降低；松散堆积密度一般为 $900\sim1\,300$ kg/m³，紧密堆积密度可达 $1\,400\sim1\,700$ kg/m³。

2)细度。细度是指水泥颗粒的粗细程度，是检定水泥品质的主要指标之一。水泥颗粒的粗细直接影响水泥的凝结硬化及强度。这是因为水泥加水后，开始时仅在水泥颗粒表层进行水化，然后逐步向颗粒内部发展，而且是个长期的过程。显然水泥颗粒越细，其总表面积越大，与水接触的表面积越大，水化作用的发展就越迅速而充分，凝结硬化的速度越快，早期强度也越高。但磨制特细的水泥，将消耗较多的粉磨能量，成本较高；且易与空气中的水分及二氧化碳起反应，不宜久置；其硬化时收缩也较大。因此，出厂水泥一般都有细度要求。

水泥细度可用筛析法和比表面积法来检测。 筛析法是以 80 μm 或 45 μm 的方孔筛对水泥试样进行筛分析试验，用筛余百分率表示水泥的细度。比表面积法是用单位质量的水泥粉末所具有的总表面积(m²/kg)来表示水泥的细度。

国家标准规定，硅酸盐水泥和普通硅酸盐水泥以比表面积表示，其值应不小于 300 m²/kg；矿渣硅酸盐水泥、火山灰质硅酸盐水泥、粉煤灰硅酸盐水泥和复合硅酸盐水泥以筛余百分率表示， 80 μm 方孔筛筛余量不大于 10% 或 45 μm 方孔筛筛余率不大于 30%。细度不符合规定的，为不合格品。

3)标准稠度用水量。由于加水量的多少，对水泥一些技术性质(如凝结时间等)的测定值影响很大，故测定这些性质时，必须在一个规定的浆体稠度下进行。这个规定的稠度，即称为**标准稠度**。水泥净浆达到标准稠度时，所需的拌合水量(以占水泥质量的百分比表示)，称为**标准稠度用水量**(也称需水量)。

硅酸盐水泥的标准稠度用水量，一般为24%～30%。水泥熟料矿物成分不同时，其标准稠度用水量也有差别。另外，水泥磨得越细，标准稠度用水量越大。在水泥标准中，对标准稠度用水量没有提出具体要求。但标准稠度用水量的大小，能在一定程度上影响水泥的性能。采用标准稠度用水量较大的水泥拌制同样稠度的混凝土，加水量也较大，故硬化时收缩较大，硬化后的强度及密实度也较差。因此，当其他条件相同时，水泥的标准稠度用水量越小越好。

4）凝结时间。水泥的凝结时间有初凝与终凝之分。标准稠度的水泥净浆，自加水时起至水泥浆开始失去可塑性所需的时间称为初凝时间；自加水时起至水泥浆体完全失去可塑性所需的时间称为终凝时间。

水泥的凝结时间在施工中具有重要的意义。初凝不宜过快，以便有足够的时间在初凝之前完成混凝土搅拌、运输、浇筑、振捣等工序的施工操作；终凝不宜过迟，使混凝土在浇捣完毕后，尽早凝结并开始硬化，以利于下一步施工工序的进行，否则将延长施工进度与模板周转期。

国家标准规定，硅酸盐水泥的初凝时间不得早于45 min，终凝时间不得迟于6.5 h；普通硅酸盐水泥、矿渣硅酸盐水泥、火山灰质硅酸盐水泥、粉煤灰硅酸盐水泥和复合硅酸盐水泥初凝时间不得早于45 min，终凝时间不得迟于10 h。凡初凝时间不符合规定的水泥，为废品；终凝时间不符合规定的水泥，为不合格品。水泥的凝结时间是采用标准稠度的水泥净浆在规定温度及湿度的环境下，由水泥净浆时间测定仪测定的。

5）体积安定性。水泥的体积安定性是指水泥在凝结硬化过程中，体积变化的均匀性。水泥熟料中如果含有较多的 $f\text{-}CaO$，就会在凝结硬化时发生不均匀的体积变化。这是因为过烧的 $f\text{-}CaO$ 熟化很慢，当水泥已经凝结硬化后，它才进行熟化作用，产生体积膨胀，破坏已硬化的水泥石结构，出现龟裂、弯曲、松脆或崩溃等不安定现象。检验水泥安定性的方法，有试饼法及雷氏法两种，通过对试件进行煮沸加速 $f\text{-}CaO$ 熟化，然后检查是否有不安定现象。

工程案例：水泥安定性不良

另外，如果水泥中氧化镁及三氧化硫过多时，也会产生不均匀的体积变化，导致安定性不良。氧化镁产生危害的原因与 $f\text{-}CaO$ 相似，由于氧化镁的水化作用比 $f\text{-}CaO$ 更为缓慢，所以必须采用压蒸法才能检验出它的危害程度。过多的三氧化硫能在已硬化的水泥石中生成水化硫铝酸钙晶体，体积膨胀，破坏硬化水泥石的结构，检验三氧化硫的危害作用须用浸水法。

因此，国家标准规定，水泥中 MgO 含量不得超过5%，经压蒸安定性试验合格后，允许放宽到6%，SO_3 含量不得超过3.5%，用沸煮法检验必须合格。水泥安定性不合格者，为废品。体积安定性不合格的水泥不能用于工程中。

6）强度。强度是水泥力学性质的一项重要指标，是确定水泥强度等级的依据。水泥等级按规定龄期的抗压强度和抗折强度来划分，按水泥胶砂强度检验方法（ISO法）测定其强度，见表2-24。

按照3 d、28 d的抗压强度和抗折强度，硅酸盐水泥分为42.5、42.5R、52.5、52.5R、62.5、62.5R 六个强度等级，普通硅酸盐水泥分为42.5、42.5R、52.5、52.5R 四个强度等级，矿渣硅酸盐水泥、火山灰质硅酸盐水泥、粉煤灰硅酸盐水泥、复合硅酸盐水泥分为32.5、32.5R、42.5、42.5R、52.5、52.5R 六个强度等级，其中 R 表示早强型（3 d 强度达到 28 d 强度的50%以上），不带 R 为普通型（3 d 强度没达到 28 d 强度的50%）。

表 2-24　水泥胶砂强度检验方法（ISO 法）基本要求

强度等级的规定 （GB/T 17671—1999）	强度的测定		
	原材料配合比	试件尺寸	养护条件
根据水泥 3 d 和 28 d 的抗压强度和抗折强度，将水泥划分强度等级	水泥与标准砂质量比 1∶3，水胶比为 0.5	40 mm×40 mm×160 mm，如图 2-29 所示	温度为（20±1）℃、相对湿度≥90%的养护箱中或水中养护

图 2-29　水泥试件制作试模

以硅酸盐水泥为例，其不同龄期的强度应符合表 2-25 的规定，如有一项指标低于表中数值，则应降低强度等级。例如，某水泥场生产的 52.5 级硅酸盐水泥，经检测单位检测 3 d 抗压强度为 24.5 MPa，28 d 抗压强度为 54 MPa；3 d 抗折强度为 3.5 MPa，28 d 抗折强度为 7.0 MPa。由于 3 d 抗折强度低于要求的 4.0 MPa，因此该水泥应降低强度等级使用。

表 2-25　硅酸盐水泥的强度要求（GB 175—2007）

强度等级	抗压强度/MPa		抗折强度/MPa	
	3 d	28 d	3 d	28 d
42.5	≥17.0	≥42.5	≥3.5	≥6.5
42.5R	≥22.0	≥42.5	≥4.0	≥6.5
52.5	≥23.0	≥52.5	≥4.0	≥7.0
52.5R	≥27.0	≥52.5	≥5.0	≥7.0
62.5	≥28.0	≥62.5	≥5.0	≥8.0
62.5R	≥32.0	≥62.5	≥5.5	≥8.0

注：代号 R 表示早强型水泥。

7）水化热。水泥在水化过程中所放出的热量，称为水泥的水化热（kJ/kg）。水泥水化热的大部分是在水化初期（7 d 前）放出的，后期放热逐渐减少。水泥水化热的大小及放热速率，主要取决于水泥熟料的矿物组成及细度等因素。通常强度等级高的水泥，水化热较大。

凡起促凝作用的因素（如加 $CaCl_2$）均可提高早期水化热；反之，凡能减慢水化反应的因素（如加入缓凝剂），则能降低或推迟放热速率。目前，测定水泥水化热的方法有直接法和溶解热法两种。直接法也称为蓄热法（详见水泥试验）。溶解热法，是通过测定未水化水泥与水化一定龄期的水泥，在标准酸中的溶解热之差，来计算水泥在此龄期内所放出的热量。**水泥的这种放热特性，对大体积混凝土建筑物是非常不利的**。它能使建筑物内部与表面产生较大的温差，引起局部拉应力，使混凝土产生裂缝。因此，大体积混凝土工程一般应采用放热量较低的水泥。

8) 化学指标。国家标准《通用硅酸盐水泥》（GB 175—2007）规定，通用硅酸盐水泥的化学指标应符合表 2-26 的规定。

表 2-26　通用硅酸盐水泥的化学指标

品种	代号	不溶物/%	烧失量/%	三氧化硫/%	氧化镁/%	氯离子/%
硅酸盐水泥	P·I	≤0.75	≤3.0	≤3.5	≤5.0①	≤0.06③
硅酸盐水泥	P·II	≤1.50	≤3.5			
普通硅酸盐水泥	P·O	—	≤5.0			
矿渣硅酸盐水泥	P·S·A			≤4.0	≤6.0②	
矿渣硅酸盐水泥	P·S·B				—	
火山灰质硅酸盐水泥	P·P	—	—	≤3.5	≤6.0②	
粉煤灰硅酸盐水泥	P·F					
复合硅酸盐水泥	P·C					

① 如果水泥压蒸试验合格，则水泥中氧化镁的含量允许放宽至6.0%。
② 如果水泥中氧化镁的含量大于6.0%时，需进行水泥压蒸安定性试验并合格。
③ 当有更低要求时，该指标由买卖双方协商确定。

2. 其他品种的水泥

(1) 中热、低热硅酸盐水泥。这两种水泥是适用于要求水化热较低的大坝和大体积混凝土工程的水泥。国家标准《中热硅酸盐水泥、低热硅酸盐水泥》（GB 200—2017）规定，这两种水泥的定义如下：

1) 中热硅酸盐水泥：以适当成分的硅酸盐水泥熟料，加入适量石膏，磨细制成的具有中等水化热的水硬性胶凝材料，称为中热硅酸盐水泥（简称中热水泥），代号 P·MH。

2) 低热硅酸盐水泥：以适当成分的硅酸盐水泥熟料，加入适量石膏，磨细制成的具有低水化热的水硬性胶凝材料，称为低热硅酸盐水泥（简称低热水泥），代号 P·LH。

为了减少水泥的水化热及降低放热速率，特限制中热硅酸盐水泥熟料中 C_3A 的含量不得超过 6%，C_3S 含量不得超过 55%；低热硅酸盐水泥熟料中 C_2S 的含量不小于 40%，低热矿渣水泥熟料中 C_3A 的含量不得超过 6%。当有低碱要求时，中热硅酸盐水泥和低热硅酸盐水泥中的碱含量不得超过 0.6%。这两种水泥的初凝时间不得早于 60 min，终凝时间不得迟于 12 h；水泥沸煮安定性必须合格。

中热硅酸盐水泥主要用于大坝溢流面[图 2-30(a)]或大体积建筑物的层面和水位变动区等部位，要求较低水化热和较高耐磨性、抗冻性的工程；低热硅酸盐水泥主要适用于大坝[图 2-30(b)]或大体积建筑物的内部及水下等要求低水化热的工程。

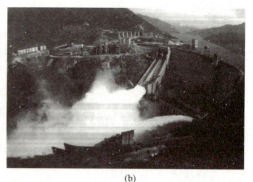

(a)   (b)

图 2-30 大坝工程

(a)大坝溢流面；(b)大坝

(2)砌筑水泥。砌筑水泥是由一种或一种以上活性混合材料或具有水硬性的工业废料为主要原料，加入适量硅酸盐水泥熟料和石膏，经磨细制成的水硬性胶凝材料，代号 M。这种水泥的强度较低，不能用于钢筋混凝土或结构混凝土，主要用于工业与民用建筑的砌筑和抹面砂浆、垫层混凝土等，如图 2-31 所示。

国家标准《砌筑水泥》(GB/T 3183—2017)规定，砌筑水泥分为 12.5、22.5 和 32.5 三个强度等级。其中，12.5 级砌筑水泥的 7 d 抗压强度应不低于 7.0 MPa，28 d 抗压强度应不低于 12.5 MPa；22.5 级砌筑水泥的 7 d 抗压强度应不低于 10.0 MPa，28 d 抗压强度应不低于 22.5 MPa；32.5 级砌筑水泥的 3 d 抗压强度应不低于 10.0 MPa，28 d 抗压强度应不低于 32.5MPa。其细度，80 μm 方孔筛筛余量不大于 10.0%；凝结时间，初凝时间不得早于 60 min，终凝时间不得迟于 12 h；砌筑水泥中 SO_3 含量(质量分数)不大于 3.5%，氯离子含量(质量分数)不大于 0.06%；沸煮法检验安定性必须合格。

(a)   (b)

图 2-31 砌筑水泥用于砌筑工程

(3)道路硅酸盐水泥。由道路硅酸盐水泥熟料，适量石膏和混合材料磨细制成的水硬性胶凝材料，称为道路硅酸盐水泥(简称道路水泥)。以适当成分的生料烧至部分熔融，所得以硅酸钙为主要成分和较多量的铁铝酸四钙的硅酸盐水泥熟料称为道路硅酸盐水泥熟料。铁铝酸四钙可以增强水泥的抗拉强度，因此，其在道路硅酸盐水泥中的含量应不低于 15.0%。

《道路硅酸盐水泥》(GB/T 13693—2017)规定的技术要求如下：

1)比表面积为 300～450 m^2/kg。

2)凝结时间，初凝时间应不早于 1.5 h，终凝时间不得迟于 12 h。

3)安定性，氧化镁含量(质量分数)不大于 5.0%，如果水泥压蒸试验合格，则水泥中氧化镁的含量(质数分数)允许放宽至6.0%。三氧化硫含量(质量分数)不大于3.5%,雷氏夹检验必须合格。

4)干缩率与耐磨性,28 d干缩率不大于0.10%,28 d磨耗量不大于3.00 kg/m²。

5)道路硅酸盐水泥的代号为P·R,按照28 d抗折强度分为7.5和8.5两个等级,如P·R7.5。各龄期的强度值应符合表2-27的规定。

表2-27　道路硅酸盐水泥的等级与各龄期强度

强度等级	抗折强度/MPa		抗压强度/MPa	
	3 d	28 d	3 d	28 d
42.5	≥4.0	≥7.5	≥21.0	≥42.5
52.5	≥5.0	≥8.5	≥26.0	≥52.5

道路硅酸盐水泥早期强度高,特别是抗折强度高、干缩率小、耐磨性好、抗冲击性好,主要用于道路路面、飞机场跑道、广场、车站以及对耐磨性、抗干缩性要求较高的混凝土工程,如图2-32所示。

(a)　　　　　　　　　　　　　　(b)

图2-32　道路硅酸盐水泥用于道路工程

(4)抗硫酸盐硅酸盐水泥(简称抗硫酸盐水泥)。抗硫酸盐硅酸盐水泥的熟料矿物组成中,主要是限制C_3A及C_3S的含量。其主要特点是抗硫酸盐侵蚀的能力很强,同时,也具有较强的抗冻性及较低的水化热,适用于同时受硫酸盐侵蚀、冻融和干湿作用的海港工程、水利工程及地下工程。国家标准《抗硫酸盐硅酸盐水泥》(GB 748—2005)规定分为中抗硫水泥(C_3A的含量小于5%,C_3S的含量小于50%)及高抗硫水泥(C_3A的含量小于3%,C_3S的含量小于55%)两类,强度等级分别为32.5及42.5。

(5)低热微膨胀水泥(代号LHEC)。低热微膨胀水泥是以粒化高炉矿渣为主要成分,加入适量的硅酸盐水泥熟料(15%左右)和石膏(以SO_3计,5%左右),共同磨细而成。水泥比表面积不小于300 m²/kg。低热微膨胀水泥具有低水化热和微膨胀的特性,适用于要求较低水化热和要求补偿收缩混凝土、大体积混凝土,也适用于要求抗渗和抗硫酸盐侵蚀的工程。

国家标准《低热微膨胀水泥》(GB 2938—2008)规定,低热微膨胀水泥强度等级为32.5级。

(6)膨胀水泥和自应力水泥。膨胀水泥是由胶凝物质和膨胀剂混合组成。这种水泥在硬化过程中具有体积膨胀的特点。其膨胀作用是由于水化过程中形成大量膨胀性的物质造成的,如水化硫铝酸钙等。由于这一过程是在水泥硬化初期进行的。因此,水化硫铝酸钙等晶体的生长不致引起有害内应力，而仅使硬化的水泥体积膨胀。

膨胀水泥在硬化过程中，形成比较密实的水泥石结构，故抗渗性较高。因此，**膨胀水泥也是一种不透水水泥。膨胀水泥适用于补偿收缩混凝土结构工程、防渗层及防渗混凝土、构件的接缝及管道接头、结构的加固与修补、固结机器底座和地脚螺栓等**。膨胀水泥的品种很多，如硅酸盐膨胀水泥、石膏矾土膨胀水泥、快凝膨胀水泥、明矾石膨胀水泥、石膏矿渣膨胀水泥等。

当水泥膨胀率较大时，在限制膨胀的情况下，能产生一定的自应力，称为自应力水泥。如硅酸盐自应力水泥、铝酸盐自应力水泥等。自应力水泥适用于制造自应力钢筋混凝土压力管等。

(7) 铝酸盐水泥。铝酸盐水泥是以矾土和石灰石为原料，经高温煅烧，得到以铝酸钙为主的熟料，将其磨成细粉而得到的水硬性胶凝材料，代号 CA。铝酸盐水泥熟料的水化作用如下：

$$2(CaO \cdot Al_2O_3) + 11H_2O = 2CaO \cdot Al_2O_3 \cdot 8H_2O + Al_2O_3 \cdot 3H_2O$$

铝酸盐水泥水化时，反应甚为剧烈，生成的铝酸盐水化产物能在短期内结晶密实，故硬化速率较快，使早期强度迅速增长。

国家标准《铝酸盐水泥》(GB/T 201—2015)规定，按铝酸盐水泥熟料中 Al_2O_3 含量（质量分数）分为 CA50、CA60、CA70 和 CA80 四个品种。其中，CA50、CA60-Ⅰ、CA70、CA80 的初凝时间不得早于 30 min，终凝时间不得迟于 6 h；CA60-Ⅰ的初凝时间不得早于 60 min，终凝时间不得迟于 18 h。

铝酸盐水泥硬化时的放热量较大，且集中在早期放出，故不宜用于大体积混凝土工程，但对冬期施工却很有利。铝酸盐水泥具有较高的抗渗、抗冻与抗侵蚀性能。铝酸盐水泥的耐热性较好，可配制耐热混凝土。

使用铝酸盐水泥时，应避免与硅酸盐水泥、石灰等相混合，也不能与尚未硬化的硅酸盐水泥接触使用，否则由于与 $Ca(OH)_2$ 作用，生成水化铝酸三钙，使水泥迅速凝结而强度降低。

铝酸盐水泥混凝土后期强度下降较大，这是由于晶型转化（水化铝酸二钙的针、片状六方晶系转为水化铝酸三钙立方晶系）所造成的，特别是温度较高时，转化更快。晶型转化的结果，不但使强度降低，而且由于孔隙率增大，抗渗性与抗侵蚀性能相应降低。因此，对铝酸盐水泥混凝土应按最低稳定强度来设计。铝酸盐水泥主要适用于抢建、抢修、抗硫酸盐侵蚀和冬期施工等有特殊需要的工程；还可配制耐火材料以及石膏矾土膨胀水泥、自应力水泥等。

任务实施

一、水泥的选用

1. 水泥品种的选择

由于不同品种的水泥在性能上各有其特点，因此在应用中，应根据工程所处的环境条件、建筑物功能特点及混凝土所处的部位选用适当的水泥品种，以满足工程的不同要求。

对一般条件下的普通混凝土，可采用普通硅酸盐水泥或矿渣硅酸盐水泥、火山灰质硅酸盐水泥、粉煤灰硅酸盐水泥。水位变化区的外部混凝土、建筑物的溢流面和有耐磨要求的混凝土，有抗冻性要求的混凝土，应优先选用中热硅酸盐水泥、硅酸盐水泥或普通硅酸盐水泥。大体积建筑物的内部混凝土，位于水下的混凝土和基础混凝土，宜选用低热水泥、矿渣硅酸盐水泥、粉煤灰硅酸盐水泥和火山灰质硅酸盐水泥。当环境水对混凝土有硫酸盐侵蚀时，应选用抗硫酸盐水泥。受蒸汽养护的混凝土，宜选用矿渣硅酸盐水泥、火山灰质硅酸盐水泥和粉煤灰硅酸盐类水泥。通用水泥品种的选择见表 2-28。

表 2-28 通用水泥品种的选择

混凝土工程特点或所处的环境条件		优先选用	可以使用	不宜使用
普通混凝土	在普通气候环境中的混凝土	普通硅酸盐水泥	矿渣硅酸盐水泥、火山灰质硅酸盐水泥、粉煤灰硅酸盐水泥、复合硅酸盐水泥	
	在干燥环境中的混凝土	普通硅酸盐水泥	矿渣硅酸盐水泥 复合硅酸盐水泥	粉煤灰硅酸盐水泥 火山灰质硅酸盐水泥
	在高湿环境中或永远处在水下的混凝土	矿渣硅酸盐水泥	普通硅酸盐水泥、火山灰质硅酸盐水泥、粉煤灰硅酸盐水泥、复合硅酸盐水泥	
	厚大体积的混凝土	矿渣硅酸盐水泥、火山灰质硅酸盐水泥、粉煤灰硅酸盐水泥、复合硅酸盐水泥	普通硅酸盐水泥	硅酸盐水泥 快硬硅酸盐水泥
有特殊要求的混凝土	要求快硬的混凝土	快硬硅酸盐水泥 硅酸盐水泥	普通硅酸盐水泥	矿渣硅酸盐水泥、火山灰质硅酸盐水泥、粉煤灰硅酸盐水泥、复合硅酸盐水泥
	高强度混凝土	硅酸盐水泥	普通硅酸盐水泥 矿渣硅酸盐水泥	火山灰质硅酸盐水泥 粉煤灰硅酸盐水泥
	严寒地区的露天混凝土和处在水位升降范围内的混凝土	普通硅酸盐水泥	矿渣硅酸盐水泥 复合硅酸盐水泥	火山灰质硅酸盐水泥 粉煤灰硅酸盐水泥
	严寒地区处在水位升降范围内的混凝土	普通硅酸盐水泥		火山灰质硅酸盐水泥 矿渣硅酸盐水泥 粉煤灰硅酸盐水泥
	有抗渗要求的混凝土	普通硅酸盐水泥 火山灰质硅酸盐水泥		矿渣硅酸盐水泥
	有耐磨性要求的混凝土	硅酸盐水泥 普通硅酸盐水泥	矿渣硅酸盐水泥	火山灰质硅酸盐水泥 粉煤灰硅酸盐水泥

> **知识拓展**

某施工队使用煤渣掺量为30%的火山灰质硅酸盐水泥铺筑路面,如图2-33所示。使用两年后,表面耐磨性差,已出现露石,且表面有微裂缝。

分析:按照《公路水泥混凝土路面设计规范》(JTG D40—2011)的规定,对于水泥混凝土路面,可采用硅酸盐水泥、普通硅酸盐水泥或道路硅酸盐水泥。对于中等及轻交通的路面,也可采用矿渣硅酸盐水泥。这些水泥的耐磨性较好,而粉煤灰硅酸盐水泥和火山灰质硅酸盐水泥的耐磨性较差,不宜用于道路工程。由此可知,本案例中火山灰质硅酸盐水泥铺筑路面的破坏是选用水泥不当造成的。

图 2-33 已磨损路面

2. 水泥强度等级的选择

水泥强度等级的选用原则,应根据混凝土的性能要求来考虑。高强度等级的水泥,适用于配制高强度混凝土或对早强有特殊要求的混凝土;低强度等级的水泥,适用于配制低强度混凝土或配制砌筑砂浆等,通常以水泥强度等级为混凝土强度等级的1.5~2.0倍为宜,对于高强度混凝土可取0.9~1.5倍。

若用低强度等级水泥配制高强度混凝土,为满足强度要求必然会使水泥用量过多,这不仅不经济,还会使混凝土收缩和水化热增大;若用高强度等级水泥配制低强度混凝土,从强度方面考虑,少量水泥就能满足要求,但为满足混凝土拌合物的和易性和混凝土的耐久性要求,则需要额外增加水泥用量,从而会造成水泥浪费。

二、水泥性能检测

1. 水泥试验的一般规定

(1)试验依据。

1)《通用硅酸盐水泥》(GB 175—2007)。

2)《水泥取样方法》(GB/T 12573—2008)。

3)《水泥细度检验方法 筛析法》(GB/T 1345—2005)。

4)《水泥标准稠度用水量、凝结时间、安定性检验方法》(GB/T 1346—2011)。

5)《水泥胶砂强度检验方法(ISO法)》(GB/T 17671—1999)。

6)《水泥胶砂强度自动压力试验机》(JC/T 960—2005)。

(2)交货与验收的规定。

1)交货时水泥的质量验收可**抽取实物试样以其检验结果为依据**,也可**以生产者同编号水泥的检验报告为依据**。采取何种方法验收由买卖双方商定,并在合同或协议中注明。

2)以抽取实物试样的检验结果为验收依据时,买卖双方应在发货前或交货地共同取样和签封。取样方法按国家标准《水泥取样方法》(GB/T 12573—2008)进行,取样**数量为20 kg**,分为二等份。一份由卖方保存 40 d，另一份由买方按国家标准规定的项目和方法进行检验。在 40 d 以内，买方检验认为产品质量不符合国家标准要求，而卖方又有异议时，则双方应将卖方保存的另一份试样送省级或省级以上国家认可的水泥质量监督检验机构进行仲裁检验。

3) 以生产者同编号水泥的检验报告为验收依据时，在发货前或交货时买方在同编号水泥中取样，双方共同签封后由卖方保存 90 d，或认可卖方自行取样、签封并保存 90 d 的同编号水泥的封存样。在 90 d 内，买方对水泥质量有疑问时，则买卖双方应将共同认可的试样送省级或省级以上国家认可的水泥质量监督检验机构进行仲裁检验。

(3) 标志验收。水泥包装袋上应清楚标明：执行标准、水泥品种、代号、强度等级、生产者名称、生产许可证标志及编号、出厂编号、包装日期和净含量。包装袋两侧应根据水泥的品种，采用不同的颜色印刷水泥名称和强度等级：硅酸盐水泥和普通硅酸盐水泥采用红色；矿渣硅酸盐水泥采用绿色；火山灰质硅酸盐水泥、粉煤灰硅酸盐水泥和复合硅酸盐水泥采用黑色或蓝色。散装发运时应提交与袋装标志相同内容的卡片。

(4) 数量验收。水泥可以散装或袋装，袋装水泥每袋净含量为 50 kg，且应不少于标志质量的 99%；随机抽取 20 袋总质量（含包装袋）应不少于 1 000 kg。其他包装形式由供需双方协商确定，但有关袋装质量要求，应符合上述规定。

包装水泥在车上或卸入仓库后点袋计数，同时对包装水泥实行抽检，以防每袋质量不足。破袋的要灌袋计数并过称，防止质量不足而影响混凝土和砂浆强度，产生质量事故。

罐车运送的散装水泥，可按出厂称码单计量净重，但要注意卸车时要卸净，检查的方法是看罐车上的压力表是否为零及拆下的泵管是否有水泥。压力表为零、管口无水泥即表明卸净，对怀疑重量不足的车辆，可采取单独存放，进行检查。

工程案例：水泥储存使用不良

(5) 质量验收。检验结果符合国家标准化学指标、凝结时间、体积安定性和强度要求的为合格品。不符合上述任何一项技术要求者为不合格品。

2. 水泥检测

(1) 水泥细度测定（筛析法）。

1) 检测目的。测定水泥的粗细程度，作为评定水泥质量的依据之一；掌握《水泥细度检验方法 筛析法》(GB/T 1345—2005) 的测试方法，正确使用所用仪器与设备，并熟悉其性能。

2) 主要仪器设备：试验筛、负压筛析仪、水筛架、喷头、天平。

3) 检测方法及步骤。

水泥细度试验

① 负压筛法。

a. 筛析试验前，应把负压筛放在筛座上，盖上筛盖，接通电源，检查控制系统，调节负压至 4 000～6 000 Pa 范围内。

b. 称取试样 25 g，置于洁净的负压筛中。盖上筛盖，放在筛座上，开动筛析仪连续筛析 2 min，在此期间如有试样附着筛盖上，可轻轻地敲击，使试样落下。筛毕，用天平称量筛余物。

c. 当工作负压小于 4 000 Pa 时，应清理吸尘器内水泥，使负压恢复正常。

② 水筛法。

a. 筛析试验前，应检查水中无泥、砂，调整好水压及水筛架的位置，使其能正常运转。

喷头底面和筛网之间的距离为35～75 mm。

b. 称取试样50 g，置于洁净的水筛中，立即用洁净的水冲洗至大部分细粉通过后，放在水筛架上，用水压为(0.05±0.02)MPa的喷头连续冲洗3 min。

c. 筛毕，用少量水把筛余物冲至蒸发皿中，待水泥颗粒全部沉淀后小心将水倾出，烘干并用天平称量筛余物。

4)检测结果计算。水泥细度按试样筛余百分数(精确至0.1%)计算，见式(2-7)。

$$F = \frac{R_s}{W} \times 100\% \quad (2-7)$$

式中　F——水泥试样的筛余百分数(%)；

　　　R_s——水泥筛余物的质量(g)；

　　　W——水泥试样的质量(g)。

(2)水泥标准稠度用水量检测。

1)检测目的。测定水泥净浆达到水泥标准稠度(统一规定的浆体可塑性)时的用水量，作为水泥凝结时间、安定性检测用水量之一；掌握《水泥标准稠度用水量、凝结时间、安全性检验方法》(GB/T 1346—2011)的测试方法，正确使用仪器设备，并熟悉其性能。

水泥标准稠度试验

2)主要仪器设备。水泥净浆搅拌机、标准法维卡仪、天平、量筒。

3)检测方法及步骤。标准稠度用水量可采用调整水量法和固定水量法两种，可选用任一种测定，如有争议时以调整水量法为准。

①标准法。

a. 检查仪器设备。检查维卡仪的金属滑杆能否自由滑动，搅拌机运转是否正常等。

b. 调零点。将标准稠度试杆安装在金属棒下，调整至试杆接触玻璃板时指针对准零点。

c. 制备水泥净浆。用湿布将搅拌锅和搅拌叶片擦一遍，将拌和用水倒入搅拌锅内，然后在5～10 s内小心将称量好的500 g水泥试样加入水中(按经验找水)；拌和时，先将锅放到搅拌机锅座上，升至搅拌位置，启动搅拌机，慢速搅拌120 s，停拌15 s，接着快速搅拌120 s后停机，同时，将叶片和锅壁上的水泥浆刮入锅中。

d. 测定标准稠度用水量。拌和完毕，立即将水泥净浆一次装入已置于玻璃板上的圆模内，用小刀插捣、振动数次，刮去多余净浆；抹平后迅速放到维卡仪上，并将其中心定在试杆下，降低试杆直至与水泥净浆表面接触，拧紧螺钉，然后突然放松，让试杆自由沉入净浆中。以试杆沉入净浆并距底板(6±1)mm的水泥净浆为标准稠度水泥净浆。其拌和用水量为该水泥的标准稠度用水量(P)，按水泥质量的百分比计。升起试杆后立即将其擦净。整个操作应在搅拌后1.5 min内完成。

②代用法。

a. 检查仪器设备。检查稠度仪金属滑杆能否自由滑动，搅拌机能否正常运转等。

b. 调零点。将试锥降至锥模顶面位置时，指针应对准标尺零点。

c. 制备水泥净浆。同标准法。

d. 测定标准稠度用水量。

固定水量法的拌和用水量为142.5 mL，拌和结束后，立即将拌和好的净浆装入锥模，用小刀插捣，振动数次，刮去多余净浆；抹平后放到试锥下面的固定位置上，调整金属棒使锥尖接触净浆并固定松紧螺钉 1~2 s，然后突然放松，让试锥垂直自由地沉入水泥净浆中。在试锥停止下沉或释放试锥 30 s 时记录试锥下沉深度（S）。整个操作应在搅拌后 1.5 min 内完成。

调整水量法是拌和用水量按经验找水，拌和结束后，立即将拌和好的净浆装入锥模，用小刀插捣、振动数次，刮去多余净浆；抹平后放到试锥下面的固定位置上，调整金属棒使锥尖接触净浆并固定松紧螺钉 1~2s，然后突然放松，让试锥垂直自由地沉入水泥净浆中。当试锥下沉深度为（28±2）mm 时的净浆为标准稠度净浆，其拌和用水量即为标准稠度用水量（P），按水泥质量的百分比计。

4）检测结果计算。

①标准法。以试杆沉入净浆并距底板（6±1）mm 的水泥净浆为标准稠度净浆。其拌和用水量为该水泥的标准稠度用水量（P），以水泥质量的百分比计，按式（2-8）计算。

$$P = \frac{拌和用水量}{水泥用量} \times 100\% \qquad (2\text{-}8)$$

②代用法。

a. 用固定水量方法测定时，根据测得的试锥下沉深度 S(mm)，可从仪器上对应标尺读出标准稠度用水量（P）或按下面的经验公式（2-9）计算其标准稠度用水量（P）(%)。

$$P = 33.4 - 0.185S \qquad (2\text{-}9)$$

当试锥下沉深度小于 13 mm 时，应改用调整水量方法测定。

b. 用调整水量方法测定时，以试锥下沉深度为（28±2）mm 时的净浆为标准稠度净浆，其拌和用水量为该水泥的标准稠度用水量（P），以水泥质量百分数计，计算公式同标准法。

如试锥下沉深度超出范围，须另称试样，调整水量，重新试验，直至达到（28±2）mm 为止。

(3) 水泥凝结时间的测定。

1）检测目的。测定水泥达到初凝和终凝所需的时间（凝结时间以试针沉入水泥标准稠度净浆至一定深度所需时间表示），用以评定水泥的质量。掌握《水泥标准稠度用水量、凝结时间、安全性检验方法》（GB/T 1346—2011）的测试方法，正确使用仪器设备。

2）主要仪器设备：标准法维卡仪、水泥净浆搅拌机、湿气养护箱。

水泥凝结时间试验

3）检测方法及步骤。

①检测前准备：将圆模内侧稍涂上一层机油，放在玻璃板上，调整凝结时间测定仪的试针接触玻璃板时，指针应对准标尺零点。

②用标准稠度用水量的水，按测标准稠度用水量的方法制成标准稠度水泥净浆后，立即一次装入圆模振动数次刮平，然后放入湿气养护箱内，记录开始加水的时间作为凝结时间的起始时间。

③试件在湿气养护箱内养护至加水后 30 min 时进行第一次测定。测定时，从养护箱中取出圆模放到试针下，使试针与净浆面接触，拧紧螺钉 1~2 s 后突然放松，试针垂直自由沉入净浆，观察试针停止下沉时指针的读数。临近初凝时，每隔 5 min 测定一次，当试针沉至距底板（4±1）mm 即为水泥达到初凝状态。从水泥全部加入水中至初凝状态的时间即为水泥的初凝时间。

④初凝测出后，立即将试模连同浆体以平移的方式从玻璃板上取下，翻转180°，直径

大端向上，小端向下，放在玻璃板上，再放入湿气养护箱中养护。

⑤取下测初凝时间的试针，换上测终凝时间的试针。

⑥临近终凝时间每隔 15 min 测一次，当试针沉入净浆 0.5 mm 时，即环形附件开始不能在净浆表面留下痕迹时，即为水泥的终凝时间。

⑦由开始加水至初凝、终凝状态的时间分别为该水泥的初凝时间和终凝时间，用小时（h）或分钟（min）表示。

在测定时应注意，最初测定操作时应轻轻扶持金属棒，使其徐徐下降，防止撞弯试针，但结果以自由下沉为准；在整个测试过程中试针沉入净浆的位置距圆模至少大于 10 mm；每次测定完毕需将试针擦净并将圆模放入养护箱内，测定过程中要防止圆模受振；每次测量时不能让试针落入原孔，测得结果应以两次都合格为准。

4）检测结果的确定与评定。

①自加水起至试针沉入净浆中距底板（4±1）mm 时，所需的时间为初凝时间；至试针沉入净浆中不超过 0.5 mm（环形附件开始不能在净浆表面留下痕迹）时所需的时间为终凝时间；用小时（h）或分钟（min）来表示。

②达到初凝或终凝状态时应立即重复测一次，当两次结论相同时才能定为达到初凝或终凝状态。

评定方法：将测定的初凝时间、终凝时间结果，与国家规范中的凝结时间相比较，可判断其合格与否。

(4) 水泥体积安定性的测定。

1）检测目的。测定水泥的体积安定性是否合格；掌握水泥安定性的测试方法，能正确评定水泥的体积安定性。

2）主要仪器设备：沸煮箱、雷氏夹、雷氏夹膨胀值测定仪，其他同标准稠度用水量的检测。

水泥安定性试验

3）检测方法及步骤。安定性的测定方法有雷氏法和试饼法，有争议时以雷氏法为准。

①检测前的准备。若采用饼法时，一个样品需要准备两块约 100 mm×100 mm 的玻璃板；若采用雷氏法，每个雷氏夹需配备质量为 75~85 g 的玻璃板两块。凡与水泥净浆接触的玻璃板和雷氏夹表面都要稍稍涂上一薄层机油。

②制备水泥标准稠度净浆。以标准稠度用水量加水，按前述方法制成标准稠度水泥净浆。

③成型方法。

a. 试饼成型：将制好的净浆取出约 150 g，分成两等份，使之成球形，放在预先准备好的玻璃板上，轻轻振动玻璃板，并用湿布擦过的小刀由边缘向中间抹动，做成直径为 70~80 mm、中心厚约为 10 mm、边缘渐薄、表面光滑的试饼，然后将试饼放入湿气养护箱内养护（24±2）h。

b. 雷氏夹试件的制备：将预先准备好的雷氏夹放在已稍擦油的玻璃板上，并立即将已制好的标准稠度净浆装满试模，装模时一只手轻轻扶持试模，另一只手用宽约为 10 mm 的小刀插捣 15 次左右，然后抹平，盖上稍涂油的玻璃板，接着立即将试模移至湿气养护箱内养护（24±2）h。

④沸煮。

a. 调整沸煮箱内的水位，使试件能在整个沸煮过程中浸没在水里，并在沸煮的中途不需添补试验用水，同时，又保证能在(30±5)min 内升至沸腾。

b. 脱去玻璃板取下试件，先测量雷氏夹指针尖端间的距离(A)，精确至0.5 mm，接着将试件放入沸煮箱水中的试件架上，指针朝上，试件之间互不交叉，然后在(30±5)min 内加热至沸，并恒沸 3 h±5 min。

沸煮结束，即放掉箱中的热水，打开箱盖，待箱体冷却至室温，取出试件进行判别。

4) 试验结果的判别。

a. 试饼法判别。目测试饼未发现裂缝，用直尺检查也没有弯曲时，则水泥的安定性合格，反之为不合格。若两个判别结果有矛盾时，该水泥的安定性为不合格。

b. 雷氏夹法判别。测量试件指针尖端间的距离(C)，记录至小数点后 1 位，当两个试件煮后增加距离($C-A$)的平均值不大于5.0 mm 时，即为安定性合格，否则为不合格。当两个试件沸煮后的($C-A$)超过4.0 mm 时，应用同一样品立即重做一次试验，试验结果的差值再超过4.0 mm 时，则判定该水泥安定性不合格。

(5) 水泥胶砂强度检测。

1) 检测目的。能够测定水泥各龄期强度，以确定强度等级；或已知强度等级，检验强度是否满足要求。掌握国家标准《水泥胶砂强度检验方法(ISO 法)》(GB/T 17671—1999)的检测步骤，正确使用仪器设备并熟悉其性能。

2) 主要仪器设备：胶砂搅拌机、试模、胶砂振实台、抗折强度试验机、抗压强度试验机、抗压夹具、刮平刀、养护室等。

3) 检测步骤。

① 检测前准备。成型前将试模清理干净，四周的模板与底板接触面上应涂黄油，紧密装配，防止漏浆，内壁均匀刷一薄层机油。

② 制备胶砂。试验用砂采用中国 ISO 标准砂，其颗粒分布和湿气含量应符合《水泥胶砂强度检验方法(ISO 法)》(GB/T 17671—1999)的要求。

a. 胶砂配合比。试件是按胶砂的质量配合比为水泥：标准砂：水＝1：3：0.5 进行拌制的。一锅胶砂制成三条，每锅材料需要量为：水泥(450±2)g；标准砂(1 350±5)g；水(225±1)mL。

b. 搅拌。每锅胶砂用搅拌机进行搅拌。可按下列程序操作：胶砂搅拌时先将水加入锅里，再加水泥，将锅放在固定架上，上升至固定位置；立即开动机器，低速搅拌30 s 后，在第二个 30 s 开始的同时搅拌机自动均匀地将砂子加入；把机器转至高速再拌 30 s；停拌 90 s，并用一胶皮刮具将叶片和锅壁上的胶砂，刮入锅中间，在高速下继续搅拌 60 s；停机，取下搅拌锅。各个搅拌阶段的时间误差应在±1 s 以内。

③ 试件成型。试件是 40 mm×40 mm×160 mm 的棱柱体。胶砂制备后应立即进行成型。将空试模和模套固定在振实台上，将搅拌好的胶砂分二层装入试模，装第一层时，每个槽里约放 300 g 胶砂，用大播料器垂直架在模套顶部沿每一个模槽来回一次将料层播平，振实 60 次。再装第二层胶砂，用小播料器播平，再振实 60 次。移走模套，从振实台上取下试模，用一金属直尺以近似 90 ℃的角度架在试模模顶的一端，然后沿试模长度方向以横向锯割动作慢慢向另一端移动，一次将超过试模部分的胶砂刮去，并用同一直尺以近乎水平的情况下将试体表面抹平。在试模上作标记后放入湿气养护箱的水平架子上养护(24±3)h。

④ 试件的养护。

a. 脱模前的处理及养护：将试模放入雾室或湿箱的水平架子上养护，湿空气应能与试模周边接触。另外，养护时不应将试模放在其他试模上。一直养护到规定的脱模时间时取出脱模。脱模前用防水墨汁或颜料对试体进行编号和做其他标记。两个龄期以上的试件，在编号时应将同一试模中的三条试件分在两个以上龄期内。

b. 脱模：脱模应非常小心，可用塑料锤或橡皮榔头或专门的脱模器。对于 24 h 龄期的，应在破型试验前 20 min 内脱模；对于 24 h 以上龄期的，应在 20～24 h 内脱模。如经 24 h 养护，会因脱模对强度造成损害时，可以延迟至 24 h 以后脱模，但在质检报告中应予说明。

已确定作为 24 h 龄期检测（或其他不下水直接做检测）的已脱模试体，应用湿布覆盖至做检测时为止。

c. 水中养护。将做好标记的试件水平或垂直放在(20±1)℃水中养护，水平放置时刮平面应朝上，养护期间试件之间间隔或试体上表面的水深不得小于 5 mm。

每个养护池只养护同类型的水泥试件。

最初用自来水装满养护池（或容器），随后随时加水保持适当的恒定水位，不允许在养护期间完全换水。

除 24 h 龄期或延迟至 48 h 脱模的试件外，任何到龄期的试件应在试验（破型）前 15 min 从水中取出。揩去试件表面沉积物，并用湿布覆盖至试验为止。

⑤试件强度检测。

a. 试件龄期：试件龄期是从加水开始搅拌时算起的。各龄期的试体必须在表 2-29 规定的时间内进行强度试验。试件从水中取出后，在强度试验前应用湿布覆盖。

表 2-29　各龄期强度试验的时间规定

龄期	时间
24 h	24 h±15 min
48 h	48 h±30 min
72 h	72 h±45 min
7 d	7 d±2 h
>28 d	28 d±8 h

b. 抗折强度测定：每龄期取出 3 条试件先做抗折强度检测，测定前须擦去试体表面的附着水分和砂粒，清除夹具上圆柱表面粘着的杂物，试件放入抗折夹具内，应使侧面与圆柱接触；采用杠杆式抗折试机测定时，试件放入前，应使杠杆成平衡状态。试件放入后调整夹具，使杠杆在试体折断时尽可能地接近平衡位置，使荷载均匀、垂直地加在棱柱体相对侧面上，直至折断，记录折断时施加于棱柱体中部的荷载 F_t(N)，或直接读取抗折强度值(MPa)。抗折测定的加荷速度为(50±10)N/s。

c. 抗压强度测定：用检测抗折强度后的断块立即检测抗压强度。检测抗压强度须采用抗压夹具，试件受压面为 40 mm×40 mm。测定前应清除试件受压面与压板间的砂粒或杂物，以试件的侧面作为受压面，试件的底面靠紧夹具定位销，并使夹具对准压力机压板中心。开动机器均匀加荷直至试件破坏，记录破坏时的荷载 F_c(N)。压力机加荷速度为 (2 400±200)N/s。

4)检测结果的计算及处理。

①抗折强度检测结果：

抗折强度按式(2-10)计算，精确至 0.1 MPa。

$$R_1 = 1.5 F_1 L / b^3 \tag{2-10}$$

式中　R_1——水泥抗折强度(MPa)；

　　　F_1——折断时施加于棱柱体中部的荷载(N)；

　　　L——支撑圆柱之间的距离，100 mm；

　　　b——棱柱体正方形截面的边长，40 mm。

以一组 3 个棱柱体抗折结果的平均值作为检测结果。当 3 个强度值中有超出平均值 ±10% 的，应剔除后再取平均值作为抗折强度检测结果。

②抗压强度检测结果：

抗压强度按式(2-11)计算，精确至 0.1 MPa。

$$R_c = \frac{F_c}{A} \tag{2-11}$$

式中　R_c——水泥抗压强度(MPa)；

　　　F_c——破坏时的最大荷载(N)；

　　　A——受压部分面积(mm^2)(40 mm×40 mm＝1 600 mm^2)。

以一组 3 个棱柱体上得到的 6 个抗压强度测定值的算术平均值为检测结果。如 6 个测定值中有一个超出平均值的 ±10%，就应剔出这个结果，而以剩下 5 个值的平均值为结果；如果 5 个测定值中再有超过它们平均数 ±10%，则该组结果作废。

5)结果判定。不同品种、不同强度等级的通用硅酸盐水泥，其不同龄期的强度应符合表 2-30 的规定，如有一项指标低于表中数值，则应降低强度等级。

表 2-30　通用硅酸盐水泥的强度等级

品种	强度等级	抗压强度/MPa		抗折强度/MPa	
		3 d	28 d	3 d	28 d
硅酸盐水泥	42.5	≥17.0	≥42.5	≥3.5	≥6.5
	42.5R	≥22.0		≥4.0	
	52.5	≥23.0	≥52.5	≥4.0	≥7.0
	52.5R	≥27.0		≥5.0	
	62.5	≥28.0	≥62.5	≥5.0	≥8.0
	62.5R	≥32.0		≥5.5	
普通硅酸盐水泥	42.5	≥17.0	≥42.5	≥3.5	≥6.5
	42.5R	≥22.0		≥4.0	
	52.5	≥23.0	≥52.5	≥4.0	≥7.0
	52.5R	≥27.0		≥5.0	
矿渣硅酸盐水泥 火山灰质硅酸盐水泥 粉煤灰硅酸盐水泥 复合硅酸盐水泥	32.5	≥10.0	≥32.5	≥2.5	≥5.5
	32.5R	≥15.0		≥3.5	
	42.5	≥15.0	≥42.5	≥3.5	≥6.5
	42.5R	≥19.0		≥4.0	
	52.5	≥21.0	≥52.5	≥4.0	≥7.0
	52.5R	≥23.0		≥4.5	

> **知识拓展**

硅酸盐水泥的生产

生产硅酸盐水泥的原料主要是石灰质原料(如石灰石、白垩等)和黏土质原料(如黏土、黄土和页岩等)两类,一般常配以辅助原料(如铁矿石、砂岩等)。石灰质原料主要提供 CaO,黏土质原料主要提供 SiO_2、Al_2O_3 及少量的 Fe_2O_3,辅助原料常用以校正 Fe_2O_3 或 SiO_2 的不足。

硅酸盐水泥的生产过程分为制备生料、煅烧熟料、粉磨水泥三个主要阶段,该生产工艺过程可概括为"两磨一烧"。生产工艺流程示意图如图 2-34 所示,部分种类水泥窑炉如图 2-35 所示。

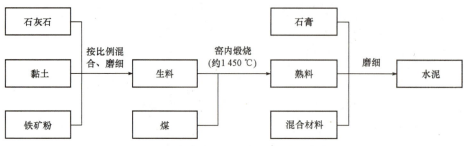

图 2-34 硅酸盐水泥生产工艺流程示意图

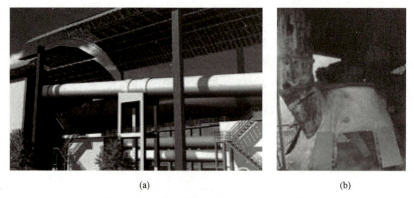

图 2-35 两种不同生产工艺的水泥窑炉
(a)旋转窑;(b)立窑

制备生料时配料须准确,粉磨细度应符合要求,并且使各种原料充分均化,以便煅烧时各成分之间的化学反应能充分进行。生料在煅烧过程中形成水泥熟料的物理化学过程十分复杂,大体可分为生料的干燥与脱水;碳酸钙分解;固相反应;烧成阶段;熟料的冷却等步骤。

其主要反应简述为:生料进入窑中后,即开始被加热,水分逐渐蒸发而干燥。当温度上升到 500 ℃~800 ℃时,首先有机物质被烧尽,其次是黏土中的高岭石脱水并分解为无定形的 SiO_2 和 Al_2O_3。当温度达到 800 ℃~1 000 ℃时,碳酸钙进行分解,分解出的 CaO 即开始与黏土分解产物 SiO_2、Al_2O_3 及 Fe_2O_3 发生固相反应。随着温度的继续升高,固相反应加速进行,逐步形成 $2CaO·SiO_2$,$3CaO·Al_2O_3$ 及 $4CaO·Al_2O_3·Fe_2O_3$。当温度达 1 300 ℃时,固相反应基本完成,这时物料中仍剩余一部分未反应的 CaO。当温度从 1 300 ℃升到 1 450 ℃再降到 1 300 ℃时为烧成阶段,这时 $3CaO·Al_2O_3$ 及 $4CaO·Al_2O_3·Fe_2O_3$ 烧至熔融状态,出现液相,把剩余的 CaO 及部分 $2CaO·SiO_2$ 溶解于其中,在此液相中，$2CaO·SiO_2$吸收 CaO 形成 $3CaO·SiO_2$。这一过程是煅烧水泥的关键，必须达到足够的温度及停留适当长的时间，使生成 $3CaO·SiO_2$ 的反应更为充分。否则，熟料中仍有残余的游离 CaO，影响水泥的质量。煅烧完成后，经迅速冷却，即得到熟料。将熟料加入 2%～5% 的天然石膏共同磨细，即为水泥。

习 题

一、填空题

1. 水泥按特性和用途分为_____、_____、_____。
2. 水泥强度等级检测不合格，其他性能均合格，水泥可_____使用。
3. 在硅酸盐水泥熟料矿物 C_3S、C_2S、C_3A、C_4AF 中，水化速度最快的是_____。
4. 国家标准规定：硅酸盐水泥的初凝时间不得早于_____，终凝时间不得迟于_____。
5. 防止水泥石腐蚀的措施有_____、_____、_____。
6. 常用的活性混合材料包括_____、_____和_____三种。

二、单项选择题

1. 厚大体积混凝土工程适宜选用（ ）。
   A. 高铝水泥   B. 矿渣水泥   C. 硅酸盐水泥   D. 普通硅酸盐水泥
2. 下列（ ）性能不合格，水泥应作为废品处理。
   A. 细度   B. 初凝时间   C. 终凝时间   D. 强度等级
3. 以下工程适合使用硅酸盐水泥的是（ ）。
   A. 大体积的混凝土工程   B. 受化学及海水侵蚀的工程
   C. 耐热混凝土工程   D. 早期强度要求较高的工程
4. 硅酸盐水泥的运输和储存应按国家标准规定进行，超过（ ）的水泥须重新试验。
   A. 一个月   B. 三个月   C. 六个月   D. 一年
5. 不属于活性混合材料的是（ ）。
   A. 石英砂   B. 粒化高炉矿渣   C. 火山灰   D. 粉煤灰

三、简答题

1. 水泥的体积安定性是什么？体积安定性不良的原因和危害是什么？体积安定性如何测定？
2. 硅酸盐水泥强度等级是如何确定的？分哪些强度等级？
3. 在大体积混凝土工程中为何不宜采用硅酸盐水泥？
4. 试分析影响硅酸盐水泥强度发展的主要因素有哪些？
5. 什么是水泥的混合材料？在硅酸盐水泥中掺混合材料起什么作用？
6. 仓库内存有三种白色胶凝材料，它们是生石灰粉、建筑石膏和白水泥，有什么简易方法可以进行辨认？
7. 试述快硬硅酸盐水泥、道路水泥、白色水泥的特性和用途。
8. 简述石灰的消化和硬化过程及特点。
9. 石膏制品有哪些特点？建筑石膏可用于哪些方面？
10. 水玻璃的性质是怎么样的？有何用途？

学习单元 2.3　普通混凝土用骨料性能与检测

🔖 任务提出

合理选取砂、石骨料，并检测所购买的骨料的相关性能是否符合要求。

⚙ 任务分析

混凝土，简称为"砼(tóng)"，是指由胶凝材料将骨料胶结成整体的工程复合材料的统称。通常讲的混凝土一词是指用水泥作胶凝材料，砂、石作骨料；与水(可含外加剂和掺合料)按一定比例配合，经搅拌而得的水泥混凝土，也称普通混凝土，它广泛应用于土木工程中。

硬化后的普通混凝土结构如图 2-36 所示。普通混凝土的基本组成材料有水泥、砂子、石子和水四种，有时为了改善某些性能，加入适量的外加剂和外掺料(也可以称为第五组成材料)。

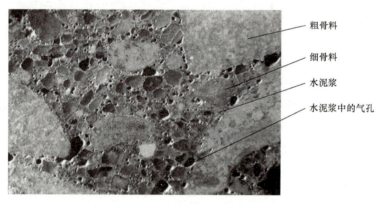

图 2-36　硬化混凝土结构

在混凝土中，水泥与水形成水泥浆，水泥浆包裹在砂颗粒的周围并填充砂子颗粒之间的空隙形成砂浆；砂浆包裹石子颗粒并**填充**石子的空隙组成混凝土。在混凝土拌合物中，水泥浆在砂、石颗粒之间起**润滑**作用，使拌合物便于浇筑施工。水泥浆硬化后形成水泥石，将砂、石**胶结成**一个整体。

混凝土中的砂称为细骨料(或细骨料)，石子称为粗骨料(或粗骨料)。粗、细骨料一般不与水泥起化学反应，其作用是构成混凝土的骨架，并对水泥石的体积变形起一定的抑制作用。

一、混凝土用骨料的分类

根据《普通混凝土用砂、石质量及检验方法标准》(JGJ 52—2006)的规定，普通混凝土用骨料可以分为图 2-37 所示的几种。

如图 2-38 所示，机制砂与碎石表面粗糙、多棱角，表面积大、空隙率大，与水泥的黏结强度较高。因此，在水胶比相同条件下，用机制砂与碎石拌制的混凝土，流动性较小，但强度较高；而天然砂与卵石则正好相反，即流动性较大，但强度较低。

```
                            ┌── 天然砂 ── 由自然风化、水流搬运和分选堆积形成的公称粒径小于
                            │           4.75 mm的岩石颗粒，但不包括软质岩、风化岩石的颗粒
               ┌── 细骨料 ──┤
               │            │           ┌ 机制砂：由机械破碎、筛分制成的，公称粒径小于4.75 mm
               │            └── 人工砂 ─┤  的岩石颗粒，但不包括软质岩、风化岩石的颗粒
        骨料 ──┤                        │
               │                        └ 混合砂：由天然砂和机制砂按一定比例组合而成的砂
               │
               │            ┌── 卵石 ── 由自然风化、水流搬运和分选堆积形成的公称粒径大于
               └── 粗骨料 ──┤           4.75 mm的岩石颗粒
                            │
                            └── 碎石 ── 由天然岩石或卵石经机械破碎、筛分制成的公称粒径大于
                                        4.75 mm的岩石颗粒
```

图 2-37 普通混凝土用骨料的分类

图 2-38 普通混凝土用骨料
(a)碎石；(b)卵石；(c)天然砂；(d)机制砂

二、混凝土用骨料相关性质

1. 含泥量、石粉含量和泥块含量

泥通常包裹在骨料颗粒表面，妨碍了水泥浆与骨料的黏结，增大了混凝土用水量，使混凝土的强度、耐久性降低。所以，它对混凝土是有害的，必须严格控制其含量。

人工砂在生产过程中，会产生一定量的石粉，这是人工砂与天然砂最明显的区别之一。石粉颗粒的矿物组成和化学成分与被加工母岩相同，它的粒径虽**小于 80 μm**，但与天然砂中的泥成分不同，粒径分布不同，在使用中所起的作用也不同。过多的石粉含量会妨碍水泥与骨料的黏结，对混凝土无益，但适量的石粉含量不仅可弥补人工砂颗粒多棱角对混凝土带来的不利，还可以完善砂子的级配，提高混凝土的密实度，进而提高混凝土的综合性能，反而对混凝土有益。为防止人工砂在开采、加工等中间环节掺入过量泥土，测试石粉含量前必须通过亚甲蓝试验检验。

天然砂的含泥量和泥块含量及人工砂的石粉含量和泥块含量应分别符合表 2-31 和表 2-32 的规定。卵石、碎石的含泥量及泥块含量应符合表 2-33 的规定。

表 2-31 天然砂含泥量和泥块含量(GB/T 14684—2011)

项目	混凝土强度等级		
	Ⅰ	Ⅱ	Ⅲ
含泥量(按质量计)/%	≤1.0	≤3.0	≤5.0
泥块含量(按质量计)/%	0	≤1.0	≤2.0

表 2-32　人工砂的石粉含量和泥块含量

类别	Ⅰ	Ⅱ	Ⅲ
MB 值	≤0.5	≤1.0	≤1.4或合格
石粉含量（按质量计）/%	≤10.0		
泥块含量（按质量计）/%	0	≤1.0	≤2.0
类别	Ⅰ	Ⅱ	Ⅲ
MB 值＞1.4或快速法试验不合格			
石粉含量（按质量计）/%	≤1.0	≤3.0	≤5.0
泥块含量（按质量计）/%	0	≤1.0	≤2.0

表 2-33　卵石、碎石含泥量和泥块含量（GB/T 14685—2011）

项目	混凝土强度等级		
	Ⅰ	Ⅱ	Ⅲ
含泥量（按质量计）/%	≤0.5	≤1.0	≤1.5
泥块含量（按质量计）/%	0	≤0.2	≤0.5

2. 有害物质的含量

配制混凝土的骨料要求清洁不含杂质，以保证混凝土的质量。《普通混凝土用砂、石质量及检验方法标准》(JGJ 52—2006)对砂中的云母、轻物质、有机物、硫化物及硫酸盐、氯盐等含量作了规定，见表 2-34。对于有抗冻、抗渗要求的混凝土用砂，其云母含量不应大于 1.0%。当砂中含有颗粒状的硫酸盐或硫化物杂质时，应进行专门检验，确认能满足混凝土耐久性要求后，方可采用。

表 2-34　砂中的有害物质含量

项目		质量指标
云母（按质量计）/%		≤2.0
轻物质（按质量计）/%		≤1.0
硫化物及硫酸盐（折算成 SO_3 按质量计）/%		≤1.0
有机物（用比色法试验）		颜色不应深于标准色，如深于标准色，则应按水泥胶砂强度试验方法（砂）或配制成混凝土（卵石）进行强度对比试验，抗压强度比不应低于0.95
氯化物（以氯离子质量计）/%	钢筋混凝土用砂	≤0.06
	预应力混凝土用砂	≤0.02

云母呈薄片状，表面光滑，与水泥粘结力差，且本身强度低，会导致混凝土的强度、耐久性降低；轻物质是指表观密度小于 2 000 kg/m³ 的物质，轻物质与水泥黏结差，影响混凝土的强度、耐久性；硫化物及硫酸盐对水泥石有腐蚀作用；有机物杂质易于腐烂，腐烂

后析出的有机酸对水泥石有腐蚀作用；氯盐的存在会使钢筋混凝土中的钢筋腐蚀，因此必须对氯离子的含量严格限制。

3. 坚固性

坚固性是指骨料在气候、环境变化或其他物理因素作用下，抵抗破裂的能力。骨料的坚固性应用硫酸钠溶液法检验，试样经 5 次循环后，其质量损失应符合表 2-35 的规定。

表 2-35　骨料的坚固性指标

混凝土所处的环境条件及其性能要求	5 次循环后的质量损失/%
(1)在严寒及寒冷地区室外使用并经常处于潮湿或干湿交替状态下的混凝土 (2)有腐蚀介质作用或经常处于水位变化区的地下结构混凝土 (3)有抗疲劳、耐磨、抗冲击要求的混凝土	≤8
其他条件下使用的混凝土	≤12(粗骨料要求) ≤10(细骨料要求)

4. 碱活性矿物含量

碱-集料反应是指水泥、外加剂等混凝土构成物及环境中的碱与骨料中碱活性矿物发生反应，在骨料表面生成碱-硅酸凝胶，这种凝胶具有吸水膨胀特性，导致混凝土开裂破坏。

碱-集料反应必须具备以下条件，才会进行：

(1)水泥中含有较高的碱量，水泥中的总碱量(按 $Na_2O+0.658K_2O$ 计)大于0.6%时，才会与活性骨料发生碱-集料反应。

(2)混凝土骨料中含有碱活性矿物并超过一定数量。

(3)存在水分，在干燥状态下不会发生碱-集料反应。

因此，对于长期处于潮湿环境的重要混凝土结构，其所使用的砂、碎石或卵石应进行碱活性检验。经碱-集料反应试验后，由砂、卵石、碎石制备的试件应无裂缝、酥裂、胶体外溢等现象，在规定试验龄期的膨胀率应小于0.10%。

5. 体积密度、堆积密度、空隙率

细骨料的体积密度、堆积密度、空隙率应符合如下规定：体积密度大于 2 500 kg/m³；松散堆积密度大于 1 350 kg/m³；空隙率小于 47%。粗骨料的表观密度、连续级配松散堆积空隙率应符合如下规定：表观密度不小于 2 600 kg/m³；连续级配松散空隙率Ⅰ类≤43%，Ⅱ类≤45%，Ⅲ类≤47%。

6. 砂的粗细程度和颗粒级配

砂的粗细程度是指不同粒径的砂粒混合在一起后的总体砂的粗细程度。砂子通常可分为粗砂、中砂、细砂等几种。在相同砂用量条件下，细砂的总表面积较大，粗砂的总表面积较小。在混凝土中砂子表面需用水泥浆包裹，以赋予流动性和黏结强度，砂子的总表面积越大，则需要包裹砂粒表面的水泥浆就越多。一般用粗砂配制混凝土比用细砂所用水泥量要省。

砂的颗粒级配，是指不同粒径砂颗粒的分布情况。在混凝土中砂粒之间的空隙率是由水泥浆所填充，为节约水泥和提高混凝土强度，就应尽量减小砂粒之间的空隙。从表示骨料颗粒级配的图 2-39 中可以看出，如果用同样粒径的砂，空隙率最大[图 2-39(a)]；两种粒径的砂搭配起来，空隙率就减小[图 2-39(b)]；三种粒径的砂搭配，空隙率就更小[图 2-39(c)]。因此，要减小砂粒之间的空隙，就必须有大小不同的颗粒合理搭配。

在拌制混凝土时，砂的颗粒级配和粗细程度应同时考虑。当砂中含有较多的粗粒径砂，并以适当的中粒径砂及少量细粒径砂填充其空隙，则可达到空隙及总表面积均较小，这样的砂比较理想，不仅水泥浆用量较少，而且还可提高混凝土的密实度与强度。

  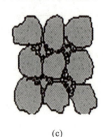

(a) (b) (c)

图 2-39 骨料的颗粒级配

(a)单一粒径；(b)两种粒径；(c)多种粒径

砂的粗细程度用细度模数表示，细度模数(M)值的计算见表 2-36，其值越大，表示砂颗粒越粗，普通混凝土用砂的细度模数范围一般为 3.7～0.7，其中 3.7～3.1 为粗砂，3.0～2.3 为中砂，2.2～1.6 为细砂，1.5～0.7 为特细砂。普通混凝土用砂的细度模数一般以 2.2～3.2 较为适宜。

表 2-36 细度模数(M)计算公式

筛孔尺寸/mm	分计筛余百分数/%	累计筛余百分数/%
4.75	$a_1 = m_1/m_总$	$A_1 = a_1$
2.36	$a_2 = m_2/m_总$	$A_2 = a_1 + a_2$
1.18	$a_3 = m_3/m_总$	$A_3 = a_1 + a_2 + a_3$
0.60	$a_4 = m_4/m_总$	$A_4 = a_1 + a_2 + a_3 + a_4$
0.30	$a_5 = m_5/m_总$	$A_5 = a_1 + a_2 + a_3 + a_4 + a_5$
0.15	$a_6 = m_6/m_总$	$A_6 = a_1 + a_2 + a_3 + a_4 + a_5 + a_6$
$M = (A_2 + A_3 + A_4 + A_5 + A_6 - 5A_1)/(100 - A_1)$		

砂的颗粒级配用级配区表示，以级配区或筛分曲线判定砂级配的合格性。对细度模数为 3.7～1.6 的普通混凝土用砂，以 0.60 mm 筛孔的累计筛余量分成三个级配区，见表 2-37。普通混凝土用砂的颗粒级配，应处于表 2-37 中的任何一个级配区中，才符合级配要求。图 2-40 所示为根据表 2-37 的数值画出砂 1、2、3 三个级配区的筛分曲线图，可根据筛分曲线偏向情况，大致判断砂的粗细程度。当筛分曲线偏向右下方时，表示砂较粗；筛分曲线偏向左上方时，表示砂较细。

配制混凝土时，宜优先选用 2 区砂。当采用 1 区砂时，应适当提高砂率，并保证足够的水泥用量，以满足混凝土的和易性；当采用 3 区砂时，宜适当降低砂率，以保证混凝土强度。

在实际工程中，若砂的级配不合适，可采用人工掺配的方法来改善。即将粗、细砂按适当的比例进行掺和使用；或将砂过筛，筛除过粗或过细颗粒。

表 2-37　普通混凝土用天然砂级配区的规定(GB/T 14684—2011)

筛孔尺寸/mm	级配区		
	1区	2区	3区
	累计筛余百分率		
4.75	10～0	10～0	10～0
2.36	35～5	25～0	15～0
1.18	65～35	50～10	25～0
0.60	85～71	70～41	40～16
0.30	95～80	92～70	85～55
0.15	100～90	100～90	100～90

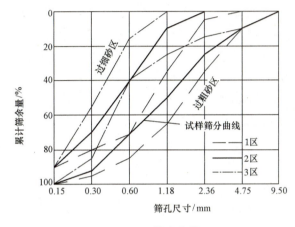

图 2-40　筛分曲线

7. 粗骨料的最大粒径和颗粒级配

石子各粒级的公称粒径的上限称为石子的最大粒径。 石子的最大粒径增大，则相同质量石子的总表面积减小，混凝土中包裹石子所需水泥浆体积减小，即混凝土用水量和水泥用量都可减少。在一定的范围内，石子最大粒径增大，可因用水量的减少提高混凝土的强度。

混凝土用粗骨料的最大粒径不得大于结构截面最小尺寸的 1/4，同时不得大于钢筋最小净距的 3/4；对于混凝土实心板，可允许采用最大粒径达 1/3 板厚的骨料，但最大粒径不得超过 40 mm；对泵送混凝土，碎石最大粒径与输送管内径之比，宜小于或等于 1∶3，卵石宜小于或等于 1∶2.5。

粗骨料的级配原理和要求与细骨料基本相同。级配试验采用筛分法测定，即用 2.36 mm、4.75 mm、9.5 mm、16.0 mm、19.0 mm、26.5 mm、31.5 mm、37.5 mm、53.0 mm、63.0 mm、75.0 mm 和 90 mm 十二个标准筛进行筛分。石子颗粒级配范围应符合规范要求。依据国家标准，普通混凝土用碎石、卵石的颗粒级配应符合表 2-38 的规定。

石子筛分

石子的颗粒级配可分为连续级配和间断级配。 连续级配是石子粒级呈连续性，即颗粒由小到大，每级石子占一定比例。用连续级配的骨料配制的混凝土混合料，和易性较好，不易发生离析现象。连续级配是工程上最常用的级配。间断级配是人为地剔除骨料中某些粒级颗粒,从而使骨料级配不连续,大骨料空隙由小许多的小粒径颗粒填充,以降低石子的空隙率。由间断级配制成的混凝土,可以节约水泥。由于其颗粒粒径相差较大,混凝土混合物容易产生离析现象,导致施工困难,工程中应用较少。单粒级是指单一的粒径颗粒,宜用于组合成具有所要求级配的连续粒级,也可与连续粒级配合使用,以改善骨料级配或配成较大粒度的连续粒级。工程中不宜采用单一的单粒级粗骨料配制混凝土。

表 2-38 普通混凝土用卵石或碎石的颗粒级配规定(GB/T 14685—2011)

公称粒径/mm		累计筛余(按质量计)/%									
		方孔筛/mm									
		2.36	4.75	9.50	16.0	19.0	26.5	31.5	37.5	53.0	63.0	75.0	90.0
连续粒级	5~16	95~100	85~100	30~60	0~10	0							
	5~20	95~100	90~100	40~80	—	0~10	0						
	5~25	95~100	90~100	—	30~70	—	0~5	0					
	5~31.5	95~100	90~100	70~90	—	15~45	—	0~5	0				
	5~40	—	95~100	70~90	—	30~65	—	—	0~5	0			
单粒粒级	5~10	95~100	80~100	0~15	0								
	10~16	—	95~100	80~100	0~15								
	10~20	—	95~100	85~100	—	0~15	0						
	16~25	—	—	95~100	55~70	25~40	0~10						
	16~31.5	—	95~100	—	85~100	—	—	0~10	0				
	20~40	—	—	95~100	—	80~100	—	—	0~10	0			
	40~80	—	—	—	—	95~100	—	—	70~100	—	30~60	0~10	0

8. 粗骨料的针片状颗粒含量

卵石、碎石颗粒的长度大于该颗粒所属相应粒级平均粒径 **2.4 倍的为针状颗粒;厚度小于平均粒径 0.4 倍的为片状颗粒。**平均粒径指该粒级上、下限粒径的平均值。粗骨料由于颗粒较大,因此会出现三维长度相差较大的针、片状颗粒。针、片状颗粒粒形较差,在粗骨料中,不仅本身受力时容易折断,影响混凝土的强度,而且会增大骨料的空隙率,使混凝土拌合物的和易性变差。根据标准规定,卵石和碎石的针、片状颗粒含量应符合表 2-39 的规定。

表 2-39 卵石、碎石的针、片状颗粒含量(GB/T 14685—2011)

项目	Ⅰ	Ⅱ	Ⅲ
针、片状颗粒(按质量计)/%	≤5	≤10	≤15

9. 粗骨料的强度

为保证混凝土的强度要求,粗骨料必须具有足够的强度。碎石和卵石的强度,采用岩石立方体强度和压碎指标两种方法检验。

岩石立方体强度检验,是将碎石的母岩制成直径与高均**为 50 mm** 的圆柱体试件或边长为 50 mm 的立方体,在水饱和状态下,测定其极限抗压强度值。根据标准规定,岩石抗压强度:火成岩应不小于 80 MPa;变质岩应不小于 60 MPa;沉积岩应不小于 30 MPa。

压碎指标检验,是将一定质量气干状态下粒径 9.0~9.5 mm 的石子装入标准圆模内,放在压力机上均匀加荷至 200 kN，卸荷后称取试样质量，然后用孔径为 2.36 mm 的筛筛除被压碎的细粒，称出剩余在筛上的试样质量，用前后质量的差值除以前面的质量计算出压碎指标值。压碎指标值越小，石子抵抗受压破坏的能力越强。根据标准规定，压碎指标值应符合表 2-40 的规定。

表 2-40 石子的压碎指标（GB/T 14685—2011）

项目	Ⅰ	Ⅱ	Ⅲ
碎石压碎指标/%	≤10	≤20	≤30
卵石压碎指标/%	≤12	≤14	≤16

任务实施

一、骨料的验收及运输和堆放

1. 质量验收

每验收一批砂石至少应进行颗粒级配、含泥量、泥块含量检验。对于碎石或卵石，还应检验针片状颗粒含量；对于海砂或有氯离子污染的砂，还应检验氯离子含量；对于海砂，还应检验贝壳含量；对于人工砂及混合砂，还应检验石粉含量。对于重要工程或特殊工程，应根据工程要求增加检测项目。对其他指标的合格性有怀疑时，应予检验。

2. 取样方法及数量

使用单位应按砂或石的同产地、同规格分批验收。采用大型工具（如火车、货船或汽车）运输的，以 400 m³ 或 600 t 为一验收批；采用小型工具（如拖拉机等）运输的，以 200 m³ 或 300 t 为一验收批。不足上述数量者，应按一验收批进行验收。

当砂或石的质量比较稳定、进料量又较大时，可以 1 000 t 为一验收批。

在料堆上取样时，取样部分应均匀分布，取样前先将取样部位表层铲除，然后由各部位抽取大致相等的砂 8 份，石子 16 份，组成各自一组样品。

从皮带运输机上取样时，应在皮带运输机机尾的出料处用接料器定时抽取砂 4 份、石 8 份组成各自一组样品。

从火车、汽车、货船上取样时，应从不同部位和深度抽取大致相等的砂 8 份、石 16 份组成各自一组样品。

除筛分析外，当其余检验项目存在不合格项时，应加倍取样进行复检。当复检仍有一项不满足标准要求时，应按不合格品处理。

每组样品应妥善包装，避免细料散失，防止污染，并附样品卡片，标明样品的编号、取样时间、代表数量、产地、样品量、要求检验项目及取样方式等。

3. 数量验收

砂或石的数量验收，可按质量计算，也可按体积计算。测定质量，可用汽车地量衡或船舶吃水线为依据；测定体积，可按车皮或船舶的容积为依据。采用其他小型运输工具时，可按量方确定。

4. 运输和堆放

砂或石在运输、装卸和堆放过程中，应防止颗粒离析、混入杂质，并按产地、种类和规格分别堆放。**碎石或卵石的堆粒高度不宜超过 5 m,**对于单粒级或最大粒径不超过 20 mm 的连续粒级,其堆料高度可增加**到 10 m。**

二、普通混凝土用骨料检测

1. 砂子的筛分析检测

(1)检测目的。测定砂的颗粒级配,计算砂的细度模数,评定砂的粗细程度;掌握《建设用砂》(GB/T 14684—2011)的测试方法,正确使用所用仪器与设备,并熟悉其性能。

(2)主要仪器设备。标准筛、天平、鼓风烘箱、摇筛机、浅盘、毛刷等。

(3)制备试样。按规定取样,用四分法分取不少于 4 400 g 试样,并将试样缩至 1 100 g,放在烘箱中于(105±5)℃下烘干至恒量,待冷却至室温后,筛除大于 9.50 mm 的颗粒(并计算出其筛余百分率),分为大致相等的两份备用。

(4)检测方法及步骤。

1)准确称取试样 500 g,精确至 1 g。

2)将标准筛按孔径由大到小的顺序叠放,加底盘后,将称好的试样倒入最上层的 4.75 mm 筛内,加盖后置于摇筛机上,摇约 10 min。

3)将套筛自摇筛机上取下,按筛孔大小顺序再逐个用手筛,筛至每分钟通过量小于试样总量 0.1%为止。通过的颗粒并入下一号筛中,并和下一号筛中的试样一起过筛,按这样的顺序进行,直至各号筛全部筛完为止。

4)称取各号筛上的筛余量,试样在各号筛上的筛余量不得超过 200 g,否则应将筛余试样分成两份,再进行筛分,并以两次筛余量之和作为该号的筛余量。

(5)检测结果计算与评定。

1)计算分计筛余百分率:各号筛上的筛余量与试样总量相比,精确至 0.1%。

2)计算累计筛余百分率:每号筛上的筛余百分率加上该号筛以上各筛余百分率之和,精确至 0.1%。筛分后,若各号筛的筛余量与筛底的量之和同原试样质量之差超过 1%时,须重新试验。

3)砂的细度模数按式(2-12)计算,精确至 0.1。

$$M_x = \frac{(A_2+A_3+A_4+A_5+A_6)-5A_1}{100-A_1} \tag{2-12}$$

式中　M_x——细度模数;

　　　A_1, A_2, …, A_6——分别为 4.75 mm、2.36 mm、1.18 mm、0.60 mm、0.30 mm 和 0.15 mm 筛的累计筛余百分率。

4)累计筛余百分率取两次试验结果的算术平均值,精确至 1%。细度模数取两次试验结果的算术平均值,精确至 0.1;如两次试验的细度模数之差超过 0.20 时,须重新检测。

2. 砂子的表观密度检测

(1)检测目的。测定砂的表观密度,为计算砂的空隙率和混凝土配合比设计提供依据;掌握《建设用砂》(GB/T 14684—2011)的测试方法,正确使用所用仪器与设备,并熟悉其性能。

(2)主要仪器设备。容量瓶、天平、鼓风烘箱、其他如小勺子、小杯子等。

(3)制备试样。试样按规定取样,并将试样缩分至 660 g,放在烘箱中于(105±5)℃下烘干至恒量,待冷至室温后,分成大致相等的两份备用。

(4)检测方法及步骤。

1)称取上述烘干试样 300 g,精确至 0.1 g,装入容量瓶,注入冷开水至接近 500 mL 的刻度处,用手旋转摇动容量瓶,使砂样充分摇动,排除气泡,塞紧瓶盖,静置 24 h,然后用滴管小心加水至容量瓶颈刻 500 mL 刻度线处,塞紧瓶塞,擦干瓶外水分,称其质量,精确至 1 g。

2)将瓶内水和试样全部倒出,洗净容量瓶,再向瓶内注水至瓶颈 500 mL 刻度线处,擦干瓶外水分,称其质量,精确至 1 g。试验时试验室温度应为 15 ℃～25 ℃。

(5)检测结果计算与评定。

1)砂的表观密度按式(2-13)计算,精确至 10 kg/m³。

$$\rho_0 = \left(\frac{G_0}{G_0+G_2-G_1} - \alpha_t\right) \times \rho_水 \quad (2\text{-}13)$$

式中 ρ_0——砂的表观密度(kg/m³);

$\rho_水$——水的密度,1 000 kg/m³;

G_0——烘干试样的质量(g);

G_1——试样、水及容量瓶的总质量(g);

G_2——水及容量瓶的总质量(g);

α_t——水温对表观密度影响的修正系数(表 2-41)。

表 2-41 不同水温对砂的表观密度影响的修正系数

水温/℃	15	16	17	18	19	20	21	22	23	24	25
α_t	0.002	0.003	0.003	0.004	0.004	0.005	0.005	0.006	0.006	0.007	0.008

2)表观密度取两次试验结果的算术平均值,精确至 10 kg/m³;如两次试验结果之差大于 20 kg/m³,须重新检测。

3. 砂的堆积密度检测

(1)检测目的。测定砂的堆积密度,为混凝土配合比设计和估计运输工具的数量或存放堆场的面积等提供依据;掌握《建设用砂》(GB/T 14684—2011)的测试方法,正确使用所用仪器与设备。

(2)主要仪器设备。鼓风干燥箱、容量筒、天平、标准漏斗、直尺、浅盘、毛刷等。

(3)制备试样。按规定取样,用搪瓷盘装取试样约 3 L,置于温度为(105±5)℃的烘箱中烘干至恒量,待冷却至室温后,筛除大于 4.75 mm 的颗粒,分成大致相等的两份备用。

(4)检测方法及步骤。

1)松散堆积密度的测定:取一份试样,用漏斗或料勺,从容量筒中心上方 50 mm 处慢慢装入,待装满并超过筒口后,用钢尺或直尺沿筒口中心线向两个相反方向刮平(测定过程应防止触动容量瓶),称出试样与容量筒的总质量,精确至 1 g。

2)紧密堆积密度的测定:取试样一份分两次装入容量筒。装完第一层后,在筒底垫一根直径为 10 mm 的圆钢,按住容量筒,左右交替击地面各 25 次。然后装入第二层,装满后用同样的方法进行颠实(但所垫放圆钢的方向与第一层的方向垂直)。再加试样直至超过筒口,然后用钢尺或直尺沿中心线向两个相反的方向刮平,称出试样与容量筒的总质量,精确至 1 g。

(5)检测结果计算与评定。

1)砂的松散或紧密堆积密度按式(2-14)计算,精确至 10 kg/m³。

$$\rho_1 = \frac{G_1 - G_2}{V} \tag{2-14}$$

式中　ρ_1——砂的松散或紧密堆积密度(kg/m³);

　　　G_1——试样与容量筒总质量(g);

　　　G_2——容量筒的质量(g);

　　　V——容量筒的容积(L)。

2)堆积密度取两次测定结果的算术平均值,精确至 10 kg/m³。

4. 石子的筛分析检测

(1)检测目的。测定碎石或卵石的颗粒级配,以便于选择优质粗骨料,达到节约水泥和改善混凝土性能的目的;掌握《建设用碎石、卵石》(GB/T 14685—2011)的测试方法,正确使用所用仪器与设备,并熟悉其性能。

(2)主要仪器设备。

1)方孔筛:孔径为 2.36 mm、4.75 mm、9.50 mm、16.0 mm、19.0 mm、26.5 mm、31.5 mm、37.5 mm、53.0 mm、63.0 mm、75.0 mm 及 90.0 mm 的筛各一个,并附有筛底和筛盖(筛框内径为 300 mm)。

2)鼓风干燥箱:能使温度控制在(105±5)℃。

3)摇筛机。

4)台秤:称量 10 kg,感量 10 g。

5)其他:浅盘、毛刷等。

(3)制备试样。按规定取样,用四分法缩取不少于表 2-42 规定的试样数量,经烘干或风干后备用。

表 2-42　粗骨料筛分试验取样规定

最大粒径/mm	9.5	16.0	19.0	26.5	31.5	37.5	63.0	75.0
最少试样质量/kg	1.9	3.2	3.8	5.0	6.3	7.5	12.6	16.0

(4)检测步骤。

1)称取按表 2-42 规定质量的试样一份,精确至 1 g。将试样倒入按孔径大小从上到下组合的套筛上。

2)将套筛放在摇筛机上,摇 10 min;取下套筛,按筛孔大小顺序再逐个进行手筛,筛至每分钟通过量小于试样总量的 0.1% 为止。通过的颗粒并入下一个筛,并和下一号筛中的试样一起过筛,直至各号筛全部筛完。当筛余颗粒的粒径大于 19.0 mm,在筛分过程中允许用手指拨动颗粒。

3)称出各号筛的筛余量,精确至 1 g。

注:筛分后,如所有筛余量与筛底的试样之和与原试样总量相差超过 1%,则须重新检测。

(5)检测结果计算与评定。

1)计算分计筛余百分率(各筛上的筛余量占试样总量的百分率),精确至 0.1%。

2)计算各号筛上的累计筛余百分率(该号筛的分计筛余百分率与该号筛以上各分计筛余百分率之和),精确至1%。筛分后如果每号筛余量与带底的筛余量之和同原试样质量之差超过1%,应重新试验。

3)根据各号筛的累计筛余百分率,评定该试样的颗粒级配。粗骨料各号筛上的累计筛余百分率应满足国家规范规定的粗骨料颗粒级配的范围要求。

5. 石子的表观密度测定

(1)检测目的。测定石子的表观密度,为评定石子质量和混凝土配合比设计提供依据;掌握《建设用碎石、卵石》(GB/T 14685—2011)的测试方法,正确使用所用仪器与设备,并熟悉其性能。

石子的表观密度测定方法有液体比重天平法和广口瓶法。

(2)主要仪器设备。

1)液体比重天平法:鼓风烘箱、吊篮、台秤、方孔筛、盛水容器(有溢水孔)、温度计、浅盘、毛巾等。

2)广口瓶法:广口瓶、天平、方孔筛、鼓风烘箱、浅盘、温度计、毛巾等。

(3)制备试样。按规定取样,用四分法缩分至不少于表2-43规定的数量,经烘干或风干后筛除小于4.75 mm的颗粒,洗刷干净后,分为大致相等的两份备用。

表2-43 粗骨料表观密度试验所需试样数量

最大粒径/mm	<26.5	31.5	37.5	63.0	75.0
最少试样质量/kg	2.0	3.0	4.0	6.0	6.0

(4)检测步骤。

1)液体比重天平法。

①取试样一份装入吊篮,并浸入盛有水的容器中,液面至少高出试样表面50 mm。浸水24 h后,移放到称量用的盛水容器内,然后上下升降吊篮以排除气泡(试样不得露出水面)。吊篮每升降一次约1 s,升降高度为30~50 mm。

②测定水温后(吊篮应全浸在水中),准确称出吊篮及试样在水中的质量,精确至5 g,称量盛水容器中水面的高度由容器的溢水孔控制。

③提起吊篮,将试样倒入浅盘,置于烘箱中烘干至恒重,冷却至室温,称出其质量,精确至5 g。

④称出吊篮在同样温度水中的质量,精确至5 g。称量时盛水容器内水面的高度由容器的溢水孔控制。

注:测定时各项称量可以在15 ℃~25 ℃范围内进行,但从试样加水静止的2h起至测定结束,其温度变化不得超过2 ℃。

2)广口瓶法。

①将试样浸水24 h,然后装入广口瓶(倾斜放置)中,注入清水,摇晃广口瓶以排除气泡。

②向瓶内加水至凸出瓶口边缘,然后用玻璃片迅速滑行,滑行中应紧贴瓶口水面。擦干瓶外水分,称取试样、水、广口瓶及玻璃片的总质量,精确至1 g。

③将广口瓶中试样倒入浅盘,然后在(105±5)℃的烘箱中烘干至恒重,冷却至室温后

称其质量,精确至 1 g。

④将广口瓶洗净,重新注入饮用水,并用玻璃片紧贴瓶口水面,擦干瓶外水分,称取水、广口瓶及玻璃片总质量,精确至 1 g。

注:此法为简易法,不宜用于石子的最大粒径大于37.5 mm的情况。

(5)检测结果计算与评定。

1)石子的表观密度按式(2-15)计算,精确至 10 kg/m³。

$$\rho_0 = \left(\frac{G_0}{G_0 + G_2 - G_1} - \alpha_t\right) \times \rho_水 \tag{2-15}$$

式中　ρ_0——石子的表观密度(kg/m³);

　　　$\rho_水$——水的密度,1 000 kg/m³;

　　　G_0——烘干试样的质量(g);

　　　G_1——吊篮及试样在水中的质量(g);

　　　G_2——吊篮在水中的质量(g);

　　　α_t——水温对表观密度影响的修正系数(表 2-44)。

表 2-44　不同水温对碎石的表观密度影响的修正系数

水温/℃	15	16	17	18	19	20	21	22	23	24	25
α_t	0.002	0.003	0.003	0.004	0.004	0.005	0.005	0.006	0.006	0.007	0.008

2)表观密度取两次测定结果的算术平均值,精确至 10 kg/m³;如两次测定结果之差大于 20 kg/m³,须重新测定。对材质不均匀的试样,如两次测定结果之差大于 20 kg/m³,可取 4 次测定结果的算术平均值。

6. 石子的堆积密度测定

(1)检测目的。石子的堆积密度的大小是粗骨料级配优劣和空隙多少的重要标志,且是进行混凝土配合比设计的必要资料,或用以估计运输工具的数量及存放堆场面积等。掌握《建设用碎石、卵石》(GB/T 14685—2011)的测试方法,正确使用所用仪器与设备,并熟悉其性能。

(2)主要仪器设备。

1)台秤:称量 10 kg,感量 10 g。

2)磅秤:称量 50 kg 或 100 kg,感量 50 g。

3)容量筒。

4)垫棒、直尺等。

(3)试样制备。按规定取样,烘干或风干后,拌匀并将试样分为大致相等的两份备用。

(4)检测步骤。

1)松散堆积密度的测定:取试样一份,用取样铲从容量筒口中心上方 50 mm 处,让试样自由落下,当容量筒上部试样呈锥体并向四周溢满时,停止加料。除去凸出容量筒表面的颗粒,以适当的颗粒填入凹陷处,使凸凹部分的体积大致相等。称出试样和容量筒的总质量,精确至 10 g。

2)紧密堆积密度的测定:取试样一份分三次装入容量筒。装完第一层后,在筒底垫放一根直径为 16 mm 的圆钢,将筒按住,左右交替颠击地面各 25 次,再装入第二层,第二层装满后用同样方法颠实(但筒底所垫钢筋的方向与第一层时的方向垂直),然后装入第三层,第三层装满后用同样方法填实(但筒底所垫钢筋的方向与第一层时的方向平行)。试样装填完毕,再加试样直至超过筒口,用钢尺沿筒口边缘刮去高出的试样,并以适合的颗粒填平凹处,使表面稍凸起部分和凹陷部分的体积大致相等,称出试样和容量筒总质量,精确至 10 g。

3)称出容量筒的质量,精确至 10 g。

(5)检测结果计算与评定。

1)石子的松散或紧密堆积密度按式(2-16)计算,精确至 10 kg/m³。

$$\rho_1 = \frac{G_1 - G_2}{V} \tag{2-16}$$

式中 ρ_1——石子的松散或紧密堆积密度(kg/m³);

G_1——试样与容量筒总质量(g);

G_2——容量筒的质量(g);

V——容量筒的容积(L)。

2)堆积密度取两次试验结果的算术平均值,精确至 10 kg/m³。

7. 石子的压碎指标测定

(1)检测目的。通过测定碎石或卵石抵抗压碎的能力,以间接地推测其相应的强度,评定石子的质量。掌握《建设用碎石、卵石》(GB/T 14685—2011)的测试方法,正确使用所用仪器与设备,并熟悉其性能。

(2)主要仪器设备。压力试验机、压碎值测定仪、方孔筛、天平、台秤、垫棒等。

(3)试样制备。按规定取样,风干后筛除大于 19.0 mm 及小于 9.50 mm 的颗粒,并去除针片状颗粒,拌匀后分成大致相等的三份备用(每份 3 000 g)。

(4)检测步骤。

1)称取试样 3 000 g,精确至 1 g 将试样分两层装入圆模(置于地盘上)内,每装完一层试样后,在底盘下面垫放一直径为 10 mm 的圆钢,将筒按住,左右交替颠击地面各 25 次,两层颠实后,整平试样表面,盖上压头。当圆模装不下 3 000 g 试样时,以装至距圆模上口 10 mm 为准。

2)将装有试样的圆模置于压力试验机上,开动压力试验机,按 1 kN/s 的速度均匀加荷至 200 kN 并稳荷 5 s,然后卸荷。取下加压头,倒出试样,用孔径 2.36 mm 的筛筛除被压碎的细粒,称出留在筛上的试样质量,精确至 1 g。

(5)结果计算与评定。

1)压碎指标值按式(2-17)计算,精确至 0.1%;

$$Q_e = \frac{G_1 - G_2}{G_1} \times 100\% \tag{2-17}$$

式中 Q_e——压碎指标值(%);

G_1——试样的质量(g);

G_2——压碎试验后筛余的试样质量(g)。

2)压碎指标值取三次试验结果的算术平均值,精确至 1%。

根据前面 7 个检测任务,完成建筑用砂检测报告(表 2-45)和建筑用碎石或卵石检测报告(表 2-46)。

表 2-45　建筑用砂检测报告单

生产单位				代表数量/g			
检验项目		检验结果		检验项目		检验结果	
表观密度/(kg·m^{-3})				松散堆积密度/(kg·m^{-3})			
空隙率/%				紧密堆积密度/(kg·m^{-3})			
砂类别							

标准要求	颗粒级配							
	筛孔尺寸/mm		10	5.0	2.5	1.25	0.63	0.315	0.16
	颗粒级配区	1区	0	10～0	35～5	65～35	85～71	95～80	100～90
		2区	0	10～0	25～0	50～10	70～41	92～70	100～90
		3区	0	10～0	15～0	25～0	40～16	85～55	100～90

检验结果	1号筛余量/g	
	2号筛余量/g	
	1号分计筛余/%	
	2号分计筛余/%	
	1号累计筛余/%	
	2号累计筛余/%	
	平均累计筛余/%	
	1号细度模数	平均细度模数		级配区	
	2号细度模数				
检验依据		
备注		

表 2-46　建筑用碎石(卵石)检测报告单类

生产单位		代表数量/g	
规格型号		使用部位	
检验项目	检验结果	检验项目	检验结果
表观密度/(kg·m^{-3})		压碎指标/%	
散堆积密度/(kg·m^{-3})		岩石强度/MPa	
密堆积密度/(kg·m^{-3})		坚固性	
空隙率/%		针片状颗粒含量/%	
石类别			

标准要求	颗粒级配								
	级配情况	公称尺寸/mm	累计筛余(按质量计/%)						
			筛孔尺寸/mm						
			2.5	5.0	10.0	16.0	20.0	25	31.5	40.0
	连续粒级	5～10	95～100	80～100	0～15	0				
		5～16	95～100	85～100	30～60	0～10	0			
		5～20	95～100	90～100	40～80	—	0～10	0		
		5～25	95～100	90～100	—	30～70	—	0～5	0	
		5～31.5	95～100	90～100	70～90	—	15～45	—	0～5	0
		5～40	—	95～100	70～90	—	30～60	—	—	0～5

续表

级配情况		公称尺寸/mm	累计筛余（按质量计/%）							
			筛孔尺寸/mm							
			2.5	5.0	10.0	16.0	20.0	25	31.5	40.0
标准要求	单粒级	10～20		95～100	85～100		0～15	0		
		16～31.5		95～100		85～100			0～10	0
		20～40			95～100		80～100			0～10
		31.5～60				95～100			75～100	45～75
		40～80					95～100			70～100
检验结果	筛余量/g									
	分计筛余/%									
	累计筛余/%									
颗粒级配评定										
检验依据										
备注										

知识拓展

一、轻骨料

1. 轻骨料的种类及技术性质

轻骨料的种类：凡是骨料粒径为 5 mm 以上，堆积密度小于 1 000 kg/m³ 的轻质骨料，称为轻粗骨料。粒径小于 5 mm，堆积密度小于 1 200 kg/m³ 的轻质骨料，称为轻细骨料。按来源不同分为三类：天然轻骨料如浮石、火山渣及轻砂等；工业废料轻骨料如粉煤灰陶粒、膨胀矿渣、自燃煤矸石等；人造轻骨料如膨胀珍珠岩、页岩陶粒、黏土陶粒等。

轻骨料的技术性质：主要有松堆密度、强度、颗粒级配和吸水率、耐久性、体积安定性、有害成分含量等。

松堆密度：按松堆密度划分为 8 个等级：300、400、500、600、700、800、900、1 000(kg/m³)。轻砂的松堆密度为 410～1 200 kg/m³。

轻粗骨料强度：常采用"筒压法"测定其强度。筒压强度是间接反映轻骨料颗粒强度的一项指标，对相同品种的轻骨料，筒压强度与堆积密度常呈线性关系。但筒压强度不能反映轻骨料在混凝土中的真实强度，因此，技术规程中还规定采用强度等级来评定轻粗骨料的强度。

吸水率：轻骨料的吸水率一般都比普通砂石料大，因此将显著影响混凝土拌合物的和易性、水胶比和强度的发展。在设计轻骨料混凝土配合比时，必须根据轻骨料的一小时吸水率计算附加用水量。国家标准中关于轻骨料 1 h 吸水率的规定是：轻砂和天然轻粗骨料吸水率不作规定，其他轻粗骨料的吸水率不应大于 22%。

最大粒径与颗粒级配：保温及结构保温混凝土用的轻骨料，其最大粒径不宜大于 40 mm。结构轻骨料混凝土的轻骨料不宜大于 20 mm。对轻粗骨料的级配要求，其自然级配的空隙率不应大于 50%。轻砂的细度模数不宜大于 4.0；大于 5 mm 的筛余量不宜大于 10%。

2. 施工注意事项

由于轻骨料的松堆积密度小和多孔结构吸水的特性,使其配制的混凝土拌合物的性质呈现特点,在施工中必须加以注意才能保证工程质量。

(1)轻骨料的储存和运输应尽量保持其颗粒混合均匀,避免大小分离。因为不同粒径的轻骨料其颗粒松堆积密度、吸水率和强度等都不相同,对混凝土的和易性、强度和堆积密度都会有影响。因此,工程实践证明对轻骨料进行预湿处理是比较适宜的,尤其是对于吸水率大于10%的轻骨料或搅拌至浇灌时间间隔较长的场合。

(2)搅拌轻骨料混凝土时,加水的方式有一次加水和二次加水两种。

1)若轻骨料吸水速度较快,或采用预湿骨料时,则可将水泥、骨料和全部水一次加入搅拌机内。

2)如采用干燥骨料,其吸水速度又较慢时,则宜分二次加水,即先将粗轻骨料和1/2或1/3拌和水加入,其目的是预湿骨料,搅拌后将水泥、砂和剩余水加入搅拌机内搅拌。若掺外加剂,宜在骨料预湿润后加入,否则将易被轻骨料吸收而降低其效果。

(3)轻骨料混凝土,尤其是全轻骨料混凝土,不宜采用自落式搅拌机搅拌,因为轻骨料混凝土堆积密度小,靠自落效果不佳,尤其是搅拌全轻骨料混凝土时,机筒内壁上会黏附相当数量的水泥砂浆,影响轻骨料混凝土配合比的准确性。因此,宜选用强制式搅拌机为宜,而且总搅拌时间一般不得小于3 min,从搅拌机卸出后至浇灌成型的时间,不宜超过45 min。

(4)运输轻骨料混凝土拌合物时,由于组成材料的颗粒堆密度较小,所以应当注意防止拌合物离析。浇灌时,拌合物竖向自由降落的高度不应大于1.5 m。

(5)轻骨料混凝土拌合物的堆积密度小,所以上层混凝土施加于下层混凝土的附加荷载也较小,而且内部的衰减较大,其浇筑的工作量较普通混凝土大。

(6)轻骨料混凝土浇筑后一般采用振动捣实,当采用插入式振捣器时,其作用半径为普通混凝土的1/2,因此插点间距也要缩小1/2。当遇到轻骨料与砂浆的堆密度相差较大时,在振捣过程中容易使轻骨料上浮而砂浆下沉,产生分层离析现象,因此必须防止振动过度。

(7)轻骨料内部所吸收的水分,随着混凝土表面水分的蒸发,会从骨料向水泥石迁移。因此,在一般时间内能自动供给水泥水化用水,造成良好的水化反应条件。

(8)在比较温和潮湿的环境中,轻骨料混凝土不需要特殊养护措施,而在热天,必须加强养护,防止表面失水太快,造成混凝土内外湿度相差太大而出现表面网状收缩裂纹。采取的保湿养护措施如洒水、塑料布覆盖等。每天洒水4~6次,且不得少于7 d。

(9)雨天不宜施工,如必须施工时需采取防雨措施。

二、混凝土的分类

混凝土有多种分类方法,最常见的有以下几种。

1. 混凝土按胶凝材料分类

混凝土按胶凝材料分类可分为无机胶凝材料混凝土和有机胶凝材料混凝土。

(1)无机胶凝材料混凝土。无机胶凝材料混凝土包括石灰硅质胶凝材料混凝土(如硅酸盐混凝土)、硅酸盐水泥系混凝土(如硅酸盐水泥、普通硅酸盐水泥、矿渣硅酸盐水泥、粉煤灰硅酸盐水泥、火山灰质硅酸盐水泥、早强水泥混凝土等)、钙铝水泥系混凝土(如高铝水泥、纯铝酸盐水泥、喷射水泥,超速硬水泥混凝土等)、石膏混凝土、镁质水泥混凝土、硫磺混凝土、水玻璃氟硅酸钠混凝土、金属混凝土(用金属代替水泥作胶结材料)等。

(2)有机胶凝材料混凝土。有机胶凝材料混凝土主要有沥青混凝土和聚合物水泥混凝土、树脂混凝土、聚合物浸渍混凝土等。另外，无机与有机复合的胶体材料混凝土，还可以分聚合物水泥混凝土和聚合物辑靛混凝土。

2. 混凝土按表观密度分类

混凝土按照表观密度的大小可分为重混凝土、普通混凝土、轻质混凝土。

(1)重混凝土表观密度大于 2 500 kg/m³，用特别密实和特别重的骨料制成。如重晶石混凝土、钢屑混凝土等，它们具有不透 X 射线和 γ 射线的性能，又被称为防辐射混凝土。重混凝土常由重晶石和铁矿石配制而成。

(2)普通混凝土即在建筑中常用的混凝土，表观密度为 1 950～2 500 kg/m³，主要以砂、石子为主要骨料配制而成，是土木工程中最常用的混凝土品种。

(3)轻质混凝土是表观密度小于 1 950 kg/m³ 的混凝土。它又可以分为以下三类：

1)轻骨料混凝土，其表观密度为 800～1 950 kg/m³，轻骨料包括浮石、火山渣、陶粒、膨胀珍珠岩、膨胀矿渣、矿渣等。

2)多孔混凝土(泡沫混凝土、加气混凝土)，其表观密度为 300～1 000 kg/m³。泡沫混凝土是由水泥浆或水泥砂浆与稳定的泡沫制成的。加气混凝土是由水泥、水与发气剂制成的。

3)大孔混凝土(普通大孔混凝土、轻骨料大孔混凝土)，其组成中无细骨料。普通大孔混凝土的表观密度范围为 1 500～1 900 kg/m³，是用碎石、软石、重矿渣作骨料配制的。轻骨料大孔混凝土的表观密度为 500～1 500 kg/m³，是用陶粒、浮石、碎砖、矿渣等作为骨料配制的。

3. 混凝土按使用功能分类

混凝土按照使用的功能可分为结构混凝土、保温混凝土、装饰混凝土、防水混凝土、耐火混凝土、水工混凝土、海工混凝土、道路混凝土、防辐射混凝土等。

4. 混凝土按施工工艺分类

混凝土按照施工工艺可分为离心混凝土、真空混凝土、灌浆混凝土、喷射混凝土、碾压混凝土、挤压混凝土、泵送混凝土等。

5. 混凝土按配筋方式分类

混凝土按照有无配筋及配筋情况可分为素(即无筋)混凝土、钢筋混凝土、钢丝网水泥、纤维混凝土、预应力混凝土等。

6. 混凝土按拌合物流动性分类

新拌混凝土按照拌合物的流动性大小可分为干硬性混凝土、半干硬性混凝土、塑性混凝土、流动性混凝土、高流动性混凝土、流态混凝土等。

7. 混凝土按掺合料种类分类

混凝土按照掺入的掺合料的不同可分为粉煤灰混凝土、硅灰混凝土、矿渣混凝土、煤渣混凝土、火山灰混凝土等。

8. 混凝土按抗压强度分类

混凝土按抗压强度可分为低强混凝土(抗压强度小于 30 MPa)、中强度混凝土(抗压强度 30～60 MPa)、高强度混凝土(抗压强度大于等于 60 MPa)和超高强度混凝土(抗压强度大于等于 100 MPa)。

9. 混凝土按每立方米水泥用量分类

混凝土按每立方米水泥用量又可分为贫混凝土(水泥用量不超过 170 kg)和富混凝土(水泥用量不小于 230 kg)等。

习 题

一、名词解释

混凝土；普通混凝土；粗细程度；颗粒级配；最大粒径；针片状颗粒。

二、判断题

1. 在结构尺寸及施工条件允许下，尽可能选择较大粒径的粗骨料，这样可以节约水泥。（ ）
2. 普通混凝土中砂和石起骨架作用，称为骨料。（ ）
3. 砂子过细，则砂的总表面积大，需要水泥浆较多，因而消耗水泥量大。（ ）
4. 级配良好的卵石骨料，其空隙率小，表面积大。（ ）
5. 针片状骨料含量多，会使混凝土的流动性提高。（ ）

三、填空题

1. 普通混凝土的基本组成材料有_____、_____、_____和_____。
2. 普通混凝土用砂可分为_____、_____和_____。
3. 配制混凝土用砂的要求是尽量采用空隙率和总表面积均_____的砂。
4. 骨料的最大粒径取决于混凝土构件的_____和_____。
5. 配制高强度混凝土时，必须采用最大粒径_____的粗骨料。
6. 普通混凝土用的粗骨料有碎石和卵石两种。在水胶比相同条件下，用碎石拌制的混凝土，流动性_____，但强度_____；而卵石则正好相反，即流动性_____，但强度_____。

四、简答题

1. 试述普通混凝土各组成材料的作用。
2. 对混凝土用砂为何要提出颗粒级配和粗细程度的要求？

五、计算题

现有干砂 500 g，其筛分结果见表 2-47，试评定此砂的颗粒级配和粗细程度。

表 2-47 砂的筛分结果

筛孔尺寸/mm	4.75	2.36	1.18	0.6	0.3	0.15	<0.15
筛余量/g	25	50	100	125	100	90	10

六、案例分析

某中学一栋砖混结构教学楼，在结构完工而进行屋面施工时，屋面局部倒塌。经审查设计，未发现任何问题。对施工方面审查发现：所设计强度等级为 C20 的混凝土，施工时未留试块，事后鉴定其混凝土强度仅为 C7.5 左右，在断口处可清楚看出砂石未洗净，管料中混有鸽蛋大小的黏土块粒和树叶等杂质。另外，梁主筋偏于一侧，梁的受拉区 1/3 宽度内几乎无钢筋。试分析倒塌原因。

学习单元 2.4　普通混凝土性能与检测

任务提出

检测混凝土的强度及和易性，为确定试验室配合比作准备。

任务分析

普通混凝土作为结构材料，其硬化前后的性能对工程质量的影响都非常重要。通常混凝土在未凝结硬化前，称为新拌混凝土，也称为混凝土拌合物，它必须具有良好的和易性和合适的凝结时间，以便于施工，并确保获得良好的浇筑质量；混凝土凝结硬化后称为硬化混凝土，它应该具有足够的强度和稳定的变形，以保证建筑物能安全地承受设计荷载，并且具有良好的耐久性。

一、混凝土拌合物的和易性

1. 和易性的概念

和易性，是指混凝土拌合物易于各工序施工操作（搅拌、运输、浇筑、捣实），并能获得质量均匀、成型密实的混凝土的性能。和易性是一项综合性的技术指标，包括**流动性、黏聚性和保水性**三个方面的性能。

流动性，是指混凝土拌合物在自重或机械振捣作用下，能流动并均匀密实地填满模板的性能。流动性的大小，反映混凝土拌合物的稀稠，直接影响着浇捣施工的难易和混凝土的质量。

黏聚性，是指混凝土拌合物内组分之间具有一定的凝聚力，在运输和浇筑过程中不致发生分层离析现象，使混凝土保持整体均匀的性能。

保水性，是指混凝土拌合物具有一定的保持内部水分的能力，在施工过程中不至于产生严重的泌水现象。保水性差的混凝土拌合物，在施工工程中，一部分水易从内部析出至表面，在混凝土内部形成泌水通道，使混凝土的密实性变差，降低混凝土的强度和耐久性。

混凝土拌合物的流动性、黏聚性、保水性，三者之间互相关联又互相矛盾。如黏聚性好，则保水性往往也好，但是流动性可能较差；当增大流动性时，黏聚性和保水性往往变差。因此，所谓拌合物的和易性良好，就是要使这三个方面的性能，在某种工作条件下得到统一，达到均为良好的状况。

2. 流动性的选择

混凝土拌合物的和易性内涵比较复杂，难以用一种简单的测定方法和指标来全面恰当地表达。根据我国现行标准《普通混凝土拌合物性能试验方法标准》（GB/T 50080—2016）规定，用坍落度和维勃稠度来测定混凝土拌合物的流动性，并辅以直接经验来评定凝聚性和保水性，以评定和易性。

(1) 坍落度。 坍落度试验方法宜用于骨料最大公称粒径不大于 40 mm、坍落度不小于 10 mm 的混凝土拌合物坍落度的测定。

将混凝土拌合物按规定的试验方法装入标准坍落度（圆台形筒）内，

坍落度测试

装捣刮平后,将筒垂直向上提起,这是锥形混凝土拌合物因自重而产生坍落,量测筒<u>高于坍落后混凝土试体最高点之间的高度差</u>,以 mm 计,<u>即为该混凝土拌合物的坍落度值</u>,如图 2-41 所示。坍落度越大,表示混凝土拌合物的流动性越大。

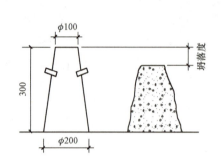

图 2-41　混凝土坍落度测定示意图

在测定坍落度的同时,用<u>目测的方法以直观经验评定黏聚性和保水性</u>。黏聚性的检查方法是用捣棒在已坍落的混凝土拌合物锥体一侧轻轻敲打,如果锥体逐渐下沉,则表示黏聚性良好;如果锥体突然倒塌、部分崩裂或出现离析现象,则表示黏聚性不好。保水性的检查则是观察混凝土拌合物中稀浆的析出程度,如果较多的析浆从锥体底部流出,锥体部分也因失浆而骨料外露,则表明混凝土拌合物的保水性不好;如坍落筒提起后无稀浆或仅有少量稀浆自底部析出,则表示混凝土拌合物保水性良好。

选择混凝土拌合物的坍落度,要根据结构类型、构件截面大小、配筋疏密、输送方式和施工捣实方法等因素来确定。 当构件截面较小或钢筋较密,或采用人工插捣时,坍落度可选大些;反之,如构件截面尺寸较大,或钢筋较疏,或采用机械振捣时,坍落度可选择小些。混凝土浇筑的坍落度宜按表 2-48 选用。

表 2-48　混凝土坍落度的选用

项目	结构种类	坍落度/mm
1	基础或者地面等的垫层、无筋的厚大结构或配筋稀疏的结构构件	10～30
2	板、梁和大型及中型截面的柱子等	30～50
3	配筋密列的结构(薄壁、筒仓、细柱等)	50～70
4	配筋特密的结构	70～90

表 2-48 是指采用机械振捣的坍落度,当采用人工捣实时可适当增大。当施工工艺采用混凝土泵输送混凝土拌合物时,则要求混凝土拌合物具有高的流动性,可通过掺入高效减水剂措施使其坍落度达到 80～180 mm。

(2)扩展度。扩展度试验方法宜用于骨料最大公称粒径不大于 40 mm、坍落度不小于 160 mm 的混凝土拌合物和易性。

将混凝土拌合物按规定的试验方法装入标准坍落度(圆台形筒)内,装捣刮平,清除筒边底板上的混凝土后,应垂直平稳地提起坍落度筒,坍落度筒的提离过程宜控制在 3~7 s;当混凝土拌合物不再扩散或扩散持续时间已达 50 s 时,应使用钢尺测量混凝土拌合物展开扩展面的最大直径以及与最大直径呈垂直方向的直径(图 2-42),两直径之差小于 50 mm 时,取其**算术平均值**作为扩展度试验结果。目前已有厂商开发了专门的扩展度测定仪,如图 2-43 所示。

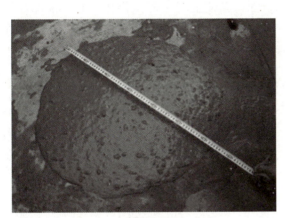
图 2-42 混凝土扩展度测定

图 2-43 混凝土扩展度测定仪

(3)维勃稠度。坍落度小于 10 mm 的干硬性混凝土拌合物的流动性,需用维勃稠度仪测定,以维勃稠度值——**时间**秒(s)数表示。此法适用于骨料最大粒径不超过 40 mm,维勃稠度为 5~30 s 的混凝土拌合物。

维勃稠度的测试方法是将混凝土拌合物按一定方法装入坍落度筒内,按一定方法捣实,装满刮平后,将坍落度筒垂直向上提起,把透明圆盘转到混凝土截头圆锥体顶面,开启振动台,同时计时,记录当圆盘底面布满水泥浆时所用时间,超过所读秒数即为该混凝土拌合物的维勃稠度值。混凝土拌合物维勃稠度越大,其流动性越小。

混凝土拌合物的流动性,根据坍落度数值(mm)可分为以下 4 级:

1)大流动性混凝土,拌合物坍落度等于或大于 160 mm;
2)流动性混凝土,坍落度为 100~150 mm;
3)塑性混凝土,坍落度为 50~90 mm;
4)低塑性混凝土,坍落度为 10~40 mm。

当拌合物的坍落度小于 10 mm 时,则为干硬性混凝土,须用维勃稠度(s)表示其流动性。**干硬性混凝土拌合物的流动性按维勃稠度值可分为半干硬性(5~10 s)混凝土、干硬性(11~21 s)混凝土、特干硬性(21~30 s)混凝土、超干硬性(≥31 s)混凝土四个等级。**

3. 影响和易性的主要因素

影响混凝土和易性的因素很多,主要有原材料的性质、原材料之间的相对含量(水泥浆量、水胶比、砂率)、环境因素及施工条件。

(1) 水泥浆量。水泥浆量是指单位体积混凝土内水泥浆的数量。在水胶比一定的条件下，水泥浆量越多，对砂石的润滑作用越好，拌合物的流动性越大。但水泥浆量过多，则会产生流浆现象，使拌合物黏聚性、保水性变差；水泥浆量过少，不能填满砂石间空隙，或不能很好地包裹骨料表面，同样会使拌合物的流动性降低，黏聚性降低，故拌合物中水泥浆量既不能过多，也不能过少，以满足流动性要求为宜。

单位体积混凝土内水泥浆的含量，在水胶比不变的条件下，可以用单位体积用水量（1 m³混凝土拌合物用水量）来表示。因此，水泥浆量对拌合物流动性的影响，实质上就是单位用水量对拌合物流动性的影响。

(2) 水胶比。在水泥品种、水泥用量一定的条件下，水胶比越小，水泥浆就越稠，拌合物流动性越小。当水胶比过小时，混凝土过于干涩，会使混凝土施工困难，且不能保证混凝土的密实性；水胶比增大，混凝土流动性增大；但水胶比过大，会由于水泥浆过稀，而使黏聚性、保水性变差，并严重影响混凝土的强度和耐久性。水胶比的大小应根据混凝土的强度和耐久性要求合理选用。

需要指出的是，无论水泥浆数量的影响，还是水胶比大小的影响，实质是水量的影响。混凝土拌合物的流动性主要取决于混凝土拌合物单位用水量的多少。实践证明，在配制混凝土时，当混凝土拌合物的单位用水量一定时，即使水泥用量增减 50～100 kg/m³，拌合物的流动性基本保持不变，这种关系称为混凝土的"固定用水量定则"。利用这个原则可以在用水量一定时，采用不同的水胶比配制出流动性相同但强度不同的混凝土。

(3) 砂率。砂率指混凝土中砂占砂、石总量的百分率，可用式(2-18)来表示：

$$\beta_s = \frac{m_s}{m_s + m_g} \tag{2-18}$$

式中　　β_s——砂率(%)；

　　　　m_s——砂的质量(kg)；

　　　　m_g——石子的质量(kg)。

砂率的变动会使骨料的空隙率和骨料总表面积有显著的变化，因而，对混凝土拌合物的和易性有很大的影响。

首先，细骨料与水泥浆组成的砂浆在拌合物中起润滑作用，可减少粗骨料之间的摩擦力，所以在一定砂率范围之内，砂率越大，润滑作用越加明显，流动性可提高。其次砂率过大，骨料的总表面积增大，需要包裹骨料的水泥浆增多，在水泥浆量一定的条件下，拌合物的流动性降低；砂率过小，虽然总表面积减小，但空隙率很大，填充空隙所用水泥浆量增多，在水泥浆量一定的条件下，骨料表面的水泥浆层同样不足，使流动性降低，而且严重影响拌合物的黏聚性和保水性，产生分层、离析、流浆、泌水等现象。

因此，在进行混凝土配合比设计时，为保证和易性，应选择最佳砂率（或称合理砂率）。**合理砂率**是指水泥量、水量一定的条件下，能使混凝土拌合物获得最大的流动性而且保持良好的黏聚性和保水性的砂率，如图 2-44(a)所示；或者是使混凝土拌合物获得所要求的和易性的前提下，水泥用量最小的砂率，如图 2-44(b)所示。

(4) 组成材料。

1) 水泥。不同水泥品种，其标准稠度需水量不同，对混凝土的流动性有一定的影响。如矿渣水泥的需水量大于粉煤灰水泥的需水量，在用水量和水胶比相同的条件下，矿渣水泥的流动性相应就小。另外，不同的水泥品种，其特性上的差异也导致混凝土和易性的差

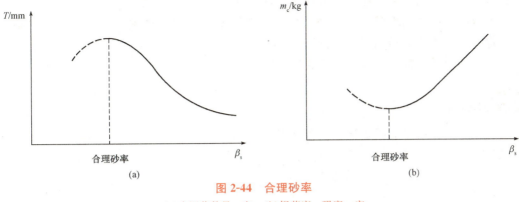

图 2-44 合理砂率
(a)水泥浆数量一定；(b)坍落度、强度一定

异。例如，在相同条件下，矿渣硅酸盐水泥的保水性较差，而火山灰质硅酸盐水泥的保水性和黏聚性好，流动性小。

水泥颗粒越细，其表面积越大，需水量越大，在相同的条件下，表现为流动性小，但黏聚性和保水性好。

2)骨料。由于骨料在混凝土中占据的体积最大，因此它的特性对拌合物和易性的影响也较大。具体来说，级配良好的骨料，其拌合物流动性较大，黏聚性和保水性较好；表面光滑的骨料，如河砂、卵石，其拌合物流动性较大，杂质含量多，针片状颗粒含量多，则其流动性变差；骨料的最大粒径增大，由于其表面积减小，故其拌合物流动性较大。

(5)**环境因素、施工条件和时间**。环境温度的变化会影响到混凝土的和易性。环境温度的升高，水分蒸发及水化反应加快，坍落度损失也变快。因此，在施工中为保证混凝土拌合物的和易性，要考虑温度的影响，并采取相应的措施。

拌合物拌制后，随着时间的延长而逐渐变得干稠，流动性减少，其原因是一部分水已与水泥水化，另一部分水被骨料吸收，其余一部分水蒸发，以及混凝土凝聚结构的逐渐形成，致使混凝土拌合物的流动性变差。施工中应考虑混凝土拌合物随时间延长对流动性影响这一因素。

(6)**外加剂和掺合料**。在拌制混凝土时，加入很少量的外加剂，如引气剂、减水剂等，能使混凝土拌合物在不增加水量的条件下，获得很好的和易性，增大流动性和改善黏聚性、降低泌水性。

掺入粉煤灰、硅灰、磨细沸石粉等矿物掺合料，也可改善拌合物的和易性。矿物掺合料是指在配置混凝土时加入的能改变新拌混凝土和硬化混凝土性能的无机矿物细粉。其掺量通常大于水泥用量的5%，细度与水泥细度相同或比水泥更细。掺合料与外加剂主要不同之处在于掺合料参与了水泥的水化过程，对水化产物有所贡献。在配制混凝土时加入较大量的矿物掺合料，可降低温度，改善和易性，增进后期强度，并可改善混凝土的内部结构，提高混凝土耐久性和抗腐蚀能力。

目前，工业废渣矿物掺合料直接在混凝土中应用的技术有了新的进展，尤其是粉煤灰、磨细矿渣粉、硅灰等具有良好活性的外掺料，对节约水泥、节省能源、改善混凝土性能、扩大混凝土品种、减少环境污染等方面具有显著的技术经济效果和社会效益。

在实际施工中，可采用如下措施调整混凝土拌合物的和易性：

1)通过试验，采用合理砂率，并尽可能采用较低的砂率；

2）改善砂、石的级配，在可能条件下，尽量采用较粗的砂、石；

3）当混凝土拌合物坍落度太小时，保持水胶比不变，增加适量的水泥浆；当坍落度太大时，保持砂率不变，增加适量的砂石；

4）有条件时尽量掺用外加剂和掺合料。

知识拓展

某混凝土搅拌站原混凝土配方均可生产出性能良好的泵送混凝土，后因供应的问题进了一批针、片状多的碎石。当班技术人员未重视此问题，仍按原配方配制混凝土，随后发觉混凝土坍落度明显下降，难以泵送，须临时现场加水泵送。请对此过程予以分析。

分析：

(1) 混凝土拌合物坍落度下降的原因是针、片状碎石增多，表面积增大，在其他材料及配方不变的条件下，起润滑作用的水泥浆减少，其坍落度必然下降。

(2) 当坍落度下降到难以泵送时，简单地现场加水虽可解决泵送问题，但对混凝土的强度及耐久性都有不利影响，且还会引起泌水等现象。

二、硬化混凝土的强度

混凝土凝结硬化后应具有足够的强度，以保证建筑物的安全。混凝土主要用于承受荷载或抵抗各种作用力，因此，强度是混凝土最重要的力学性质。混凝土的强度包括抗压强度、抗拉强度、抗弯强度、抗剪强度和与钢筋的黏结强度等。其中，混凝土的抗压强度最大，抗拉强度最小，因此，在结构工程中混凝土主要用于承受压力。

混凝土强度与混凝土的其他性能关系密切。一般来说，混凝土的强度越高，其刚性、不透水性、抵抗风化和某些介质侵蚀的能力越高，通常用混凝土强度来评定和控制混凝土的质量。

1. 混凝土的抗压强度与强度等级

混凝土的抗压强度，是指其标准试件在压力作用下直到破坏时单位面积所能承受的最大应力。混凝土结构物常以抗压强度为主要参数进行设计，而且抗压强度与其他强度及变形有良好的相关性。因此，抗压强度常作为评定混凝土质量的指标，并作为确定强度等级的依据，在实际工程中提到的混凝土强度一般是指抗压强度。

混凝土抗压

根据国家标准《普通混凝土力学性能试验方法标准》(GB/T 50081—2002)制作 150 mm×150 mm×150 mm 的标准立方体试件，在标准养护条件［温度(20±2)℃，相对湿度 95％以上］下，或温度为 (20±2)℃ 的不流动的 $Ca(OH)_2$ 饱和溶液中养护到 28 d 龄期，所测得的抗压强度值为混凝土立方体抗压强度，以 f_{cu} 表示。

为了正确进行设计和控制工程质量，根据混凝土立方体抗压强度标准值（以 $f_{cu,k}$ 表示），将混凝土划分成不同的强度等级。混凝土立方体抗压强度标准值，是指按标准方法制作和养护的标准立方体试件，在标准养护条件下养护至 28 d 龄期，用标准试验方法测得的抗压强度总体分布中的一个值，强度低于该值的百分率不超过 5％（即具有 95％保证率的立方体抗压强度）。混凝土强度等级采用 C 与立方体抗压强度标准值（以 N/mm^2 即 MPa 计）表示，共划分成 C15、C20、C25、C30、C35、C40、C45、C50、C55、C60、C65、C70、C75 及 C80 共 14 个等级。例如，C35 表示混凝土立方体抗压强度≥35 MPa 且＜40 MPa 的保证率为95%，即混凝土立方体抗压强度标准值 $f_{cu,k}=35$ MPa。

2. 混凝土的轴心抗压强度

确定混凝土强度等级采用立方体试件，但在实际工程中钢筋混凝土构件形式极少是立方体的，大部分是棱柱体或圆柱体。为了使测得的混凝土强度接近于混凝土构件的实际情况，在钢筋混凝土结构计算中计算轴心受压构件（如柱子、桥墩等）时，是以混凝土的轴心抗压强度为设计依据的，轴心抗压强度以 f_{cp} 表示。

根据《普通混凝土力学性能试验方法标准》(GB/T 50081—2002)的规定，轴心抗压强度采用 **150 mm×150 mm×300 mm** 的棱柱体作为标准试件，用压力机检测，如图2-45所示。如有必要，也可采用非标准尺寸的棱柱体试件，但其高宽比(h/a)应在2～3范围内。轴心抗压强度值 f_{cp} 比同截面的立方体抗压强度值 f_{cu} 小，棱柱体试件高宽比(h/a)越大，轴心抗压强度越小，但当高宽比(h/a)达到一定值后，强度不再降低。在立方体抗压强度 f_{cu} 为10～55 MPa 范围内时，轴心抗压强度 $f_{cp}\approx(0.70\sim0.80)f_{cu}$。

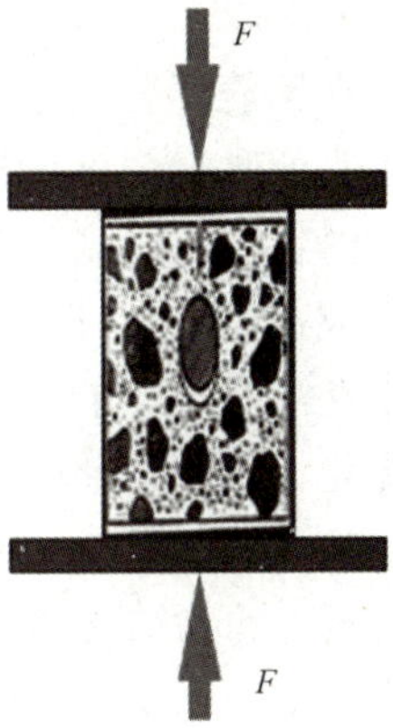

3. 混凝土的抗拉强度

混凝土是一种典型的脆性材料，**抗拉强度较低，只有抗压强度的1/10～1/20**，且随着混凝土强度等级的提高，比值有所降低。由于混凝土受拉时呈脆性断裂，破坏时无明显残余变化，故在钢筋混凝土结构设计中，不考虑混凝土承受拉力，而是在混凝土中配以钢筋，由钢筋来承受结构的拉力。但混凝土抗拉强度对于混凝土抗裂性具有重要的作用，它是结构设计中确定混凝土抗裂程度的主要指标，有时也用它来间接衡量混凝土与钢筋之间的黏结强度，并预测由于干湿变化和温度变化而产生裂缝的情况。

图2-45 轴心抗压强度检测示意图

用轴向拉伸试件测定混凝土的抗拉强度，荷载不易对准轴线，夹具处常发生局部破坏，致使测值很不准确，故我国目前采用由劈裂抗拉强度试验法间接得出混凝土的抗拉强度，称为劈裂抗拉强度(f_{ts})。《普通混凝土力学性能试验方法标准》(GB/T 50081—2002)规定，劈裂抗拉强度采用边长为150 mm的立方体试件，在试件的两个相对的表面上加上垫条。当施加均匀分布的压力时，就能在外力作用的竖向平面内，产生分布的拉应力（图2-46），该应力可以根据弹性理论计算得出。这个方法不但大大简化了抗拉试件的制作，并且能较正确地反映试件的抗拉强度。劈裂抗拉强度按式(2-19)计算：

$$f_{ts}=2F/(\pi A)=0.637F/A \quad (2-19)$$

式中 f_{ts}——混凝土劈裂抗拉强度(MPa)；
　　P——破坏荷载(N)；
　　A——试件劈裂面积(mm^2)。

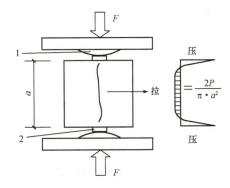

图2-46 劈裂抗拉强度测定示意及应力分布图
1—钢垫条；2—木质垫层

试验证明，在相同条件下，混凝土用轴拉法测得的抗拉强度，较用劈裂法测得的劈裂抗拉强度略小，两者比值约为0.9。混凝土的劈裂抗拉强度与混凝土标准立方体抗压强度(f_{cu})之间的关系，可用经验公式表达，见式(2-20)：

$$f_{ts}=0.35f_{cu}^{3/4} \qquad (2-20)$$

混凝土劈裂抗拉强度以 150 mm×150 mm×150 mm 立方体试件的劈裂抗拉强度为标准值。 采用 100 mm×100 mm×100 mm 非标准试件测得的劈裂抗拉强度值，应乘以尺寸换算系数 0.85；当混凝土强度等级≥C60 时，宜采用标准试件，若采用非标准试件时，尺寸换算系数应由试验确定。

4. 混凝土与钢筋的黏结强度

在钢筋混凝土结构中，为使钢筋和混凝土能有效协同工作，混凝土与钢筋之间必须要有适当的黏结强度。这种黏结强度，主要来源混凝土与钢筋之间的摩擦力、钢筋与水泥石之间的粘结力及变形钢筋的表面机械啮合力。黏结强度与混凝土质量有关，与混凝土抗压强度成正比。另外，黏结强度还受其他许多因素影响，例如，钢筋尺寸及变形钢筋种类，钢筋在混凝土中的位置（水平钢筋或垂直钢筋），加载类型（受拉钢筋或受压钢筋），以及干湿变化、温度变化等。

目前，还没有一种较适当的标准试验能准确测定混凝土与钢筋的黏结强度。为了对比不同混凝土的黏结强度，美国材料试验室（ASTMC 234）提出了一种拔出试验方法：混凝土试件为边长 150 mm 的立方体，其中埋入 φ19 的标准变形钢筋，试验时以不超过 34 MPa/min 的加荷速度对钢筋施加拉力，直到钢筋发生屈服，或混凝土裂开，或加荷端钢筋滑移超过 2.5 mm。记录出现上述三种中任一情况时的荷载值 P，用式(2-21)计算混凝土与钢筋的黏结强度：

$$f_N = \frac{P}{\pi d l} \qquad (2-21)$$

式中 f_N——黏结强度（MPa）；
   d——钢筋直径（mm）；
   l——钢筋埋入混凝土中的长度（mm）；
   P——测定的荷载值（N）。

5. 混凝土的抗折强度

《普通混凝土力学性能试验方法标准》（GB/T 50081—2002）规定，混凝土抗折强度试验采用边长**为 150 mm×150 mm×550 mm 的棱柱体标准试件，**按三分点加荷方式加载测得其抗折强度，如图 2-47 所示，计算公式为

$$f_f = \frac{FL}{bh^2} \qquad (2-22)$$

式中 f_f——混凝土的抗折强度（MPa）；
   F——破坏荷载（N）；
   L——支座间距（mm）；
   b——试件截面宽度（mm）；
   h——试件截面高度（mm）。

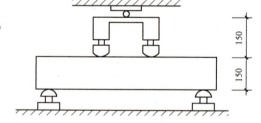

图 2-47 混凝土抗折强度示意图

当采用 100 mm×100 mm×400 mm 非标准试件时，应乘以尺寸换算系数 0.85；当混凝土强度等级≥C60 时，宜采用标准试件。

6. 影响混凝土强度的主要因素

硬化后的混凝土在未受到外力作用之前，由于水泥水化造成的化学收缩和物理收缩引起砂浆体积的变化，在粗骨料与砂浆界面上产生了分布极不均匀的拉应力，从而导致界面

上形成了许多微细的裂缝。另外，还因为混凝土成型后的泌水作用，某些上升的水分为粗骨料颗粒所阻止，因而聚集于粗骨料的下缘，混凝土硬化后就成为界面裂缝。通过对水泥石与骨料界面的研究发现，该界面并非仅仅是一个"面"，而且也是具有 100 μm 以下厚度的一个"层"，称为"界面过渡区"。界面过渡区是混凝土整体结构中易损的薄弱环节，它对混凝土的耐久性、力学性能有着十分关键的影响。

当混凝土受力时，这些预存的界面裂缝会逐渐扩大、延长并汇合连通起来，形成可见的裂缝，致使混凝土结构丧失连续性而遭到完全破坏。强度试验也证实，正常配合比的混凝土破坏主要是骨料与水泥的黏结界面发生破坏。所以，混凝土的强度主要取决于水泥石强度及其与骨料的黏结强度。而黏结强度又与水泥强度等级、水胶比及骨料的性质有密切关系，另外，混凝土的强度还受施工质量、养护条件及龄期的影响。

(1)原材料的因素。

1)水泥强度等级和水胶比。水泥强度等级和水胶比是决定混凝土强度最主要的因素，也是决定性因素。

水泥是混凝土中的活性组分，在水胶比不变时，水泥强度等级越高，则硬化水泥石的强度越大，对骨料的胶结力就越强，制成的混凝土强度也就越高。在水泥强度等级相同的条件下，混凝土的强度主要取决于水胶比。因为从理论上讲，水泥水化时所要求的流动性，常需多加一些水，如常用的塑性混凝土，其水胶比为 0.4～0.8。当混凝土硬化后，多余的水分就残留在混凝土中或蒸发后形成气孔或通道，大大减小了混凝土抵抗荷载的有效断面，而且可能在空隙周围引起应力集中。因此，在水泥强度等级相同的情况下，水胶比越小，水泥石的强度越高，与骨料的粘结力越大，混凝土强度也越高。但是，如果水胶比过小，拌合物过于干稠，在一定的施工振捣条件下，混凝土不能被振捣密实，出现较多的蜂窝、孔空洞，反将导致混凝土强度严重下降。

混凝土强度与水胶比、水泥强度之间的关系可用经验公式（又称鲍罗米公式）式(2-23)表示：

$$f_{cu,0} = \alpha_a f_{ce} \left(\frac{B}{W} - \alpha_b \right) \tag{2-23}$$

式中 $f_{cu,0}$——混凝土 28 d 龄期抗压强度(MPa)；

B/W——胶水比；

f_{ce}——水泥 28 d 抗压强度实测值(MPa)。水泥厂为保证水泥的出厂等级，其实际强度往往高于水泥的强度等级值($f_{ce,g}$)。在无法取得水泥的实测强度值时，可按 $f_{ce} = \gamma_c \times f_{ce,g}$ 求得，其中，γ_c 为水泥强度等级值的富余系数，可按实际统计资料确定。f_{ce} 值也可根据 3 d 强度或快测强度推定 28 d 强度的关系式推定得出；

α_a，α_b——回归系数。应根据工程所使用的水泥、骨料，通过试验建立的水胶比与强度关系式确定；当不具备上述统计资料时，其回归系数可按《普通混凝土配合比设计规程》(JGJ 55—2011)提供的数值选用，见表 2-49。

表 2-49 回归系数 α_a，α_b 选用值

系数	石子品种	碎石	卵石
α_a		0.53	0.49
α_b		0.20	0.13

鲍罗米公式，一般只适用于流动性混凝土和低流动性混凝土且强度等级在 C60 以下的混凝土。利用鲍罗米公式，可根据所用的水泥强度等级和水胶比估计混凝土 28 d 的强度，也可根据水泥强度等级和要求的混凝土强度等级确定所采用的水胶比。

2) 骨料的影响。 当骨料级配良好、砂率适当时，由于组成了坚强密实的骨架，有利于混凝土强度的提高；当混凝土骨料中有害杂质较多，品质低，级配不好时，会降低混凝土的强度。

由于碎石表面粗糙有棱角，提高了骨料与水泥砂浆之间的机械啮合力和粘结力，所以在原材料坍落度相同的条件下，用碎石拌制的混凝土比卵石的强度要高。

骨料的强度影响混凝土的强度，一般骨料强度越高，所配制的混凝土强度越高，这在低水胶比和配制高强度混凝土时，特别明显。骨料粒形以三位长度相等或相近的球形或立方体形为好，若含有较多扁平或细长的颗粒，会增加混凝土的空隙率，扩大混凝土中骨料的表面积，增加混凝土的薄弱环节，导致混凝土的强度下降。

3) 掺外加剂和掺合料。 掺减水剂，特别是高效减水剂，可大幅度降低用水量和水胶比，使混凝土的强度显著提高，掺高效减水剂是配制高强度混凝土的主要措施；掺早强剂可显著提高混凝土的早期强度。

在混凝土中掺入高活性的掺合料（如优质粉煤灰、硅灰、磨细矿渣粉等），可以与水泥的水化产物进一步发生反应，产生大量的凝胶物质，使混凝土更趋于密实，强度进一步得到提高。

(2) 生产工艺因素。

1) 养护条件。 养护条件是指混凝土浇筑成型后，必须保持适当的温度和足够的湿度，保证水泥水化的正常进行，使混凝土硬化后达到预定的强度及其他性能。因此，适当的温度和足够的湿度是混凝土强度顺利发展的重要保证。

环境温度对水泥水化有明显的影响。 温度升高，早期水化速度加快，混凝土强度的发展也快；反之，在低温下混凝土强度发展延缓。但早期加快水化会导致水化物分布不均匀，水化物密实程度低的区域将成为水泥的薄弱环节，从而降低其整体的强度；水化物密实程度高的区域，水化物包裹在未水化的水泥颗粒的周围，会妨碍水化反应的继续进行，对后期强度的发展不利。温度对混凝土强度的影响如图 2-48 所示。当温度处于冰点以下时，由于混凝土中的水分大部分结冰，混凝土的强度不但停止发展，同时还会受到冻胀破坏作用，严重影响混凝土的早期强度和后期强度。一般情况下，混凝土受冻之后再融化，其强度仍可持续增长，但是受冻越早，强度损失越大。所以，在冬期施工时规定，混凝土受冻前要达到临界强度才能保证混凝土的质量。

周围环境的湿度 对混凝土的强度发展同样是非常重要的。水是水泥水化反应的必需成分。如果环境湿度不够，混凝土拌合物表面水分蒸发，内部水分向外迁移，混凝土会因失水干燥而影响水泥水化的正常进行，甚至水化停止，这不仅大大降低了混凝土强度，而且使混凝土结构疏松，形成干缩裂缝，严重影响混凝土的耐久性。

混凝土浇筑完毕后应**在 12 h 以内**对混凝土加以覆盖并保湿养护；混凝土浇水养护的时间，对采用硅酸盐水泥、普通硅酸盐水泥和矿渣硅酸盐水泥拌制的混凝土，**不得少于 7 d**；对掺用缓凝型外加剂或有抗渗要求的混凝土，**不得少于 14 d**。图 2-49 所示为潮湿养护时间对混凝土强度的影响。

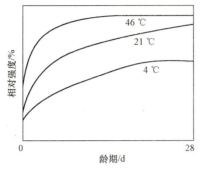
图 2-48 温度对强度发展的影响示意图

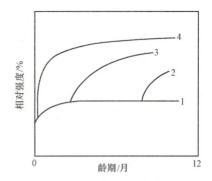
图 2-49 湿度对强度发展的影响示意图

为加速混凝土强度的发展，提高混凝土早期强度，在工程中还可采用蒸汽养护和压蒸养护。蒸汽养护是将混凝土放在低于 100 ℃ 常压蒸汽中进行养护。掺混合材料的矿渣硅酸盐水泥、火山灰质硅酸盐水泥及粉煤灰硅酸盐水泥在蒸汽养护的条件下，不但可以提高早期强度，其 28d 强度也会略有提高。压蒸养护是将混凝土放在温度 175 ℃、8 个大气压的蒸压釜内进行养护。在高温高压下，加速了活性混合材料的化学反应，使混凝土的强度得以提高。但压蒸养护需要的蒸压釜设备比较庞大，仅在生产硅酸盐混凝土制品时使用。

2)施工条件。混凝土在施工过程中，应搅拌均匀、振捣密实、养护良好才能使混凝土硬化后达到预期的强度。采用机械搅拌比人工拌和的拌合物更均匀。一般来说，水胶比越小时，通过振动捣实效果也越显著。当水胶比值逐渐增大时，振动捣实的优越性会逐渐降低，其强度提高一般不超过 10%。改进施工工艺提高混凝土强度，如采用分次投料搅拌工艺、高速搅拌工艺、二次振捣工艺等都会有效地提高混凝土强度。

3)龄期。龄期是指混凝土在正常养护条件下所经历的时间。在正常养护条件下，混凝土的强度随着龄期的增加而增长，在最初的 7~14d 发展较快，28d 以后增长缓慢，在适宜的温度、湿度条件下，其增长过程可达数十年之久。

试验证明，用中等等级的普通硅酸盐水泥(非 R 型)配制的混凝土，在标准养护条件下，混凝土强度的发展大致与龄期的对数成正比例关系，可按式(2-24)推算。

$$f_n = f_{28}\frac{\lg n}{\lg 28} \tag{2-24}$$

式中 f_n——n d 龄期时的混凝土抗压强度(MPa)；

f_{28}——28 d 龄期时的混凝土抗压强度(MPa)；

n——养护龄期，$n \geq 3$ d。

式(2-24)可用于估计混凝土的强度，如已知 28 d 龄期的混凝土强度，估算某一龄期的强度；或已知某龄期的强度，推算 28 d 的强度。但由于影响混凝土强度的因素很多，故只能作参考。

(3)试验条件。在试验过程中，试件的形状、尺寸、表面状态、含水程度及加荷速度都对混凝土的强度值产生一定的影响。

1)试件的尺寸。相同的混凝土其试件的尺寸越小，测得的强度越高。试件尺寸影响强度的主要原因是试件尺寸大时，内部孔隙、缺陷等出现的概率也大，导致有效受力面积减小及应力集中，从而引起强度的降低。我国标准规定，采用 150 mm×150 mm×150 mm 的立方体试件作为标准试件，当采用非标准的其他尺寸试件时，所测得的抗压强度应乘以表 2-50 所列的换算系数。

表 2-50　混凝土试件不同尺寸的强度换算系数

骨料的最大粒径/mm	试件尺寸/(mm×mm×mm)	换算系数
31.5	100×100×100	0.95
40	150×150×150	1
63	200×200×200	1.05

2）试件的形状。当试件的受压面积（$a×a$）相同，而高度（h）不同时，高宽比（h/a）越大，抗压强度越小。这是由于试件受压时，试件受压面与试件承压板之间的摩擦力对试件相对于承压板的横向膨胀起着约束作用，该约束有利于强度的提高（图 2-50）。越接近试件的端面，这种约束作用就越大，在距端面大约 $\frac{\sqrt{3}}{2}a$ 的范围以外，约束作用才消失。试件破坏后，其上下部分各呈现一个较完整的棱锥体，这就是这种约束作用的结果（图 2-51）。通常，称这种作用为环箍效应。

3）表面状态。混凝土试件承压面的状态，也是影响混凝土强度的重要因素。当试件受压面上有油脂类润滑剂时，试件受压时的环箍效应大大减小，试件将出现直裂破坏（图 2-52），测出的强度值也较低。

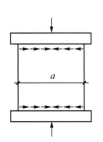
图 2-50　压板对试件的约束

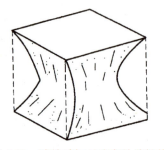
图 2-51　试件破坏后残存的棱柱体

图 2-52　不受约束时的破坏情况

4）加荷速度。加荷速度越快，测得的混凝土强度值也越大，当加荷速度超过 1.0 MPa/s 时，这种趋势更加显著。因此，我国标准规定，混凝土抗压强度的加荷速度为 0.3~0.8 MPa/s，且应连续均匀地进行加荷。

由上述内容可知，即使原材料、施工工艺及养护条件都相同，但试验条件的不同也会导致测定结果的不同。因此，混凝土抗压强度的测定必须严格遵守国家有关测定标准的规定，推而广之，任何一种材料检测都必须按统一的检测标准进行，检测结果才具有可比性。

任务实施

一、和易性检测

本测定方法适用于坍落度值不小于 10 mm，骨料最大粒径不大于 40 mm 的混凝土拌合物。测定时需拌制拌合物约为 15 L。

1. 检测目的

测定新拌混凝土的坍落度值，评定和易性是否符合施工要求。掌握《普通混凝土拌合物性能试验方法标准》（GB/T 50080—2016）的测试方法，正确使用所用仪器与设备，并熟悉其性能。

2. 主要仪器设备

(1)标准坍落度筒：如图 2-53 所示，为金属制截头圆锥形，上下截面必须平行锥体，轴心垂直，筒外两侧对称焊有把手两只，近下端两侧对称焊有踏板两只，圆锥筒表面必须十分光滑，圆锥筒尺寸为：

底部内径：200 mm±2 mm；
顶部内径：100 mm±2 mm；
高度：　　300 mm±2 mm。

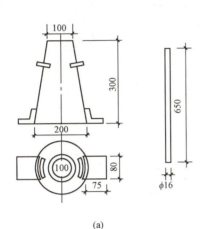

图 2-53　坍落度筒
(a)坍落度筒示意图；(b)坍落度筒实物

(2)弹头形捣棒(直径 16 mm、长 600 mm 的钢棒，端部为弹头形)。

(3)磅秤。

(4)小铁铲、直尺、装料漏斗、钢尺、取样小铲等。

3. 检测步骤

(1)按比例配出 15 L 拌合材料(如水泥：3.0 kg；砂：4.2 kg；石子：7.7 kg；水：1.5 kg)，将它们倒在拌板上并用铁锹拌匀，再将中间扒一凹注，边加水边进行拌和，直至拌和均匀。

(2)用湿布将拌板及坍落度筒内外擦净、润滑，并将筒顶部加上漏斗，放在拌板上。用双脚踩紧踏板，使其位置固定。

(3)用小铲将拌好的拌合物分三层均匀地装入筒内，每层装入高度在插捣后大致为筒高的三分之一。顶层装料时，应使拌合物高出筒顶。在插捣过程中，如试样沉落到低于筒口，则应随时添加，以便自始至终保持高于筒顶。每装一层分别用捣棒插捣 25 次，插捣应在全部面积上进行，沿螺旋线由边缘渐向中心。在筒边插捣时，捣棒应稍有倾斜，然后垂直插捣中心部分。每层插捣时应捣至下层表面为止。

(4)插捣完毕后卸下漏斗，将多余的拌合物用镘刀刮去，使之与筒顶面齐平，筒周围拌板上的杂物必须刮净、清除。

(5)将坍落度筒小心平稳地垂直向上提起，不得歪斜，提离过程 5～10 s 内完成，将筒放在拌合物试体一旁，量出坍落后拌合物试体最高点与筒的高度差(以 mm 为单位，读数精确至 5 mm)，即为该拌合物的坍落度，如图 2-54 所示。从开始装料到提起坍落度筒的整个过程在 150 s 内完成。

(6)当坍落度筒提离后,如试件发生崩坍或一边剪坏现象,则应重新取样进行试验。如第二次仍然出现这种现象,则表示该拌合物和易性不好,应予记录备案。

(7)测定坍落度后,观察拌合物的下述性质,并记录。

1)黏聚性:用捣棒在已坍落的拌合物锥体侧面轻轻敲打,如果锥体逐步下沉,表示黏聚性良好;如果突然倒塌,部分崩裂或石子离析,则为黏聚性不好的表现。

2)保水性:当提起坍落度筒后如有较多的稀浆从底部析出,锥体部分的拌合物也因失浆而骨料外露,则表明保水性不好。如无这种现象,则表明保水性良好。

图 2-54 坍落度测定

二、普通混凝土强度检测

混凝土抗压强度是依据国家标准《普通混凝土力学性能试验方法标准》(GB/T 50081—2002)测定的。

1. 检测目的

测定混凝土立方体抗压强度,作为评定混凝土质量的主要依据。掌握国家标准《普通混凝土力学性能试验方法标准》(GB/T 50081—2002)的测试方法,正确使用所用仪器与设备,并熟悉其性能。

2. 主要仪器设备

(1)压力试验机:压力试验机应符合《液压式万能试验机》(GB/T 3159—2008)的规定。测量精度为±1%,其量程应能使试件的预期破坏荷载值大于全量程的20%,且小于全量程的80%。试验机应具有加荷速度指示装置或加荷速度控制装置,并应能均匀、连续地加荷;上、下压板之间可各垫以钢垫板,钢垫板的承压面均应机械加工。

(2)振动台:振动频率为(50±3)Hz,空载振幅约为0.5mm。

(3)试模:由铸铁或钢制成,应具有足够的刚度并拆装方便。试模内表面应保证足够的平滑度,或经机械加工,其不平度应不超过0.05%,组装后的相邻的不垂直度应不超过±0.05%。

(4)捣棒、金属直尺、小铁铲等。

3. 检测步骤

(1)混凝土试件的制作与养护。

1)混凝土试件的尺寸和形状。混凝土试件的尺寸应根据混凝土中骨料的最大粒径按表 2-51 选定。

表 2-51 混凝土试件尺寸选用表

试件尺寸/(mm×mm×mm)	骨料最大粒径/mm	
	立方体抗压强度试验	劈裂抗拉强度试验
100×100×100	31.5	20
150×150×150	40	40
200×200×200	63	—

边长为 150 mm 的立方体试件是标准试件，边长为 100 mm 和 200 mm 的立方体试件是非标准试件。当施工涉外工程或必须用圆柱体试件来确定混凝土力学性能时，可采用 φ150 mm×300 mm 的圆柱体标准试件或 φ100 mm×200 mm 和 φ200 mm×400 mm 的圆柱体非标准试件。

2）混凝土试件的制作。

①成型前，应检查试模尺寸；试模内表面应涂一薄层矿物油或其他不与混凝土发生反应的脱模剂。

②取样或试验室拌制的混凝土应在拌制后尽可能短的时间内成型，一般不宜超过 15 min。成型前，应将混凝土拌合物至少用铁锹再来回拌和三次。

③试件成型方法根据混凝土拌合物的稠度而定。坍落度不大于 70 mm 的混凝土宜采用振动台振实成型；坍落度大于 70 mm 的混凝土宜采用捣棒人工捣实成型。

采用振动台成型时，将混凝土拌合物一次装入试模，装料时应用抹刀沿各试模壁插捣，并使混凝土拌合物高出试模口；振动时试模不得有任何跳动，振动应持续到混凝土表面出浆为止，不得过振。

采用人工插捣成型时，将混凝土拌合物分两层装入试模，每层插捣次数在每 10 000 mm² 截面面积内不得少于 12 次；插捣应按螺旋方向从边缘向中心均匀进行。在插捣底层混凝土时，捣棒应达到试模底部；插捣上层时，捣棒应贯穿上层后插入下层 20～30 mm；插捣时捣棒应保持垂直，不得倾斜。然后应用抹刀沿试模内壁插拔数次。插捣后应用橡皮锤轻轻敲击试模四周，直至插捣棒留下的空洞消失为止。

④刮除试模上口多余的混凝土，待混凝土临近初凝时，用抹刀抹平。

3）混凝土试件的养护。

①试件成型后应立即用不透水的薄膜覆盖表面，以防止水分蒸发。

②采用标准养护的试件，应在温度为(20±5)℃的环境中静置一昼夜至两昼夜，然后编号、拆模。拆模后应立即放入温度为(20±2)℃，相对湿度为 95% 以上的标准养护室中养护，或在温度为(20±2)℃的不流动的 $Ca(OH)_2$ 饱和溶液中养护。标准养护室内的试件应放在支架上，彼此间隔 10～20 mm，试件表面应保持潮湿，并不得被水直接冲淋。

(2)混凝土立方体抗压强度测定。

1）测定步骤。

①试件自养护地点取出后应及时进行试验，以免试件内部的温度发生显著变化。将试件擦拭干净，检查其外观。

②将试件安放在试验机的下压板或钢垫板上，试件的承压面应与成型时顶面垂直。试件的中心应与试验机下压板中心对准。开动试验机，当上压板与试件或钢垫板接近时，调整球座，使接触均衡。

③加荷应连续而均匀，加荷速度为：混凝土强度等级<C30 时，取 0.3～0.5 MPa/s；混凝土强度等级≥C30 且<C60 时，取 0.5～0.8 MPa/s；混凝土强度等级≥C60 时，取 0.8～1.0 MPa/s。当试件接近破坏而开始迅速变形时，应停止调整试验机油门，直至试件破坏。然后记录破坏荷载 $F(N)$。

2）测定结果。

①混凝土立方体抗压强度 f_{cu} 按式(2-25)计算，精确至 0.1 MPa：

$$f_{cu} = \frac{F}{A} \tag{2-25}$$

式中　F——试件破坏荷载(N)；

　　　A——试件承压面积(mm^2)。

②以三个试件抗压强度测定值的算术平均值作为该组试件的抗压强度值。三个测定值中的最大值或最小值中如有一个与中间值的差值超过中间值的15%时，则取中间值作为该组试件的抗压强度值；如最大值和最小值与中间值的差值均超过中间值的15%，则该组试件的试验结果无效。

③混凝土抗压强度以150 mm×150 mm×150 mm立方体试件的抗压强度为标准值。混凝土强度等级为 C60 时，用非标准试件测得的强度值均应乘以尺寸换算系数，其值：200 mm×200 mm×200 mm 试件为1.05；100 mm×100 mm×100 mm 试件为0.95。当混凝土强度等级≥C60 时，宜采用标准试件；采用非标准试件时，尺寸换算系数应由试验确定。

4. 注意事项

(1)混凝土各组成材料应符合技术要求。

(2)在采用人工拌制混凝土时，注意各组成材料的拌和顺序，拌和均匀。

(3)在做立方体试件时，试模安装牢固，注意振捣密实。

(4)在做立方体抗压强度试验时，注意加载速度应符合要求。

知识拓展

混凝土的其他性能

1. 混凝土的变形性能

硬化后的混凝土，受到外力及环境因素的作用，会发生相应的整体或局部的体积变化，产生变形。若构件能自由变形，构件体积发生变化，但不产生应力；若构件受约束，则会在构件内部产生应力。实际使用中的混凝土结构一般会受到基础或相邻部件的牵制而处于不同程度的约束状态。混凝土的变形会由于受到约束而在内部产生拉应力，当拉应力超过混凝土的抗拉强度，就会引起混凝土开裂，产生裂缝。裂缝不仅影响混凝土承受设计荷载的能力，而且还会严重损害混凝土的外观和耐久性。

混凝土的变形按其形成的原因，可分为非荷载作用下的变形和荷载作用下的变形。非荷载作用下的变形如混凝土的化学收缩、干湿变形及温度变形等；荷载作用下的变形分为短期荷载作用下的变形、长期荷载作用下的变形——徐变。

(1)化学收缩。混凝土在硬化过程中，水泥水化产物的固体体积小于水化前反应物的总体积，从而使混凝土产生收缩，即为化学收缩。其收缩量随混凝土硬化龄期的延长而增长，一般在混凝土成型后40 d 内增长较快，以后逐渐趋于稳定。化学收缩是不可恢复的，且收缩值很小，一般对混凝土结构没有破坏作用，但在混凝土内部可能产生微细裂缝。

(2)湿胀干缩。由于混凝土周围环境湿度的变化，会引起混凝土的干湿变形，表现为干缩湿胀。

混凝土在干燥过程中，由于毛细孔水的蒸发，使毛细孔中形成负压，随着空气湿度的降低，负压逐渐增大，产生收缩力，导致混凝土收缩。同时，水泥凝胶体颗粒的吸附水也发生部分蒸发，凝胶体因失去水而产生紧缩。混凝土这种体积收缩，在重新吸水以后大部分可以恢复。当混凝土在水中硬化时，体积产生轻微膨胀，这是由于凝胶体中胶体粒子的吸附水膜增厚，胶体粒子之间的距离增大所致。

混凝土的湿胀变形量很小，一般无破坏作用。但干缩变形对混凝土危害较大，干缩能使混凝土表面出现拉应力而导致开裂，严重影响混凝土的耐久性。

一般条件下，混凝土的极限收缩值达$(50\sim 90)\times 10^{-5}$ mm/mm。在工程设计时，混凝土的线收缩采用$(15\sim 20)\times 10^{-5}$ mm/mm，即 1 m 混凝土收缩 0.15～0.20 mm。

(3) 温度变形。混凝土与其他材料一样，也会随着温度的变化产生热胀冷缩的变形。混凝土的温度线膨胀系数为$(1\sim 1.5)\times 10^{-5}/℃$，即温度每升降 1 ℃，每 1 m 胀缩 0.01～0.015 mm。温度变形对大体积混凝土及大面积混凝土工程极为不利，易使这些混凝土造成温度裂缝。

在混凝土硬化初期，水泥水化放出较多热量，而混凝土又是热的不良导体，散热很慢，因此造成混凝土内外温差很大，有时可达 50 ℃～70 ℃，这将使混凝土产生内胀外缩，结果在混凝土外表产生很大的拉应力，严重时使混凝土产生裂缝。因此，大体积混凝土施工时，常采用低热水泥，减少水泥用量，掺加缓凝剂及采用人工降温等措施，以减少因温度变形而引起的混凝土质量问题。

(4) 短期荷载作用下的变形。混凝土是一种由水泥石、砂、石、游离水、气泡等组成的不均质的多组分三相复合材料。它既不是一个完全弹性体，也不是一个完全塑性体，而是一个弹塑性体。混凝土受力时既产生弹性变形，又产生塑性变形。

应力—应变曲线上任一点的应力与应变的比值，称作混凝土在该应力下的变形模量。它反映混凝土所受应力与所产生应变之间的关系。在计算钢筋混凝土结构的变形、裂缝开展及大体积混凝土的温度应力时，均需知道该混凝土的变形模量。

影响混凝土弹性模量的因素主要有混凝土的强度、骨料的含量与其弹性模量，以及养护条件等。混凝土的强度越高，弹性模量越大，当混凝土的强度等级由 C10 增加到 C60 时，其弹性模量大致由1.75×10^4 MPa 增加到3.60×10^4 MPa；骨料的含量越多，弹性模量越大，混凝土的弹性模量越高；混凝土的水胶比较小，养护较好及龄期较长时，混凝土的弹性模量较大。

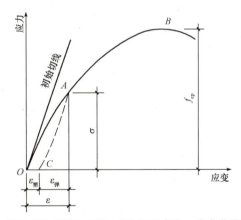

图 2-55 混凝土在压力作用下应力—应变曲线

混凝土在未受力前，其水泥浆与骨料之间及水泥浆内部，就已存在着随机分布的不规则的微细原生界面裂缝。而混凝土在短期荷载下产生变形，则是与裂缝的变化发展密切相关。当混凝土试件单向静力受压，而荷载不超过极限应力的 30% 时，这些裂缝无明显变化，此时荷载（应力）与变形（应变）接近直线关系。当荷载达到 30%～50% 极限应力时，裂缝数量上有所增加，且稳定地缓慢伸展，因此，在这一阶段，应力—应变曲线随裂缝的变化也逐渐偏离直线，产生弯曲。当荷载超过 50% 极限应力时，界面裂缝就不稳定，而且逐渐延伸至砂浆基体中。当超过 75% 极限应力，在界面裂缝继续发展的同时，砂浆基体中的裂缝也逐渐增生，并与邻近的界面裂缝连接起来，成为连续裂缝，变形加速增大，荷载曲线明显地弯向水平应变轴。如图 2-55 所示。

(5) 长期荷载作用下的变形。混凝土在持续荷载作用下，除产生瞬间的弹性变形和塑性变形外,还会产生随时间增长的变形,称为徐变。

1)徐变:在应力不变的情况下,混凝土的应变随时间而增长的现象,徐变有的可以恢复,有的不可以恢复,如图2-56所示。

2)徐变对结构物的影响:有利影响是可消除钢筋混凝土内的应力集中,使应力重新分配,从而使混凝土构件中局部应力得到缓和,对大体积混凝土则能消除一部分由于温度变形所产生的破坏应力;不利影响是使钢筋的预加应力受到损失(预应力减小),使构件强度减小。

3)影响徐变因素:影响混凝土徐变的因素有水胶比、水泥用量、骨料种类、应力等。混凝土内毛细孔数量越多,徐变越大;加荷龄期越长,徐变越大;水泥用量和水胶比越小,徐变越小;所用骨料弹性模量越大,徐变越小;所受应力越大,徐变越大。

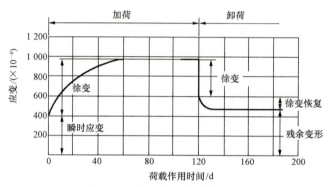

图2-56 徐变变形与徐变恢复

2. 混凝土的耐久性能

混凝土的耐久性是混凝土在使用条件下,抵抗周围环境中的各种因素长期作用而不破坏的能力。长期以来,人们一直认为混凝土是一种耐久性良好的材料,与金属材料相比,混凝土不生锈,与木材相比,不腐朽。近年来出现的问题和形势的发展,使人们认识到混凝土耐久性应受到高度重视。一方面,国内外大量的混凝土结构物在没有达到预期的使用年限而过早破坏,尤其处在高温、高湿、高盐等恶劣腐蚀环境条件下的港口码头,还没有达到设计使用寿命,便出现过早剥蚀、损坏;另一方面,随着经济的发展和社会的进步,各种工期长、投资大的大型工程日益增多,如大跨度桥梁、超高层建筑、大型水工结构物,人们对结构耐久性的期待日益提高。同时,由于人类开发领域的不断扩大,地下、海洋等处的建筑越来越多,结构物使用环境更为苛刻,客观上要求混凝土具有优异的耐久性。

混凝土的耐久性包含面很广,常考虑的有混凝土的抗渗性、抗冻性、抗侵蚀性、抗碳化性、抗碱-集料反应及阻止混凝土中的钢筋锈蚀等性能。

(1)混凝土的抗渗性。混凝土抗渗性是指混凝土抵抗水、油等液体的压力作用下渗透的能力。混凝土的冻融破坏、钢筋锈蚀、碱-集料反应都是以水渗透为前提的,因此抗渗性是混凝土最重要的耐久性能。

混凝土的抗渗性用抗渗等级 P_N 表示,它是以28 d龄期的标准试件,按规定方法进行试验,用每组6个试件中4个试件未出现渗水时的最大水压力来表示。混凝土的抗渗等级有 P_4、P_6、P_8、P_{10}、P_{12} 五个等级,即相应表示混凝土能抵抗0.4 MPa、0.6 MPa、0.8 MPa、1.0 MPa和1.2 MPa的静水压力而不渗水。

影响混凝土抗渗性的主要因素是孔隙率和孔隙特征，混凝土孔隙率越低，连通孔越少，抗渗性越好。因此，提高混凝土抗渗性的根本措施有降低水胶比、选择良好的骨料级配、掺用引气剂和优质粉煤灰掺合料等方法。

除此之外，与混凝土的施工质量及混凝土的龄期有关。良好的浇筑、振捣和养护有利于提高混凝土的抗渗性；龄期越长，水泥水化越充分，混凝土的密实度越高，混凝土的抗渗性越好。

(2)混凝土的抗冻性。混凝土的抗冻性，是指混凝土在饱水状态下，能经受多次冻融循环而不破坏，同时不严重降低所具有性能的能力。在寒冷地区，特别是接触水又受冻的环境下的混凝土，要求具有较高的抗冻性。

混凝土的抗冻性用抗冻等级F_N来表示。抗冻等级以28 d龄期的混凝土标准试件，在饱水后承受反复冻融破坏，以抗压强度损失不超过25％，且质量损失不超过5％时所能承受的最多循环次数来表示。混凝土的抗冻等级有F10、F15、F25、F50、F100、F150、F200、F250和F300九个等级，分别表示混凝土能承受冻融循环的最多次数不少于10、15、25、50、100、150、200、250和300(次)。

混凝土受冻融破坏的原因是由于混凝土内部孔隙中的水在负温下结冰后体积膨胀形成的静水压力，当这种压力产生的内应力超过混凝土的抗拉强度，混凝土就会产生裂缝，多次冻融循环使裂缝不断扩展直至破坏。混凝土的密实度、孔隙率和孔隙构造、孔隙的充水程度是影响抗冻性的主要因素。密实的混凝土和具有密闭孔隙的混凝土(如引气混凝土)，抗冻性较高。掺入引气剂、减水剂和防冻剂，可有效提高混凝土的抗冻性。

(3)混凝土的抗侵蚀性。环境介质对混凝土的腐蚀主要是对水泥石的腐蚀，主要有软水侵蚀，酸、碱、盐的侵蚀。水泥石腐蚀是内外因并存形成的。内因是水泥石中存在引起腐蚀的组分$Ca(OH)_2$和$3CaO \cdot Al_2O_3 \cdot 6H_2O$；水泥石本身结构不密实，有渗水的毛细管通道。外因是在水泥石周围存在有以液相形式存在的侵蚀性介质。提高混凝土抗侵蚀的措施，主要是合理选择水泥品种、掺入适当的掺合料、降低水胶比、提高混凝土的密实度和改善孔结构等。

(4)混凝土的碳化。混凝土是一种多孔材料，在其内部往往存在大量的毛细孔隙、气泡等缺陷，具有一定的透气性。混凝土的碳化，是指空气中的CO_2等酸性气体在湿度适宜的条件下与混凝土中的$Ca(OH)_2$发生反应，生成碳酸钙和水，使混凝土碱度降低的过程，碳化也称中性化。

1)影响混凝土抗碳化能力的因素。

①水泥品种和用量。硬化后的水泥石中所含$Ca(OH)_2$越多，则能吸收CO_2的量也越大，碳化速度越慢，抗碳化能力越强。掺混合材料越少的水泥，其中$Ca(OH)_2$越多，抗碳化能力越强。因此，矿渣水泥、粉煤灰水泥、火山灰水泥要比硅酸盐水泥的碳化速度快。

②混凝土的水胶比和强度。水胶比的大小，直接影响着混凝土的密实度和孔径分布。水胶比小、强度高，混凝土碳化缓慢。通常水胶比大约0.6时，碳化速度加快；强度等级越高，混凝土越密实，CO_2的扩散速度降低，强度大于50 MPa的混凝土碳化非常缓慢，可不考虑由于碳化引起的钢筋锈蚀。

③环境因素。环境因素主要指空气中CO_2的浓度及空气的相对湿度，CO_2浓度增高，碳化速度加快，在相对湿度达到50％～70％情况下，碳化速度最快，在相对湿度达到100％，或者相对湿度在25％以下时碳化将停止进行。

④施工质量。施工中振捣不密实、养护不足，混凝土产生蜂窝、裂纹使碳化速度大大加快。

2)碳化对混凝土的影响。在理想的情况下，混凝土硬化后其pH值为12～13，内部呈一种碱性环境，混凝土构件的钢筋在这种碱性环境中，表面形成一层钝化薄膜，钝化膜能保护钢筋免于生锈。但是碳化导致钢筋的碱性环境呈中性，当pH值低于10时，钢筋表面的钝化膜呈不稳定状态，钢筋开始生锈，生锈后的体积比原体积大得多，产生膨胀使混凝土保护层开裂，开裂的混凝土又加速了碳化的进行和钢筋的锈蚀，最后导致混凝土产生顺筋开裂而破坏。碳化作用还会产生收缩，使混凝土表面产生微细裂缝。

碳化对混凝土也有有利的影响，碳化放出的水分有助于水泥的水化作用，而且碳酸钙可填充水泥石孔隙，提高混凝土的密实度。

(5)混凝土的碱-集料反应。混凝土的碱-集料反应，是指混凝土原料中的水泥、外加剂、混合材和水中的碱(Na_2O或K_2O)与骨料中的活性SiO_2或含有黏土的白云石质石灰石反应生成碱-硅酸盐凝胶或碱-碳酸盐凝胶，沉积在骨料与水泥胶体的界面上，吸水后体积膨胀，使混凝土产生内部应力而开裂(体积可增加3倍以上)，导致混凝土失去设计性能。碱-集料反应对混凝土的危害，一般发生在混凝土浇筑成型后数年甚至二、三十年。

碱-集料反应须具备以下条件，才会发生：

1)水泥中含有较高的碱量，总碱量(按$Na_2O+0.658K_2O$计)大于0.6%时，才会与活性骨料发生碱-集料反应。

2)骨料中含有活性SiO_2或含有黏土的白云石质石灰石并超过一定数量，它们常存在于流纹岩、安山岩、凝灰岩等天然岩石中。

3)存在水分，在干燥状态下不会造成碱-集料反应的危害。

混凝土碱-集料反应一旦发生，不易修复，损失大。以碱-硅酸反应为例，其反应积累期为10～20年，即混凝土工程建成投产使用10～20年就发生膨胀开裂。当碱-集料反应发展至膨胀开裂时，混凝土力学性能明显减低，其抗压强度降低40%，弹性模量降低尤为显著。

抑制碱-集料反应的主要措施如下：

1)控制水泥总含碱量不超过0.6%。

2)控制混凝土中碱含量，由于混凝土中碱的来源不仅是从水泥、混合材料、外加剂、水，甚至有时从骨料(如海砂)中来，因此，控制混凝土各种原材料总碱量比单纯控制水泥含碱量更为科学。

3)选用非活性骨料。

4)在水泥中掺活性混合材料，吸收和消耗水泥中的碱，淡化碱-集料反应带来的不利影响。

5)在担心混凝土工程发生碱-集料反应的部位有效地隔绝水和空气的来源，也可以取得缓和碱-集料反应对工程损害的效果。

(6)提高混凝土耐久性的措施。从上述对混凝土耐久性的分析来看，耐久性的各个性能都与混凝土的组成材料、混凝土的空隙率、空隙构造密切相关，因此，提高混凝土耐久性的措施主要有以下内容：

1)根据混凝土工程所处的环境条件和工程特点选择合理的水泥品种。

2)严格控制水胶比，保证足够的水泥用量，见表2-52。

3)选用杂质少、级配良好的粗、细骨料，并尽量采用合理砂率。

4)掺引气剂、减水剂等外加剂，可减少水胶比，改善混凝土内部的空隙构造，提高混凝土耐久性。

5)掺入高效活性矿物掺料。大量研究表明，掺粉煤灰、矿渣、硅粉等掺合料能有效改善混凝土的性能，填充内部孔隙，改善孔隙结构，提高密实度，高掺量混凝土还能抑制碱-集料反应。因而混凝土掺合材料，是提高混凝土耐久性的有效措施。

6）在混凝土施工中，应搅拌均匀、振捣密实、加强养护，增加混凝土密实度，提高混凝土质量。

表 2-52 混凝土最大水胶比和最小水泥用量的规定

环境条件		结构物类别	最大水胶比			最小水泥用量		
			素混凝土	钢筋混凝土	预应力混凝土	素混凝土	钢筋混凝土	预应力混凝
1. 干燥环境		• 正常的居住或办公用房屋内	不作规定	0.65	0.60	200	260	300
2. 潮湿环境	无冻害	• 高湿度的室内部件 • 室外部件 • 在非侵蚀性土和(或)水中的部件	0.70	0.60	0.60	225	280	300
	有冻害	• 经受冻害的室外部件 • 在非侵蚀性土和(或)水中且经受冻害的部件 • 高湿度且经受冻害的室内部件	0.55	0.55	0.55	250	280	300
3. 有冻害和除冰剂的潮湿环境		• 经受冻害和除冰剂作用的室内和室外部件	0.50	0.50	0.50	300	300	300

3. 混凝土非破损检验

混凝土非破损检验又称无损检测，它可用同一试件进行多次重复测试而不损坏试件，可以直接而迅速地测定混凝土的强度、内部缺陷的位置和大小，还可以判断混凝土结构遭受破坏或损伤的程度，因而，无损检测在工程中得到普遍重视和应用。

用于混凝土非破损检验的方法很多，通常有回弹法、超声波法、电测法、谐振法和取芯法等，还可以采用两种或两种以上的方法联合使用，以便综合地、更准确地判断混凝土的强度和耐久性等。

（1）回弹法检验。混凝土的强度可依据《回弹法检测混凝土抗压强度技术规程》（JGJ/T 23—2011）规定用回弹仪测定，采用附有拉簧和一定尺寸的金属弹击杆的中型回弹仪（图 2-57），以一定的能量弹击混凝土表面，以弹击后回弹的距离值，表示被测得混凝土表面的硬度。根据混凝土表面硬度与强度的关系，估算混凝土的抗压强度。

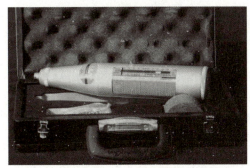

图 2-57 中型回弹仪

回弹仪使用

1）主要仪器设备。

①中型回弹仪，主要由弹击系统、示值系统和仪壳部件等组成，冲击功能为 2.207 J。

②钢砧(洛氏硬度 HRC 为 60±2),率定回弹仪用。

2)试验步骤。

①回弹仪率定。将回弹仪垂直向下在钢砧上弹击,取三次的稳定回弹值进行平均,弹击杆应分为四次旋转,每次旋转约 90°,弹击杆每旋转一次的率定平均值均应符合 80±2 的要求。否则不能使用。

②混凝土构件测区与测面布置。每一构件至少应选取 10 个测区,相邻两测区间距不超过 2 m,测区应均匀分布,并且具有代表性(测区宜选在测面为好)。每个测区宜有两个相对的测面,每个测面约为 20 cm×20 cm。

③检测面的处理。测面应平整光滑,必要时可用砂轮作表面加工,测面应自然干燥。每个测面上布置 8 个测点,若一个测区只有一个测面,应选 16 个测点,测点应均匀分布。

④回弹值测定。将回弹仪垂直对准混凝土表面并轻压回弹仪,使弹击杆伸出、挂钩挂上冲锤;将回弹仪弹击杆垂直对准测点,缓慢均匀地施压,待冲锤脱钩冲击弹击杆后,冲锤带动指针向后移动直至达到一定位置时,即读出回弹值(精确至 1)。

3)试验结果处理。

①回弹值计算。从测区的 16 个回弹值中分别剔除 3 个最大值和 3 个最小值,取其余 10 个回弹值的算术平均值,计算至 0.1,作为该测区水平方向测试的混凝土平均值回弹值(N)。

②回弹值测试角度及浇筑面修正。若为非水平方向和浇筑面或底面时,按有关规定先进行角度修正,然后再进行浇筑修正。

③混凝土表面碳化后其硬度会提高,测出的回弹值将随之增大,故当碳化深度大于或等于 0.5 mm 时,其回弹值应按有关规定进行修正。

④根据室内试验建立的强度与回弹值关系曲线,查得构件测区混凝土强度值。

⑤计算混凝土构件强度平均值(精确至 0.01 MPa)和强度标准差(精确至 0.01 MPa),最后计算出混凝土构件强度推定值(MPa),精确至 0.1 MPa。

(2)超声波法。设备为超声波检测仪,由同步分频、发射、接收、扫描、示波、计时显示及电源供给等部分组成,声时范围应为 0.5~9 999 μs。超声波法是通过超声波(纵波)在混凝土中传播速度的不同来反映混凝土质量的方法。用超声波法确定混凝土强度则是建立在混凝土越密实,超声波传播速度越大的原理上的。

用超声波法测定混凝土的强度,首先测出超声波在该混凝土中的传播速度,然后可用经验公式将超声波速度转换成混凝土抗压强度。

在实际工作中,先以施工中常用的材料品种、材料用量制作出混凝土标准试件,测出其混凝土抗压强度与超声波速度的关系曲线。

(3)超声—回弹综合法。采用单一的非破损试验方法,由于对各种因素影响的反应敏感程度不同,而会使测试结果误差较大。如超声波法可以较为精确地测得水胶比和混凝土密实度对混凝土强度影响的关系,这种测试方法会过高地反映骨料的种类、级配和环境湿度等因素的影响,而对水泥品种和用量、混凝土硬化条件、龄期等因素的影响很不敏感。而回弹法能较为准确地取得有关水泥品种、水胶比、骨料组成和混凝土密实度等对混凝土强度的影响,但该方法过高地评价混凝土硬化条件和龄期对强度的影响,而对水泥用量、骨料种类、混凝土内部密实度和环境湿度等因素的反应不敏感。因此,选用两种适当的非破损试验加以综合判断,称之为综合法。综合法可取长补短,从而提高测试结果的准确性。

超声—回弹综合法即在同一测区的混凝土上同时测试超声波速与回弹值,以确定混凝土抗压强度,可显著地减小测试误差。该综合法与前述方法相同,一般需首先建立综合法测强公式或绘出标准等强曲线,这样在现场条件下,如混凝土组成材料相同,则只要测得声速与回弹值,便可在标准等强曲线上查得或用综合法测强公式计算出构件测区混凝土的抗压强度值。

1)回弹值的测量。按前面所述测试方法测得回弹值。

2)超声声速值的测量与计算。超声测点应布置在回弹测试的同一测区内,且发射和接收换能器的轴线应在同一轴线上,并保证换能器与混凝土耦合良好,测出超声脉冲的传播时间,即声时值 t_m,然后按式(2-26)计算测区声速:

$$V = \frac{l}{t_m} \tag{2-26}$$

式中　V——测区声速值(km/s);

　　　l——超声测距(mm);

　　　t_m——测区平均声时值(μs)。

3)混凝土强度的推定。测区的混凝土强度换算值,应根据修正后的测区回弹值及修正后的测区声速值,优先采用专用或地区测强曲线推定。当无该类测强曲线时,也可按《超声回弹综合法检测混凝土强度技术规程》(CECS 02—2005)中的测区混凝土强度换算表确定,或按经验公式计算。结构或构件的混凝土强度推定值按规定条件确定。

4. 混凝土质量控制与强度评定

(1)混凝土试块强度值的确定。混凝土强度应分批进行验收。同批混凝土应由强度等级相同、龄期相同、生产工艺和配合比基本相同的混凝土组成。每批混凝土的强度,应以同批内全部标准试块的强度代表值来评定。

每组3个试块应在同一盘混凝土中取样制作,其强度代表值按下列规定确定:

1)取这三个试块试验结果的平均值,作为该组试块的强度代表值。

2)当三个试块中的最大或最小的强度值,与中间值相比超过15%时,取中间值代表该组的混凝土试块的强度。

3)当三个试块中的最大和最小的强度值,均超过中间值的15%时,其试验结果不应作为评定的依据。

(2)混凝土强度验收评定的合格标准。应根据混凝土生产的不同情况,按不同的准则来评定:

1)对于生产连续、正常的预制构件生产企业,混凝土的生产条件在较长时间(三个月)内能保持稳定,且前一个检验期提供的样本容量较大($n \geq 45$),能够准确确定标准差 σ_0(即标准差已知)时,可由连续的三组试块(每组3块)代表一个验收批,其强度用统计方法来评定,应同时满足式(2-27)及式(2-28)的要求为合格:

$$mf_{cu} \geq f_{cu,k} + 0.7\sigma_0 \tag{2-27}$$

$$mf_{cu,min} \geq f_{cu,k} - 0.7\sigma_0 \tag{2-28}$$

精确至0.1 MPa,且当 $\sigma_0 < 2.5$ MPa 时取 $\sigma_0 = 2.5$ MPa。

同时,对于混凝土强度等级≤C20的,其混凝土强度最小值还应满足 $f_{cu,min} \geq 0.85 f_{cu,k}$;对于混凝土强度等级>C20的,其混凝土强度最小值还应满足 $f_{cu,min} \geq 0.9 f_{cu,k}$。

该检验批混凝土立方体抗压强度的标准差可根据前一时期(三个月)生产累计的强度数

据确定，三个月后重新按上一时期的数据再确定，按式(2-29)计算：

$$\sigma_0 = \left[\left(\sum f_{cu,i}^2 - nmf_{cu}^2 \right) \div (n-1) \right]^{1/2} \tag{2-29}$$

式中　f_{cu}——同一检验批混凝土立方体抗压强度的平均值(MPa)，精确至0.1 MPa；

　　　$f_{cu,k}$——混凝土立方体抗压强度的标准值(MPa)，精确至0.1 MPa；

　　　$f_{cu,min}$——同一检验批混凝土立方体抗压强度的最小值(MPa)，精确至0.1 MPa；

　　　$f_{cu,i}$——前一个检验期内，同一品种、同一强度等级的第i组混凝土试件的立方体抗压强度的代表值(MPa)，精确至0.1 MPa；该检验期应在60～90 d内；

　　　n——一个验收批混凝土试件的组数。

2) 对于混凝土的生产连续性较差，无法维持基本相同的生产条件；或者生产周期较短，无法积累足够数据准确确定标准差σ_0(即标准差未知)的情况，如：一般集中供应的商品混凝土，或搅拌站连续供应的混凝土，要求每批样本组数$10 \leq n < 45$，来代表一个验收批，其强度用近似统计方法来评定，应同时满足式(2-30)及式(2-31)的要求为合格：

$$mf_{cu} \geq f_{cu,k} + \lambda_1 \cdot S_{f_{cu}} \tag{2-30}$$

$$f_{cu,min} \geq \lambda_2 \cdot f_{cu,k} \tag{2-31}$$

式中　$S_{f_{cu}}$——同一验收批混凝土立方体抗压强度标准差(MPa)，当计算值小于0.06 N/mm²时，取$S_{fcu}=0.06$ N/mm²；

　　　λ_1, λ_2——混凝土强度的合格评定系数，见表2-53。

表 2-53　混凝土强度的合格评定系数(统计方法)

试件组数	10～14	15～19	≥20
λ_1	1.15	1.05	0.95
λ_2	0.90	0.85	

该检验批混凝土立方体抗压强度的标准差，就根据此批样本提供的数据来确定，按式(2-32)计算：

$$S_{fcu} = \left[\left(\sum f_{cu,i}^2 - nmf_{cu}^2 \right) \div (n-1) \right]^{1/2} \tag{2-32}$$

各符号意义同上，精确至0.1 MPa，且当$\sigma_0 < 2.5$ MPa时取$\sigma_0 = 2.5$ MPa。

3) 对于零星生产的预制构件混凝土，或现场搅拌批量不大的混凝土，采用非统计的方法来评定，应同时满足式(2-33)及式(2-34)的要求为合格：

$$mf_{cu} \geq \lambda_3 \cdot f_{cu,k} \tag{2-33}$$

$$f_{cu,min} \geq \lambda_4 \cdot f_{cu,k} \tag{2-34}$$

式中　λ_3, λ_4——混凝土强度的非统计法合格评定系数，见表2-54。

表 2-54　混凝土强度的合格评定系数(非统计法)

混凝土强度等级	<C60	≥C60
λ_3	1.15	1.10
λ_4	0.95	

习 题

一、名词解释

和易性；坍落度；轴心抗压强度；徐变。

二、简答题

1. 影响混凝土拌合物和易性的因素主要有哪些？如何影响？
2. 什么是合理砂率？合理砂率有何技术及经济意义？
3. 影响混凝土强度的因素有哪些？采用哪些措施可提高混凝土强度？
4. 引起混凝土产生变形的因素有哪些？采用什么措施可减小混凝土的变形？
5. 采用哪些措施可提高混凝土的抗渗性？

三、案例分析

某县小学砖混结构校舍，11月中旬气温已达零下十几度，因人工搅拌振荡，故把混凝土拌得很稀，木模板缝隙又较大，漏浆严重，至12月9日，施工者准备内粉刷，拆去支柱，在屋面上用手推车推卸白灰炉渣以铺设保温层，大梁突然断裂，屋面塌落，如图2-58所示。试分析原因。

图 2-58 坍塌场面

学习单元 2.5　外加剂的选用

任务提出

选取合适的外加剂。

任务分析

混凝土可以追溯到古老的年代，其所用的胶凝材料为黏土、石灰、石膏、火山灰等。自 19 世纪 20 年代出现了波特兰水泥后，由于用它配制成的混凝土具有工程所需要的强度和耐久性，而且原料易得，造价较低，特别是能耗较低，因而用途极为广泛（见无机胶凝材料）。

20 世纪初，有人发表了水胶比等学说，初步奠定了混凝土强度的理论基础。以后，相继出现了轻骨料混凝土、加气混凝土及其他混凝土，各种混凝土外加剂也开始使用。

20 世纪 60 年代以来，广泛应用外加剂——减水剂，并出现了高效减水剂和相应的流态混凝土；高分子材料进入混凝土材料领域，出现了聚合物混凝土；多种纤维被用于分散配筋的纤维混凝土。外加剂的出现大大改善了混凝土的性能，使得混凝土的用途更加广泛。

那么，什么是外加剂呢？在**拌制混凝土过程中掺入的不超过水泥质量的 5%（特殊情况除外），且能使混凝土按需要改变性质的物质，称为混凝土外加剂**。

混凝土外加剂按其主要作用可分为以下五类：

(1) 改善混凝土拌合物流变性能的外加剂，包括各种减水剂、引气剂及泵送剂。
(2) 调节混凝土凝结硬化性能的外加剂，包括缓凝剂、早强剂及速凝剂等。
(3) 调节混凝土含气量的外加剂，包括引气剂、消泡剂、泡沫剂、发泡剂等。
(4) 改善混凝土耐久性的外加剂，包括引气剂、防水剂、阻锈剂等。
(5) 改善混凝土其他特殊性能的外加剂，包括膨胀剂、着色剂、防冻剂等。

1. 减水剂

减水剂是指在混凝土坍落度基本相同的条件下，能减少拌合用水量的外加剂。

(1) 减水剂的作用机理及使用效果。 水泥加水拌和后，由于水泥颗粒表面电荷及不同矿物在水化过程中所带电荷不同，会产生絮凝结构，其中包裹着部分拌合水，致使混凝土拌合物的流动性较低。加入适量减水剂后，由于减水剂分子能定向吸附于水泥颗粒表面，使水泥颗粒表面带有同一种电荷（通常为负电荷），形成静电排斥作用，促使水泥颗粒相互分散，絮凝结构破坏，释放出被包裹的部分水，从而有效地增加混凝土拌合物的流动性。

减水剂中的亲水基极性很强，因此，水泥颗粒表面的减水剂吸附膜能与水分子形成一层稳定的溶剂化水膜，这层水膜具有很好的润滑作用，能有效降低水泥颗粒间的滑动阻力，从而使混凝土流动性进一步提高。

根据使用条件的不同，混凝土掺用减水剂后可以产生以下三个方面的效果：

1) 在混凝土配合比不变的条件下，可增大混凝土拌合物的流动性，改善施工条件或实现泵送及自流平且不致降低混凝土的强度。

2)在保持流动性及水胶比不变的条件下，可以减少用水量及水泥用量，以节约水泥。

3)在保持流动性及水泥用量不变的条件下，可以减少用水量，从而降低水胶比，使混凝土的强度与耐久性得到提高。

(2)减水剂的常用品种及其效果。减水剂是使用最广泛、效果最显著的一种外加剂，按其减水能力及功能情况，可分为普通减水剂、高效减水剂、早强减水剂、缓凝减水剂、缓凝高效减水剂及引气减水剂等；按其化学成分可分为木质素系、萘系、水溶树脂系等，见表2-55。

表2-55 常用减水剂

种类	木质素系	萘系	树脂系
类别	普通减水剂	高效减水剂	早强减水剂
主要品种	木质素磺酸钙（木钙粉，又称M型减水剂）、木钠、木镁等	NNO、FDO、FDN、UNF、JN、HN、MF等	SM
适宜掺量（水泥质量×%）	0.2～0.3	0.2～1.2	0.5～2
减水率	10%～11%	12%～25%	20%～30%
早强效果	—	显著	显著（7 d可达28 d强度）
缓凝效果	1～3 h	—	—
引气效果	1%～2%	部分品种<2%	—
适用范围	一般混凝土工程及大模板、滑模、泵送、大体积及夏季施工的混凝土工程	适用于所有混凝土工程，更适于配制高强度混凝土及流态混凝土、泵送混凝土、冬期施工混凝土	因价格昂贵，宜用于特殊要求的混凝土工程，如高强度混凝土、早强混凝土、流态混凝土等

2. 缓凝剂

缓凝剂是指能延长混凝土凝结时间，并对后期强度无明显影响的外加剂。其质量应符合《混凝土外加剂》(GB 8076—2008)的规定。

缓凝剂能使混凝土拌合物在较长时间内保持塑性状态，以利于浇灌成型，提高施工质量，而且还可延缓水化放热时间，降低水化热。

缓凝剂的品种有糖类及碳水化合物，如糖钙、淀粉等，常用掺量为水泥质量的0.1%～0.3%；木质素磺酸盐类，如木质素磺酸钙、木质素磺酸钠等，常用掺量为水泥质量的0.2%～0.3%；羟基羧酸及其盐类，如柠檬酸、酒石酸钾钠等，常用掺量为水泥质量的0.03%～0.1%；无机盐类，如锌盐、硼酸盐等，常用掺量为水泥质量的0.1%～0.2%。

缓凝剂常用于长时间运输的混凝土、高温季节施工的混凝土、泵送混凝土、滑模施工混凝土、大体积混凝土、分层浇筑的混凝土等。缓凝剂及缓凝减水剂**不适用**于5℃以下施工的混凝土，也**不宜单独**用于有早强要求的混凝土，柠檬酸、酒石酸钾钠等混凝剂，**不宜**单独用于水泥用量较低、水胶比较大的贫混凝土。

3. 引气剂

在搅拌混凝土过程中能引入大量均匀分布的、稳定而封闭的微小气泡的外加剂，称为引气剂。其质量应符合《混凝土外加剂》(GB 8076—2008)的规定。

(1)引气剂的作用机理。引气剂是表面活性剂。当搅拌混凝土拌合物时，会混入一些气体，引气剂分子定向排列在气泡上，形成坚固不易破裂的液膜，故可在混凝土中形成稳固、封闭的球形气泡，直径为0.05～1.0 mm，均匀分撒，可使混凝土的很多性能改善。

(2)引气剂的作用效果。

1)改善混凝土拌合物的和易性。引气剂使新拌混凝土中引入大量微小气泡,在水泥颗粒之间起着类似轴承滚珠的作用,能够减小拌合物的摩擦阻力,从而提高流动性;同时,气泡的存在阻止固体颗粒的沉降和水分的上升,从而减少了拌合物分层、离析和泌水,使混凝土的和易性得到明显改善。含气量每增加1%,混凝土拌合物的坍落度可增加10 mm 左右。

2)提高混凝土的抗冻性和抗渗性。引气剂在混凝土内部引入大量微小的均匀分布的封闭气泡,一方面阻塞了混凝土中毛细管渗水通路;另一方面,具有缓解水分结冰产生的膨胀压力的作用,从而提高了混凝土的抗渗性和抗冻性,混凝土耐久性大大提高。

3)降低弹性模量及强度。由于气泡的弹性变形,使混凝土弹性模量降低,对提高混凝土的抗裂性有利。另外,气泡的存在,减少了浆体的有效面积,造成混凝土强度降低。通常,混凝土含气量每增加1%,混凝土抗压强度要损失4%~6%,抗折强度降低2%~3%。但是,由于和易性的改善,可以通过保持流动性不变减少用水量,使强度不降低或部分得到补偿。

(3)引气剂的品种。引气剂主要有松香树脂类、烷基苯磺酸盐类和脂肪醇磺酸盐类,其中松香树脂类中的松香热聚物和松香皂应用最多。引气剂的掺量一般只有水泥质量的万分之几,含气量控制在3%~6%为宜。含气量太小时,对混凝土耐久性改善不大;含气量太大时,会使混凝土强度下降过多。

引气剂适用于配制抗冻混凝土、泵送混凝土、港口混凝土、防水混凝土以及骨料质量差、泌水严重的混凝土。抗冻性要求较高的混凝土必须掺入引气剂或引气减水剂,其掺量应根据混凝土含气量的要求,通过试验确定。引气剂**不适宜**用于蒸汽养护的混凝土及预应力混凝土。

4. 早强剂

早强剂是指能提高混凝土的早期强度并对后期强度无明显影响的外加剂。其质量应符合《混凝土外加剂》(GB 8076—2008)的规定。

早强剂能促进水泥的水化与硬化,缩短混凝土养护周期,加快施工进度,提高模板和场地的周转率。早强剂可用于蒸汽养护混凝土及常温、低温和负温(最低气温不低于-5℃)条件下施工的有早强或防冻要求的混凝土工程。混凝土早强剂主要有氯盐类、硫酸盐类和有机胺类三种,但越来越多的是使用由它们组成的复合早强剂。

(1)氯盐类早强剂。主要有氯化钙和氯化钠,其中氯化钙是国内外应用最为广泛的一种早强剂。

氯化钙的早强作用是,氯化钙能与水泥中的C_3A作用生成不溶性的水化氯铝酸钙,氯化钙还与C_2S水化生成的$Ca(OH)_2$作用生成不溶于氯化钙溶液的氯氧化钙,这些复盐的生成增加了水泥浆中固相的含量,形成坚固的骨架,促进混凝土强度增长。同时,由于上述反应的进行,降低了液相中的碱度,使C_2S的水化反应加快,也可提高混凝土的早期强度。

氯化钙不仅具有早强与促凝作用,还能产生防冻效果。但其最大的缺点是含有Cl^-,会使钢筋锈蚀并导致混凝土开裂。为了抑制氯化钙对钢筋的腐蚀作用,常将氯化钙与阻锈剂$NaNO_2$复合使用。

因此,《混凝土外加剂应用技术规范》(GB 50119—2013)规定,氯化钙掺量在钢筋混凝土中≤1%,在无筋混凝土中掺量≤3%;在使用冷拉或冷拔低碳钢筋混凝土结构、大体积混凝土结构、骨料具有碱活性的混凝土结构、预应力结构中,不允许掺入氯盐类早强剂。

(2)硫酸盐类早强剂。硫酸盐类早强剂包括硫酸钠(Na_2SO_4)、硫代硫酸钠($Na_2S_2O_3$)、硫酸钙($CaSO_4$)、硫酸钾(K_2SO_4)、硫酸铝$[Al_2(SO_2)_3]$等。其中硫酸钠应用最广,亦称元明粉，是缓凝型早强剂。

硫酸钠掺量应有一个最佳控制量，一般为1%～3%，掺量低于1%时早强作用不明显，掺量过多则后期强度损失也大，另外，还会引起硫酸盐腐蚀。

(3) 有机胺类早强剂。 有机胺类早强剂主要有三乙醇胺、三异丙醇胺等。其中常用的为三乙醇胺早强剂。三乙醇胺是呈淡黄色的油状液体，呈碱性，易溶于水，属非离子型表面活性剂。

三乙醇胺不改变水泥的水化生成物，但能促进C_3A与石膏之间生成钙矾石的反应。当与无机盐类材料复合使用时，不但能催化水泥本身的水化，而且可在无机盐类与水泥反应中起催化作用，所以，在硬化早期，含有三乙醇胺的复合早强剂，其早强效果大于不含三乙醇胺的复合早强剂。三乙醇胺的掺量一般为0.02%～0.05%，可使3 d强度提高20%～40%，对后期强度影响较小，抗冻、抗渗等性能有所提高，对钢筋无锈蚀作用，但会增大干缩。

(4) 复合早强剂。 以上三类早强剂在使用时，通常复合使用效果更佳。复合早强剂往往比单组分早强剂具有更优良的早强效果，掺量也可以比单组分早强剂有所降低。众多复合型早强剂中，以三乙醇胺与无机盐类复合早强剂效果最好，应用最广。

5. 速凝剂

速凝剂是指能使混凝土迅速凝结硬化的外加剂。 速凝剂主要有无机盐类和有机盐类两类，我国常用的速凝剂是无机盐类，主要有红星Ⅰ型、711型、728型、8604型等。

红星Ⅰ型速凝剂是由铝氧熟料（主要成分为铝酸钠）、碳酸钠、生石灰按质量1:1:0.5的比例配制而成的一种粉状物，适宜掺量为水泥质量的2.5%～4.0%。711型速凝剂是由铝氧熟料与无水石膏按质量比3:1配合粉磨而成，适宜掺量为水泥质量的3%～5%。

速凝剂掺入混凝土后，能使混凝土在5 min内初凝，10 min内终凝，1 h就可产生强度，1 d强度提高2～3倍，但后期强度会下降，28 d强度为不掺时的80%～90%。速凝剂的速凝早强作用机理，是使水泥中的石膏变成Na_2SO_4，失去缓凝作用，从而促使C_3A迅速水化，并在溶液中析出其水化产物晶体，导致水泥浆迅速凝固。

速凝剂主要用于矿山井巷、铁路隧道、引水涵洞、地下工程以及喷锚支护时的喷射混凝土或喷射砂浆工程中。

6. 泵送剂

泵送剂是指能改善混凝土泵送性能的外加剂。 泵送剂主要由减水剂、引气剂、缓凝剂和保塑剂等复合而成。泵送剂适用于工业与民用建筑及其他构筑物的泵送施工混凝土；特别适用于大体积混凝土、高层建筑和超高层建筑；适用于滑模施工等；也适用于水下灌注桩混凝土。

7. 膨胀剂

膨胀剂是指能与水泥、水拌合后经水化反应生成钙矾石、氢氧化钙，使混凝土产生一定体积膨胀的外加剂。

混凝土膨胀剂分为三类：硫铝酸钙类混凝土膨胀剂、硫铝酸钙－氧化钙类混凝土膨胀剂、氧化钙类混凝土膨胀剂。膨胀剂的适用范围见表2-56。

膨胀剂使用应注意以下问题：

(1) 含硫铝酸钙类、硫铝酸钙－氧化钙类膨胀剂的混凝土（砂浆）不得用于长期环境温度为 80 ℃以上的工程。

（2）含氧化钙膨胀剂配制的混凝土不得用于海水或有侵蚀性水的工程。

（3）掺膨胀剂的大体积混凝土，其内部最高温度应符合有关标准的规定，混凝土内外温差宜小于 25 ℃。

表 2-56　膨胀剂的适用范围

用途	适用范围
补偿收缩混凝土	地下、水中、海水中、隧道等构筑物，大体积混凝土（除大坝外）、配筋路面板、屋面与厕浴间防水、构件补强、渗透修补、预应力混凝土等
填充用膨胀混凝土	结构后浇带、隧道堵头、钢管与隧道之间的填充等
灌浆用膨胀砂浆	机械设备的底座灌浆、地脚螺栓的固定、梁柱接头、构架补强、加固等
自应力混凝土	仅用于常温下适用的自应力钢筋混凝土压力管

任务实施

在混凝土中掺用外加剂，若选择和使用不当，会造成质量事故。

1. 选择外加剂品种

外加剂的品种应根据工程设计和施工要求选择，通过试验及技术经济比较确定；严禁使用对人体产生危害、对环境产生污染的外加剂。在选择外加剂时，应根据工程需要、现场的材料条件，参考有关资料，通过试验确定。

2. 确定外加剂掺量

混凝土外加剂均有适宜掺量。掺量过小，往往达不到预期效果；掺量过大，则会影响混凝土质量，甚至造成质量事故。因此，应通过试验试配，确定最佳掺量。

3. 掺入外加剂

外加剂的掺量很少，必须保证其均匀分散，一般不能直接加入混凝土搅拌机内。对于可溶于水的外加剂，应先配成一定浓度的溶液，随水加入搅拌机；对于不溶于水的外加剂，应与适量水泥或砂混合均匀后，再加入搅拌机内。另外，外加剂的掺入时间，对其效果的发挥也有很大影响，减水剂有同掺法、后掺法、分掺法三种方法。同掺法，为减水剂在混凝土搅拌时一起掺入；后掺法，是搅拌好混凝土后间隔一定时间，然后再掺入；分掺法，是一部分减水剂在混凝土搅拌时掺入，另一部分在间隔一段时间后再掺入。实践证明，后掺法最好，能充分发挥减水剂的功能。

4. 了解外加剂与水泥及混凝土的相容性

人们在使用外加剂时，发现不同厂家生产的符合国家标准质量要求的水泥和外加剂在配制混凝土时，性能会有很大差异，有些外加剂起不到应有的改善混凝土性能的效果，甚至出现了负面影响，如混凝土和易性差、凝结不正常，人们将这些问题归结为水泥与外加剂的相容性。

外加剂与水泥的相容性可描述为：将符合标准要求的某种外加剂，掺入到符合要求的水泥中，外加剂在所配制的混凝土中若能产生应有的作用效果，则称该外加剂与该水泥相适应；若外加剂作用效果明显低于使用基准水泥的检验结果，或者掺入水泥中出现异常现象，则称外加剂与该水泥适应性不良或不适应。

一般来说,影响外加剂与水泥适应性问题的主要因素有以下几项:

(1)水泥方面,如水泥的矿物组成、含碱量、混合材料种类、细度等;

(2)化学外加剂方面,如减水剂分子结构、极性基团种类、非极性基团种类、平均相对分子质量及相对分子质量分布、聚合度、杂质含量等;

(3)混凝土的配合比;

(4)环境条件方面如温度、湿度等。

水泥与减水剂的相互作用既受到减水剂分子结构、极性基团的特性及平均分子质量等的影响,也受到水泥颗粒的吸附特性、水化特性等影响,这些因素相互作用,共同对外加剂的使用效果产生影响。为避免混凝土外加剂出现不良反应,工程中使用外加剂,应符合《混凝土外加剂应用技术规范》(GB 50119—2013)中的要求,并在使用前先进行相容性试验。

知识拓展

特种混凝土介绍

1. 加气混凝土

加气混凝土(Autoclaved Aerated Concrete,AAC)是以硅质材料(砂、粉煤灰及含硅尾矿等)和钙质材料(石灰、水泥)为主要原料,掺加发气剂(铝粉),通过配料、搅拌、浇筑、预养、切割、蒸压、养护等工艺过程制成的轻质多孔硅酸盐制品。因其经发气后含有大量均匀而细小的气孔,故名加气混凝土。

加气混凝土性能特点如下:

(1)质轻:孔隙达70%~85%,体积密度一般为500~900 kg/m³,为普通混凝土的1/5,烧结普通砖的1/4,空心砖的1/3,与木质差不多,能浮于水。可减轻建筑物质量,大幅度降低建筑物的综合造价。

(2)防火:主要原材料大多为无机材料,因而具有良好的耐火性能,并且遇火不散发有害气体。耐火650度,为一级耐火材料,90 mm厚的墙体耐火性能达245 min,300 mm厚的墙体耐火性能达520 min。

(3)隔声:因具有特有的多孔结构,因而具有一定的吸声能力。10 mm厚墙体可达到41 dB。

(4)保温:由于材料内部具有大量的气孔和微孔,因而有良好的保温隔热性能。导热系数为0.11~0.16 W/(m·k),是烧结普通砖的1/4~1/5。通常20 cm厚的加气混凝土墙的保温隔热效果,相当于49 cm厚的普通实心砖墙。

(5)抗渗:因材料由许多独立的小气孔组成,吸水导湿缓慢,同体积吸水至饱和所需时间是黏土砖的5倍。用于卫生间时,墙面进行界面处理后即可直接粘贴瓷砖。

(6)抗震:同样的建筑结构,比烧结普通砖提高两个抗震级别。

(7)环保:制造、运输、使用过程无污染,可以保护耕地、节能降耗,属绿色环保建材。

(8)耐久:材料强度稳定,在对试件大气暴露一年后测试,强度提高了25%,十年后仍保持稳定。

(9)快捷:具有良好的可加工性,可锯、刨、钻、钉,并可用适当的黏结材料黏结,为建筑施工创造了有利的条件。

（10）经济：综合造价比采用烧结实心砖降低5%以上，并可以增大使用面积，大大提高建筑面积利用率。

2. 抗渗混凝土

抗渗混凝土按抗渗压力不同，可分为P6、P8、P12。抗渗混凝土通过提高混凝土的密实度，改善孔隙结构，从而减少渗透通道，提高抗渗性。常用的办法是掺用引气型外加剂，使混凝土内部产生不连通的气泡，截断毛细管通道，改变孔隙结构，从而提高混凝土的抗渗性。另外，减小水胶比，选用适当品种及强度等级的水泥，保证施工质量，特别是注意振捣密实、养护充分等，都对提高抗渗性能有重要作用。

防水混凝土是以调整混凝土的配合比、掺外加剂或使用新品种水泥等方法提高自身的密实性、憎水性和抗渗性，使其满足抗渗压力大于0.6 MPa的不透水性混凝土。

防水混凝土一般可分为普通防水混凝土、外加剂防水混凝土和膨胀水泥防水混凝土三大类。

可以看出防水和抗渗有着很大的相似处，只是由于设计要求的建筑物抗渗性的不同或建筑物不可以使用其他附加防水材料而使用不同的混凝土。对抗渗有明确要求就用抗渗混凝土。使用防水混凝土主要是因为如果使用其他防水材料（卷材或涂料）不能满足结构的其他要求。例如，在公路上就无法使用其他防水材料，所以要用防水混凝土。另附上防水混凝土和防水卷材或其他防水材料的差别：用防水混凝土与采用卷材防水等相比较，防水混凝土具有以下特点：

(1)兼有防水和承重两种功能，能节约材料，加快施工速度。

(2)材料来源广泛，成本低廉。

(3)在结构物造型复杂的情况下，施工简便、防水性能可靠。

(4)渗漏水时易于检查，便于修补。

(5)耐久性好。

(6)可改善劳动条件。

3. 透光混凝土

透光混凝土彻底颠覆了人们对混凝土的常规想象，使混凝土由"土得掉渣"的建筑材料一跃而进入"试验艺术"和"高科技"领域。

透光混凝土是混凝土基础材料与能透光的光学材料相结合而形成的混凝土。人们在理解这一点时稍有难度。根据日常经验，任何物质如果能够透明或"半透明"通常来源于如下几个途径：

(1)材料本身为透明材料，最典型的如玻璃；

(2)半透明效果通常是因为材料本身轻薄，如窗纸、极薄的云石面等；

(3)材料上有密布小孔，远观有半透明的效果，如图2-59所示。

透光混凝土之所以能够有"光线穿透"的效果，完全得益于贯穿混凝土板安置的透光材料。目前，国内已有厂家研制成功

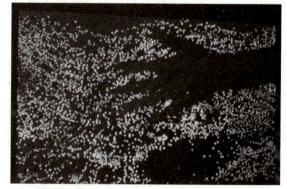

图2-59 室内透光混凝土墙

使用玻璃纤维与混凝土结合形成的透光混凝土技术。令人意外的是，透光混凝土还可算是一种环境友好型的建筑材料。

(1)透光混凝土不透明但透光，就是说它能造成视线上的阻隔，却能够满足一定的进光量要求，能起到一部分玻璃窗的效果。而其相对能源耗费，要比玻璃低很多。

(2)这种透光混凝土可以滤除红外线，而且玻璃的保湿隔热能力显然不如有厚度的混凝土墙体，就是说在建筑使用的过程中，使用透光混凝土建筑的运行费用也可能相应降低。

(3)当然，水泥及掺合物等原料本身即具有的利废特性在此依然成立。

习 题

一、单项选择题

1. 在高湿度空气环境中、水位升降部位、露天或经受水淋的结构，不允许掺用( )。
   A. 氯盐早强剂　　　　　　　　B. 硫酸盐早强剂
   C. 三乙醇胺复合早强剂　　　　D. 三异丙醇胺早强剂
2. 采用泵送混凝土施工时，首选的外加剂通常是( )。
   A. 减水剂　　　　　　　　　　B. 引气剂
   C. 缓凝剂　　　　　　　　　　D. 早强剂
3. 大体积混凝土施工时，常采用的外加剂是( )。
   A. 减水剂　　　B. 引气剂　　　C. 缓凝剂　　　D. 早强剂
4. 加气混凝土具有轻质、绝热、不燃等优点，但不能用于下列( )工程。
   A. 非承重内外填充墙　　　　　B. 屋面保温层
   C. 高温炉的保温层　　　　　　D. 三层或三层以下的结构墙
5. 在使用冷拉钢筋的混凝土结构及预应力混凝土结构，不允许掺用( )。
   A. 氯盐类早强剂　　　　　　　B. 硫酸盐类早强剂
   C. 有机胺类早强剂　　　　　　D. 有机—无机化合物类早强剂

二、简答题

1. 从技术经济及工程特点考虑，针对大体积混凝土、高强度混凝土、普通现浇混凝土、混凝土预制构件、喷射混凝土和泵送混凝土工程或制品，应选用何种外加剂，并简要说明理由。
2. 什么是减水剂？简述减水剂的作用机理和掺入减水剂的技术经济效果。
3. 常用的早强剂有哪些？试评价其优点、缺点。

学习单元2.6　普通混凝土配合比设计

任务提出

某工程室内现浇钢筋混凝土柱,混凝土设计强度等级为C30,施工要求坍落度为35~50 mm,混凝土为机械搅拌和机械振捣,该施工单位无历史统计资料。采用原材料情况如下:

水泥:强度等级为42.5级的普通水泥,密度ρ_c=3.1 g/cm³;
砂:中砂,级配合格,细度模数为2.7,表观密度为2 650 kg/m³,堆积密度为1 450 kg/m³;
碎石:级配合格,最大粒径为40 mm,表观密度为2 700 kg/m³,堆积密度为1 520 kg/m³;
水:自来水。

(1)按照《普通混凝土配合比设计规程》(JGJ 55—2011)中的规定,求混凝土的初步配合比。
(2)若调整试配时加入4%水泥浆后满足和易性要求,并测得拌合物的表观密度为2 420 kg/m³,求混凝土的基准配合比。
(3)求混凝土的设计配合比。
(4)若施工现场砂子含水率为4%,石子含水率为1%,求混凝土的施工配合比。

任务分析

混凝土配合比设计的主要任务,是根据原材料的技术性质、工程要求、结构形式和施工条件等,来确定混凝土各组分之间的主要任务。混凝土配合比设计必须满足以下四个基本要求:

(1)施工方面的混凝土拌合物**和易性**要求;
(2)混凝土结构设计方面的**强度等级**要求;
(3)应满足工程所处环境对混凝土**耐久性**的要求,即抗渗、抗冻、抗腐蚀等方面的要求;
(4)符合**经济**原则,在保证混凝土质量的前提下,尽量节约水泥,降低混凝土成本。

普通混凝土配合比是指混凝土中水泥、粗细骨料和水等各项组成材料用量之间的比例关系。**配合比的表示方法有两种:** 一种表示方法是以每1 m³混凝土中各项材料的质量表示,如水泥350 kg,水182 kg,砂788 kg,石子1 685 kg;另一种表示方法是以各材料间的质量比来表示(以水泥质量为1),将上述质量换算成质量比:水泥:砂子:石子=1:2.25:4.81,水胶比为0.52。当掺加外加剂或混凝土掺合料时,用水占胶凝材料总量的比值来表示,称为水胶比。

一、混凝土配合比设计的三个基本参数

普通混凝土配合比设计,实质是确定胶凝材料、水、砂子、石子用量间的三个比例关系,即:

(1)水与胶凝材料之间的比例关系,用**水胶比**表示;

(2)砂与石子之间的比例关系,用**砂率**表示;

(3)水泥浆与骨料之间的比例关系,用**单位用水量**来反映。

三个基本参数与混凝土基本要求密切相关,正确地确定这三个参数,能使混凝土满足配合比设计的基本要求。水胶比的大小直接影响混凝土的强度和耐久性,因此,确定水胶比的原则是在满足和易性要求的同时,必须满足强度和耐久性的要求。用水量的多少,是控制混凝土拌合物流动性大小的重要参数。在水胶比确定后,混凝土中单位用水量表示水泥浆与骨料之间的比例关系,确定单位用水量的原则是以拌合物达到要求的坍落度为准。砂率反映了砂石的配合关系,砂率的改变不仅影响拌合物的流动性,而且对黏聚性和保水性也有很大的影响,确定砂率的原则是选定合理砂率。

二、普通混凝土配合比设计的方法和步骤

混凝土的配合比首先根据选定的原材料及配合比设计的基本要求,通过经验公式、经验数据进行初步设计,得出"初步配合比";在初步配合比的基础上,经过试拌、检验、调整到和易性满足要求时,得出"基准配合比";在试验室进行混凝土强度检验、复核(如有其他性能要求,则应做相应的检验项目,如抗冻性、抗渗性等),得出"设计配合比(也称试验室配合比)";最后,根据现场原材料情况(如砂、石含水情况等)修正设计配合比,得出"施工配合比"。

(一)初步配合比的确定

1. 确定混凝土配制强度($f_{cu,0}$)

(1)混凝土配制强度应按下列规定确定:

1)当混凝土的设计强度等级小于 C60 时,配制强度应按下式确定:

$$f_{cu,0} \geqslant f_{cu,k} + 1.645\sigma \tag{2-35}$$

式中　$f_{cu,0}$——混凝土配制强度(MPa);

$f_{cu,k}$——混凝土立方体抗压强度标准值(MPa),即混凝土的设计强度等级;

σ——混凝土强度标准差(MPa)。

2)当混凝土的设计强度等级不小于 C60 时,配制强度应按下式确定:

$$f_{cu,0} \geqslant 1.15 f_{cu,k} \tag{2-36}$$

(2)混凝土强度标准差应按下列规定确定:

1)当具有近 1 个月至 3 个月的同一品种、同一强度等级混凝土的强度资料,且试件组数不小于 C30 时,其混凝土强度标准差应按下式计算:

$$\sigma = \sqrt{\frac{\sum_{i=1}^{N} f_{cu,i}^2 - n\, m_{f_{cu}}^2}{n-1}} \tag{2-37}$$

式中　σ——混凝土强度标准差;

$f_{cu,i}$——第 i 组的试件强度(MPa);

$m_{f_{cu}}$——组试件的强度平均值(MPa);

n——试件组数。

对于强度等级不大于 C30 的混凝土,当混凝土强度标准差计算值不小于 3.0 MPa 时,应按式(2-37)计算结果取值;当混凝土强度标准差计算值小于 3.0 MPa 时,应取 3.0 MPa。

对于强度等级大于 C30 且小于 C60 的混凝土，当混凝土强度标准差计算值不小于 4.0 MPa 时，应按式(2-37)计算结果取值；当混凝土强度标准差计算值小于 4.0 MPa 时，应取 4.0 MPa。

2) 当没有近期的同一品种、同一强度等级混凝土强度资料时，其强度标准差 σ 可按表 2-57 取值。

表 2-57　标准差 σ 值

混凝土强度标准值	≤C20	C25～C45	C50～C55
σ/MPa	4.0	5.0	6.0

2. 确定水胶比

混凝土强度等级小于 C60 时，混凝土水胶比按下式计算：

$$W/B = \frac{\alpha_a f_b}{f_{cu,0} + \alpha_a \alpha_b f_b} \tag{2-38}$$

式中　α_a，α_b——回归系数，应根据工程所使用的水泥、骨料，通过试验建立的水胶比与混凝土强度关系式确定。当不具备试验统计资料时，回归系数可取：卵石，$\alpha_a = 0.49$，$\alpha_b = 0.13$；碎石，$\alpha_a = 0.53$，$\alpha_b = 0.20$；

$f_{cu,0}$——混凝土的试配强度(MPa)；

f_b——胶凝材料 28 d 胶砂抗压强度实测值(MPa)。

当无实测值时，f_b 可按下式确定：

$$f_b = \gamma_f \gamma_s f_{ce} \tag{2-39}$$

式中　γ_f，γ_s——分别为粉煤灰影响系数和粒化高炉矿渣粉影响系数，可按表 2-58 确定；

f_{ce}——水泥 28d 胶砂抗压强度(MPa)，可实测，也可根据下式得出：

$$f_{ce} = \gamma_c \cdot f_{ce,g}$$

γ_c——水泥强度等级值的富余系数，可按实际统计资料确定；当缺乏实际统计资料时，水泥强度等级值富余系数可取：32.5 级水泥，$\gamma_c = 1.12$；42.5 级水泥，$\gamma_c = 1.16$；52.5 级水泥，$\gamma_c = 1.10$；

$f_{ce,g}$——水泥强度等级值。

表 2-58　粉煤灰影响系数(γ_f)和粒化高炉矿渣粉影响系数(γ_s)

种类 掺量/%	粉煤灰影响系数(γ_f)	粒化高炉矿渣粉影响系数(γ_s)
0	1.00	1.00
10	0.85～0.95	1.00
20	0.75～0.85	0.95～1.00
30	0.65～0.75	0.90～1.00
40	0.55～0.65	0.80～0.90
50	—	0.70～0.85

注：1. 采用 Ⅰ 级或 Ⅱ 级粉煤灰宜取上限值。
　　2. 采用 S75 级粒化高炉矿渣粉宜取下限值，采用 S95 级粒化高炉矿渣粉宜取上限值，采用 S105 级粒化高炉矿渣粉可取上限值加 0.05。
　　3. 当超出表中的掺量时，粉煤灰和粒化高炉矿渣粉影响系数应经试验确定。

3. 确定用水量 m_{w0} 和外加剂用量 m_{a0}

(1)干硬性和塑性混凝土用水量的确定。混凝土水胶比在 0.40～0.80 范围时，可按表 2-59 和表 2-60 确定；混凝土水胶比小于 0.40 时，可通过试验确定。

表 2-59　干硬性混凝土的用水量　　　　　　　　　　　　　　　　　　kg/m³

拌合物稠度		卵石最大粒径/mm			碎石最大粒径/mm		
项目	指标	10.0	20.0	40.0	16.0	20.0	40.0
维勃稠度/s	16～20	175	160	145	180	170	155
	11～15	180	165	150	185	175	160
	5～10	185	170	155	190	180	165

注：干硬性混凝土指拌合物坍落度小于 10 mm 且须用维勃稠度(s)表示其稠度的混凝土。

表 2-60　塑性混凝土的用水量　　　　　　　　　　　　　　　　　　kg/m³

拌合物稠度		卵石最大公称粒径/mm				碎石最大公称粒径/mm			
项目	指标	10.0	20.0	31.5	40.0	16.0	20.0	31.5	40.0
坍落度/mm	10～30	190	170	160	150	200	185	175	165
	35～50	200	180	170	160	210	195	178	175
	55～70	210	190	180	170	220	205	195	185
	75～90	215	195	185	175	230	215	205	195

注：1. 本表用水量是采用中砂时的取值。采用细砂时，每立方米混凝土用水量可增加 5～10 kg；采用粗砂时，可减少 5～10 kg。
　　2. 掺用矿物掺合料和外加剂时，用水量应相应调整。
　　3. 塑性混凝土是指拌合物坍落度为 10～90 mm 的混凝土。

(2)流动性和大流动性混凝土用水量的确定。掺外加剂时，每立方米流动性或大流动性混凝土的用水量 m_{w0} 可按下式计算：

$$m_{w0}=m'_{w0}(1-\beta) \tag{2-40}$$

式中　m_{w0}——计算配合比每立方米混凝土的用水量(kg/m³)；

　　　m'_{w0}——未掺外加剂时推定的满足实际坍落度要求的每立方米混凝土的用水量(kg/m³)，以表 2-60 中 90 mm 坍落度的用水量为基础，按每增大 20 mm 坍落度相应增加 5 kg/m³ 用水量来计算；当坍落度增大到 180 mm 以上时，随坍落度相应增加的用水量可减少；

　　　β——外加剂的减水率(%)，经混凝土试验确定。

注：流动性混凝土是指拌合物坍落度为 100～150 mm 的混凝土；大流动性混凝土系指拌合物坍落度不低于 160 mm 的混凝土。

(3)每立方米混凝土中外加剂用量(m_{a0})应按下式计算：

$$m_{a0}=m_{b0}\beta_a \tag{2-41}$$

式中　m_{a0}——计算配合比每立方米混凝土中外加剂用量(kg/m³)；

　　　m_{b0}——计算配合比每立方米混凝土中胶凝材料用量(kg/m³)；

　　　β_a——外加剂掺量(%)，应经混凝土试验确定。

4. 计算胶凝材料用量 m_{b0}、矿物掺合料用量 m_{f0} 和水泥用量 m_{c0}

(1)每立方米混凝土的胶凝材料用量 m_{b0} 按下式计算，并进行试拌调整，在拌合物性能满足的情况下，取经济、合理的胶凝材料用量：

$$m_{b0}=\frac{m_{w0}}{W/B} \quad (2\text{-}42)$$

式中　m_{b0}——计算配合比每立方米混凝土中胶凝材料用量(kg/m³)；

　　　m_{w0}——计算配合比每立方米混凝土的用水量(kg/m³)；

　　　W/B——混凝土水胶比。

(2)每立方米混凝土的矿物掺合料用量按下式计算：

$$m_{f0}=m_{b0}\beta_f \quad (2\text{-}43)$$

式中　m_{f0}——计算配合比每立方米混凝土中矿物掺合料用量(kg/m³)；

　　　β_f——矿物掺合料掺量(%)。

(3)每立方米混凝土的水泥用量 m_{c0} 按下式计算：

$$m_{c0}=m_{b0}-m_{f0} \quad (2\text{-}44)$$

式中　m_{c0}——计算配合比每立方米混凝土中水泥用量(kg/m³)。

5. 选取合理砂率值 β_s

(1)砂率 β_s 应根据骨料的技术指标、混凝土拌合物性能和施工要求，参考既有历史资料确定。

(2)当缺乏砂率的历史资料时，混凝土砂率的确定应符合下列规定：

1)坍落度小于 10 mm 的混凝土，其砂率应经试验确定。

2)坍落度为 10~60 mm 的混凝土，其砂率可根据粗骨料品种、最大公称粒径及水胶比按表 2-61 选取。

3)坍落度大于 60 mm 的混凝土，其砂率可经试验确定，也可在表 2-61 的基础上，按坍落度每增大 20 mm，砂率增大 1% 的幅度予以调整。

6. 计算粗、细骨料用量(m_{g0}、m_{s0})

在已知砂率的情况下，粗、细骨料的用量可用质量法或体积法求得。

(1)质量法：假定各组成材料的质量之和(即拌合物的体积密度)接近一个固定值。当采用质量法计算混凝土配合比时，粗、细骨料用量应按式(2-45)计算，砂率应按式(2-46)计算。

表 2-61　混凝土的砂率　　　　　　　　　　　　　　　　　　　　%

水胶比	卵石最大公称粒径/mm			碎石最大公称粒径/mm		
	10.0	20.0	40.0	16.0	20.0	40.0
0.40	26~32	25~31	24~30	30~35	29~34	27~32
0.50	30~35	29~34	28~33	33~38	32~27	30~35
0.60	33~38	32~37	31~36	36~41	35~40	33~38
0.70	36~41	35~40	34~39	39~44	38~43	36~41

注：1. 本表数值是中砂的选用砂率，对细砂或粗砂，可相应地减小或增大砂率；
　　2. 采用人工砂配制混凝土时，砂率可适当增大；
　　3. 只用一个单粒粒级粗骨料配制混凝土时，砂率应适当增大。

$$m_{f0}+m_{c0}+m_{g0}+m_{s0}+m_{w0}=m_{cp} \quad (2\text{-}45)$$

$$\beta_s=\frac{m_{s0}}{m_{g0}+m_{s0}}\times 100\% \quad (2\text{-}46)$$

式中　m_{g0}——计算配合比每立方米混凝土的粗骨料用量(kg/m³)；

　　　m_{s0}——计算配合比每立方米混凝土的细骨料用量(kg/m³)；

β_s——砂率(%)；

m_{cp}——每立方米混凝土拌合物的假定质量(kg)，可取 2 350~2 450 kg/m³。

(2)体积法：假定混凝土拌合物的体积等于各组成材料的体积与拌合物中所含空气的体积之和。当采用体积法计算混凝土配合比时，砂率应按式(2-46)计算，粗、细骨料用量应按式(2-47)计算：

$$\frac{m_{c0}}{\rho_c}+\frac{m_{f0}}{\rho_f}+\frac{m_{g0}}{\rho_g}+\frac{m_{s0}}{\rho_s}+\frac{m_{w0}}{\rho_w}+0.01\alpha=1 \qquad (2-47)$$

式中 ρ_c——水泥密度(kg/m³)，应按《水泥密度测定方法》(GB/T 208—2014)测定，也可取 2 900~3 100kg/m³；

ρ_f——矿物掺合料密度(kg/m³)，可按《水泥密度测定方法》(GB/T 208—2014)测定；

ρ_g——粗骨料的表观密度(kg/m³)，应按现行行业标准《普通混凝土用砂、石质量及检验方法标准》(JGJ 52—2006)测定；

ρ_s——细骨料的表观密度(kg/m³)，应按现行行业标准《普通混凝土用砂、石质量及检验方法标准》(JGJ 52—2006)测定；

ρ_w——水的密度(kg/m³)，可取 1 000 kg/m³；

α——混凝土的含气量百分数，在不使用引气型外加剂时，可取为 1。

经过上述计算，即可求出计算配合比。

(二)基准配合比的确定

初步配合比多是借助经验公式或经验数据计算得到，不一定能满足实际工程的和易性要求。因此，应进行试配与调整，直到混凝土拌合物的和易性满足要求为止，此时得出的配合比即混凝土的基准配合比，它可作为检验混凝土强度之用。

混凝土试配时，每盘混凝土的最小搅拌量有如下规定：骨料最大粒径小于或等于 31.5 mm 时为 20 L；最大粒径为 40 mm 时为 25 L；当采用机械搅拌时，搅拌量不应小于搅拌机公称容量的 1/4 且不应大于搅拌机公称容量。

1. 和易性调整

按初步配合比称取试配材料的用量，将拌合物搅拌均匀后，测定其坍落度，并观察其黏聚性和保水性。当不符合要求时，应进行调整。如果坍落度低于设计要求时，可保持水胶比不变，增加适量水泥浆。如果坍落度过大时，可在保持砂率不变的条件下增加骨料。若出现含砂不足，黏聚性和保水性不良时，可适当增大砂率，反之应减少砂率。每次调整后再试拌，直到符合和易性要求为止，表 2-62 为拌合物和易性调整试验记录表。

表 2-62　混凝土拌合物和易性调整试验记录表

项目	计算用量		调整增加量		调整后实际总用量/kg
	每 m³ 用量/kg	试拌 1 L 用量/kg	第 1 次/kg	第 2 次/kg	
水泥 m_{cb}					
砂子 m_{sb}					
石子 m_{gb}					
水 m_{wb}					
坍落度/mm	第 1 次				调整后坍落度/mm
	第 2 次				
	平均值				

2. 拌合物表观密度测定

(1)主要仪器。

1)容量筒。对骨料最大粒径不大于 40 mm 的拌合物采用容积为 5 L 的容量筒,其内径与内高均为(186±2)mm,筒壁厚为 3 mm;骨料最大粒径大于 40 mm 时,容量筒的内径与内高均应大于骨料最大粒径的 4 倍。

2)台秤。称量 50 kg,感量 50 g。

3)振动台、捣棒。

(2)检测步骤。

1)用湿布将容量筒内外擦干净,称出筒的质量 m_1,精确至 50 g。

2)混凝土拌合物的装料及捣实方法应根据拌合物的稠度而定。坍落度不大于 70 mm 的混凝土,用振动台振实为宜;坍落度大于 70 mm 的混凝土,用捣棒捣实为宜。

采用振动台振实时,应一次将混凝土拌合物灌到高出容量筒口。装料时可用捣棒稍加插捣,振动过程中如混凝土沉落到低于筒口,则应随时添加混凝土,振动直至表面出浆为止。

采用捣棒捣实时,应根据容量筒的大小决定分层与插捣次数。用 5 L 的容量筒时,混凝土拌合物应分两层装入,每层插捣 25 次。用大于 5 L 的容量筒时,每层混凝土的高度不应大于 100 mm,每层插捣次数应按每 10 000 mm² 截面不小于 12 次计算。各次插捣应由边缘向中心均匀地插捣,插捣底层时捣棒应贯穿整个深度,以后插捣每层时,捣棒应插透本层至下一层的表面,每一层插捣完后,用橡皮锤轻轻沿容器外壁敲打 5~10 次,进行振实,直至拌合物表面插捣孔消失并不见大气泡为止。

3)用刮尺将筒口多余的混凝土拌合物刮去,表面如有凹陷应予填平。将容量筒外壁擦净,称出混凝土试样与容量筒总质量 m_2,精确至 50 g。

3. 检测结果

混凝土拌合物表观密度 ρ_{0h} 按下式计算,精确至 10 kg/m³:

$$\rho_{0h} = \frac{m_2 - m_1}{V_0} \times 1\,000 \tag{2-48}$$

式中 m_1——容量筒质量(kg);

m_2——容量筒及试样总质量(kg);

V_0——容量筒容积(L)。

表 2-63 为混凝土拌合物表观密度测定记录。

表 2-63 混凝土拌合物表观密度测定记录

量筒容积 V/L	空量筒质量 m_1/kg	(量筒质量+混凝土质量)m_2/kg	混凝土表观密度 ρ_{0h}/(kg·m⁻³)

4. 计算基准配合比

令工作性调整后的混凝土试样总质量为 m_{Qb},计算公式如下:

$$m_{Qb} = m_{cb} + m_{wb} + m_{sb} + m_{gb}(\text{体积} \geq 1\,\text{m}^3) \tag{2-49}$$

由此得出基准配合比(调整后的 1 m³ 混凝土中各材料用量):

$$m_{cj} = \frac{m_{cb}}{m_{Qb}} \rho_{0h}\,(\text{kg/m}^3)$$

$$m_{wj} = \frac{m_{wb}}{m_{Qb}} \rho_{0h} \, (\text{kg/m}^3)$$

$$m_{sj} = \frac{m_{sb}}{m_{Qb}} \rho_{0h} \, (\text{kg/m}^3)$$

$$m_{gj} = \frac{m_{gb}}{m_{Qb}} \rho_{0h} \, (\text{kg/m}^3) \tag{2-50}$$

(三)设计配合比的确定

经过和易性调整得出的试拌配合比，不一定满足强度要求，应进行强度检验。既满足设计强度又比较经济、合理的配合比，称为设计配合比（试验室配合比）。在试拌配合比的基础上做强度试验时，应采用三个不同的配合比，其中一个为试拌配合比中的水胶比，另外两个较试拌配合比的水胶比分别增加和减少0.05。其用水量应与试拌配合比的用水量相同，砂率可分别增加和减少1%。当不同水胶比的混凝土拌合物坍落度与要求值的差超过允许偏差时，可通过增、减用水量进行调整。

制作混凝土强度试验试件时，应检验混凝土拌合物的和易性及表观密度，并以此结果作为代表相应配合比的混凝土拌合物性能。每种配合比至少应制作一组（三块）试件，标准养护到28 d时试压。

根据试验得出的混凝土强度与其相对应的胶水比线性关系，用作图法或计算法求出与混凝土配制强度 $f_{cu,0}$ 相对应的胶水比，并应按下列原则确定每立方米混凝土的材料用量。

(1)在试拌配合比的基础上，用水量(m_w)和外加剂用量(m_a)应根据确定的水胶比作调整；
(2)胶凝材料用量(m_b)应以用水量乘以确定的胶水比计算得出；
(3)组骨料和细骨料用量(m_g 和 m_s)应根据用水量和胶凝材料用量进行调整。

经试配确定配合比后，尚应按下列步骤进行校正。

(1)据前述已确定的材料用量，按下式计算混凝土的表观密度计算值 $\rho_{c,c}$：

$$\rho_{c,c} = m_c + m_f + m_g + m_s + m_w \tag{2-51}$$

式中 $\rho_{c,c}$——混凝土拌合物的表观密度计算值(kg/m³)；

m_c——每立方米混凝土的水泥用量(kg/m³)；

m_f——每立方米混凝土的矿物掺合料用量(kg/m³)；

m_g——每立方米混凝土的粗骨料用量(kg/m³)；

m_s——每立方米混凝土的细骨料用量(kg/m³)；

m_w——每立方米混凝土的用水量(kg/m³)。

(2)按下式计算混凝土配合比校正系数 δ：

$$\delta = \frac{\rho_{c,t}}{\rho_{c,c}} \tag{2-52}$$

式中 $\rho_{c,t}$——混凝土表观密度实测值(kg/m³)；

$\rho_{c,c}$——混凝土表观密度计算值(kg/m³)。

当混凝土表观密度实测值 $\rho_{c,t}$ 与计算值 $\rho_{c,c}$ 之差的绝对值不超过计算值的2%时，上述配合比可不作校正；当两者之差超过2%时，应将配合比中每项材料用量均乘以校正系数 δ，即为确定的设计配合比。

根据生产单位常用的材料，可设计出常用的混凝土配合比备用。在使用过程中，应根据原材料情况及混凝土质量检验的结果予以调整。但遇有下列情况之一时，应重新进行配合比设计：

(1)对混凝土性能指标有特殊要求时；

(2)水泥、外加剂或矿物掺合料品种、质量有显著变化时；

(3)该配合比的混凝土生产间断半年以上时。

(四)根据含水率，换算施工配合比

试验室得出的设计配合比值中，骨料是以干燥状态为准的，而施工现场骨料含有一定的水分，因此，应根据骨料的含水率对配合比设计值进行修正，修正后的配合比为施工配合比。

经测定施工现场砂的含水率为 w_s，石子的含水率为 w_g，则施工配合比为

水泥用量 $\qquad m'_c = m_c$

砂用量 $\qquad m'_s = m_s(1+w_s)$

石子用量 $\qquad m'_g = m_g(1+w_g)$

用水量 $\qquad m'_w = m_w - m_s \cdot w_s - m_g \cdot w_g$ (2-53)

式中 m_c，m_w，m_s，m_g——调整后的试验室配合比中每立方米混凝土中的水泥、水、砂和石子的用量(kg/m³)。

进行混凝土配合比计算时，其计算公式和有关参数表格中的数值均以干燥状态骨料(含水率小于0.05%的细骨料或含水率小于0.2%的粗骨料)为基准。当以饱和面干骨料为基准进行计算时，则应做相应的调整，即式(2-50)中的用水量分别表示现场砂石含水率与其饱和面干含水率之差。

任务实施

1. 确定混凝土的初步配合比

(1)确定混凝土的配制强度 $f_{cu,0}$。

$$f_{cu,0} = f_{cu,k} + 1.645\sigma = 30 + 1.645 \times 5.0 = 38.225 \text{(MPa)}$$

(2)确定水胶比(W/B)。

1)胶凝材料28 d胶砂抗压强度值 f_d。

$$f_{ce} = \gamma_c \cdot f_{ce,g} = 1.16 \times 42.5 = 49.3 \text{(MPa)}$$

$$f_d = \gamma_f \cdot \gamma_s \cdot f_{ce} = 1.0 \times 1.0 \times 49.3 = 49.3 \text{(MPa)}$$

2)混凝土水胶比 W/B。

$$W/B = \frac{\alpha_a f_b}{f_{cu,0} + \alpha_a \alpha_b f_b} = \frac{0.53 \times 49.3}{38.225 + 0.53 \times 0.20 \times 49.3} = 0.60$$

(3)确定用水量(m_{w0})。施工要求混凝土坍落度为35～50 mm，属于塑性混凝土。已知碎石最大粒径为40 mm，查表2-60可得

$$m_{w0} = 175 \text{ kg/m}^3$$

(4)确定水泥用量(m_{c0})。

$$m_{c0} = \frac{m_{w0}}{W/B} = \frac{175}{0.60} = 291 \text{(kg/m}^3\text{)}$$

(5)确定砂率(β_s)。由 $W/B=0.60$，碎石最大粒径为40 mm，故查表2-61可得

$$\beta_s = 37\%$$

(6)计算粗、细骨料用量(m_{g0}、m_{s0})。

1)质量法。假定混凝土拌合物的表观密度为 2 400 kg/m³，则：

$$\begin{cases} 291+175+m_{g0}+m_{s0}=2\,400 \\ \dfrac{m_{s0}}{m_{g0}+m_{s0}}=0.37 \end{cases}$$

解得 $m_{s0}=716$ kg/m³，$m_{g0}=1\,218$ kg/m³。

故初步配合比为：$m_{c0}=291$ kg/m³，$m_{w0}=175$ kg/m³，$m_{s0}=716$ kg/m³，$m_{g0}=1\,218$ kg/m³。

2)体积法。

$$\begin{cases} \dfrac{291}{3\,100}+\dfrac{175}{1\,000}+\dfrac{m_{s0}}{2\,650}+\dfrac{m_{g0}}{2\,700}+0.01\times 1=1 \\ \dfrac{m_{s0}}{m_{g0}+m_{s0}}=0.37 \end{cases}$$

解得 $m_{s0}=716$ kg/m³，$m_{g0}=1\,218$ kg/m³。

故初步配合比为：$m_{c0}=291$ kg/m³，$m_{w0}=175$ kg/m³，$m_{s0}=716$ kg/m³，$m_{g0}=1\,218$ kg/m³。

2. 基准配合比的确定

骨料最大粒径为 40 mm，按初步计算配合比，取样 25 L，各材料用量为

水泥：$291\times 0.025=7.28$(kg)

水：$175\times 0.025=4.38$(kg)

砂：$716\times 0.025=17.90$(kg)

石：$1\,218\times 0.025=30.45$(kg)

经试拌并进行和易性检验，测得黏聚性和保水性均好，但坍落度为 10 mm，低于规定值要求的 35~50 mm。应保持水胶比不变的条件下增加水泥浆量 4%（增加水泥 0.30 kg，水 0.18 kg），测得坍落度为 36 mm，符合施工要求，并测得拌合物的湿表观密度 $P_{c,t}$。试拌后各种材料的实际用量为

水泥：$m_{c0拌}=7.28+0.30=7.58$(kg)

水：$m_{w0拌}=4.38+0.18=4.56$(kg)

砂：$m_{s0拌}=17.90$ kg

石：$m_{g0拌}=30.45$ kg

故基准配合比为

$$m_{c基}=\dfrac{7.58}{7.58+4.56+17.90+30.45}\times 2\,420=303\text{(kg/m}^3)$$

$$m_{w基}=\dfrac{4.56}{7.58+4.56+17.90+30.45}\times 2\,420=182\text{(kg/m}^3)$$

$$m_{s基}=\dfrac{17.90}{7.58+4.56+17.90+30.45}\times 2\,420=716\text{(kg/m}^3)$$

$$m_{g基}=\dfrac{30.45}{7.58+4.56+17.90+30.45}\times 2\,420=1218\text{(kg/m}^3)$$

3. 设计配合比的确定

以基准配合比为基准，再配制两组混凝土，水胶比分别为 0.63 和 0.57，两组配合比中的用水量、砂、石均与基准配合比相同。经检验，两组配合比均满足和易性需求，按照上述三组配合比，分别将混凝土制成标准试件，养护 28 d 后测得三组混凝土的强度分别为

$W/B=0.63(B/W=1.59)$，$f_1=37.0$ MPa

$W/B=0.60(B/W=1.67)$，$f_1=39.8$ MPa

$W/B=0.57(B/W=1.75)$，$f_1=43.6$ MPa

绘制胶水比(B/W)与强度线性关系图，由此可知满足配制强度 $f_{cu,0}=38.225$ MPa 所对应的胶水比 B/W 为 1.65，此时各材料用量为

水泥：$B/W \times m_{w基}=1.65 \times 182=300$(kg)

水：$m_w=182$ kg

砂、石用量按体积法确定：

$$\begin{cases} \dfrac{300}{3\,100}+\dfrac{182}{1\,000}+\dfrac{m_{s0}}{2\,650}+\dfrac{m_{g0}}{2\,700}+0.01 \times 1=1 \\ \dfrac{m_{s0}}{m_{g0}+m_{s0}}=0.37 \end{cases}$$

解得 $m_{s0}=706$ kg/m³，$m_{g0}=1\,201$ kg/m³。

实际测得拌合物的表观密度 $\rho_{c,t}=2\,400$ kg/m³，计算表观密度 $\rho_{c,c}=300+182+706+1\,201=2\,389$(kg/m³)，由于混凝土表观密度实测值与计算值之差的绝对值不超过计算值的 2%，故不需要进行修正。因此，混凝土的设计配合比为 $m_c=300$ kg/m³，$m_w=182$ kg/m³，$m_s=706$ kg/m³，$m_g=1\,201$ kg/m³。

4. 确定施工配合比

$$m'_c=m_c=300 \text{ kg/m}^3$$

$$m'_w=m_w-m_s \cdot w_s-m_g \cdot w_g=182-706 \times 4\%-1\,201 \times 1\%=166(\text{kg/m}^3)$$

$$m'_s=m_s(1+w_s)=706 \times (1+4\%)=734(\text{kg/m}^3)$$

$$m'_g=m_g(1+w_g)=1\,201 \times (1+1\%)=1\,213(\text{kg/m}^3)$$

知识拓展

浅谈绿化混凝土

1. 概述

为了解决混凝土"白色污染"问题，人们采取了很多办法，如大量建设街头公园，营造绿化带，甚至对屋顶进行移土绿化。不过这些方法没有改变白色污染自身的量，只是通过增加其他绿化的量，来降低白色污染的相对比例。

现在，国际上开始流行一种多孔隙混凝土或称绿化混凝土的生态工艺材料，在日本应用得比较成熟。绿化混凝土可代替普通混凝土进行施工，这种绿化混凝土的骨料不使用砂，而是大量使用玻璃、拆除的混凝土等再生材料，采用特殊的配合比，使颗粒之间有较大的孔隙，并在其间添加一些辅助培养剂，使混凝土能够生长植被。这种绿化混凝土既利用了废旧材料，又在保证工程质量的前提下，有效地增加了绿化面积，收到良好的生态效果。

2. 生态护坡

生态护坡作为一种较新的绿色环保的施工方法，正在日本大力推广，目前只有一些专业公司能够进行大面积施工。

(1)标准结构层。在实际应用中，根据具体情况结构可有所改变，如基础好且不需防渗地段可以不采用土工膜，在水位线下可以不必覆土等。

(2)材料特性。生态护坡所用主材绿化混凝土,其材料与普通混凝土基本相同,日本出于资源利用考虑,多采用再生碎石,关键是配比不同,在里面要掺加一些添加剂。目前多孔隙绿化混凝土在日本也没有统一的国家标准,暂时由各混凝土厂家根据工程要求自定。绿化混凝土具有以下功能特性:良好的透气性,良好的通水性,具有大的孔隙,无论陆地、水中均能生长植物。能够大致分为植被重视与强度重视两大类,强调强度与孔隙率两项指标。

(3)适用范围。生态护坡能够广泛应用于堤防的迎水面、背水面,高水位或低水位均适用。

3. 生态护坡在日本的应用

近几年,生态护坡在日本已经大量推广使用,如图2-60所示,不仅一些大的专业性公司重视生态护坡技术,日本政府对推广这项技术也是不遗余力,日本组织编写了大量的这方面的书籍、规范,如《绿化混凝土基础知识》《生态护坡评价手册》《绿化混凝土河道护坡施工方法》等,介绍生态护坡的设计、施工、管理、维修、养护、应用等。建设管理部门甚至还专门组织施工企业进行现场参观学习,日本国土交通省就曾在山形县相泽川的一个工地,于2002年进行了4 480 m²的生态护坡浇筑演示,组织了大批施工企业参观学习。

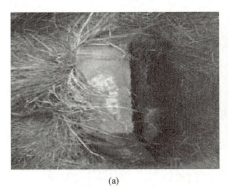

(a)　　　　　　　　　　　　　(b)

图 2-60　绿化混凝土

(a)草根穿透绿化混凝土构件;(b)已经生长4年的绿化混凝土堤防迎水坡护砌工程

生态护坡的特点如下:

(1)无论是水下还是水上,护坡中植物都可以自由生长,甚至有动物的生存空间,生态效果好。

(2)相对于普通混凝土护坡,可以降低造价,根据佐藤道路株式会社的介绍能节省10%~30%的造价。

(3)集中施工的流水作业可以大大缩短工期。

(4)高度的机械化作业能够有效保证工程的质量。

4. 绿化混凝土的其他应用及发展前景

目前,绿化混凝土在西方发达国家大力推广应用,尤其是日本,其国土面积狭小、人口密度过高,将绿化混凝土的应用作为解决生态问题与用地之间矛盾的一个主要手段。现在,日本已经将绿化混凝土应用到了道路、广场、园林、建筑屋顶等方面。

在公园的排水施工中采用多孔隙绿化混凝土预制井或管道,既能够排除地表的积水,还可以有效地排除地下过多的积水。多孔隙的混凝土如果应用在路面上,不但能够在雨天快速地排除路面积水，而且能够减少强光的反射从而增加交通安全。

除应用范围的扩大外，绿化混凝土本身也在发生着变化，木片多孔隙绿化混凝土、发泡玻璃多孔隙绿化混凝土等适应新领域的新材料层出不穷。绿化混凝土的快速发展及大量应用，提高了工程的质量，也促进了人与自然的和谐发展。

——摘自《筑龙网》

习　题

一、填空题

1. 建筑工程中所使用的混凝土，一般必须满足_____、_____、_____和_____基本要求。
2. 混凝土通常以表观密度的大小作为基本分类方法，可分为_____，_____，_____。
3. 粗骨料颗粒级配有_____和_____之分。
4. 测定混凝土拌合物的流动性的方法有_____和_____。
5. 影响混凝土拌合物和易性的主要因素有_____、_____、_____及其他影响因素。
6. 砂浆按其用途，分为_____和_____及其他特殊用途的砂浆。
7. 砂浆的流动性指标为_____，保水性指标为_____。

二、选择题

1. 混凝土中细骨料最常用的是（　　）。
   A. 山砂　　　　B. 海砂　　　　C. 河砂　　　　D. 人工砂
2. 普通混凝土用砂的细度模数范围一般在（　　），以其中的中砂为宜。
   A. 3.7~3.1　　B. 3.0~2.3　　C. 2.2~1.6　　D. 3.7~1.6
3. 在水和水泥用量相同的情况下，用（　　）水泥拌制的混凝土拌合物的和易性最好。
   A. 普通　　　　B. 火山灰　　　C. 矿渣　　　　D. 粉煤灰
4. 高强度混凝土是指混凝土强度等级为（　　）及其以上的混凝土。
   A. C30　　　　B. C40　　　　C. C50　　　　D. C60
5. 流动性混凝土拌合物的坍落度是指坍落度（　　）mm 的混凝土。
   A. 10~40　　　B. 50~90　　　C. 100~150　　D. 大于160
6. 砂浆的和易性包括（　　）。
   A. 流动性　　　B. 黏聚性　　　C. 保水性
   D. 泌水性　　　E. 离析性
7. 混凝土拌合物的和易性包括（　　）。
   A. 流动性　　　B. 黏聚性　　　C. 保水性
   D. 泌水性　　　E. 离析性

三、简答题

1. 为什么要进行配合比的试配？配合比试配时应测定哪些指标，如何测定？当各指标达不到要求时，如何调整？

2. 配合比设计的基本要求是什么？

四、计算题

1. 称取砂样 500 g，经筛分试验称得各号砂的筛余量见表 2-64。

表 2-64　各号砂的筛余量

筛孔孔径/mm	4.75	2.36	1.18	0.6	0.3	0.15
筛余量/g	35	100	65	50	90	135

问：(1)此砂是粗砂吗？为什么？

(2)此砂的颗粒级配是否合格？为什么？

2. 某单位采用 P·O 42.5 的水泥及碎石配制混凝土，其试验室配比为：水泥 336 kg，水 165 kg，砂 660 kg，石子 1 248 kg。问：该混凝土能否用来浇筑设计强度为 C30 的梁构件(假定 $\sigma=5.0$，$\gamma_c=1.13$；$\alpha_a=0.53$；$\alpha_b=0.20$)？

3. 混凝土拌合物经试拌调整后，和易性满足要求，试拌材料用量为：水泥 4.5 kg，水 2.7 kg，砂 9.9 kg，碎石 18.9 kg。实测混凝土拌合物体积密度为 2 400 kg/m³。

(1)试计算 1 m³ 混凝土各项材料的用量为多少？

(2)假定上述配合比可以作为试验室配合比。如施工现场砂的含水率为 4%，石子含水率为 1%，求施工配合比。

4. 钢筋混凝土强度等级为 C20，用 42.5 级水泥，密度为 3.15 g/cm³，中砂密度为 2.60 g/cm³，卵石密度为 2.70 g/cm³，机械振捣，质量保证率为 95%。求 1 m³ 混凝土的初步配合比。

五、分析题

1. 某工程队于 7 月份在北方某工地施工，经现场试验，确定了一个掺木质素磺酸钠的混凝土配方，经使用 1 个月情况均正常。该工程后因资金问题暂停 5 个月，随后继续使用原配合比配方开工。结果发觉混凝土的凝结时间明显延长，影响了工程进度。请分析原因并提出解决办法。

2. 某混凝土搅拌站原使用砂的细度模数为 2.6，后改用细度模数为 2.2 的砂。改砂后原混凝土配方不变，测得混凝土坍落度明显变小。请分析原因。

学习情境 3
墙体材料性能与检测

▶ 知识目标

1. 掌握砖的外观质量和性能的检测步骤，掌握烧结砖的质量等级、技术要求，了解烧结砖的生产原料和工艺。
2. 掌握砌块的外观质量和性能的检测步骤，掌握砌块的质量等级、技术要求。
3. 掌握墙体材料在工程中的应用。

◎ 能力目标

1. 能正确认知各种墙用砖，能够独立检测墙用砖的外观质量和强度并对检测结构进行分析。
2. 能正确认知各种墙用砌块，能够独立检测墙用砌块的外观质量和强度并对检测结果进行分析。
3. 能够根据工程条件合理选用墙体材料。

学习单元 3.1　墙体材料的认知

墙体是建筑物的重要组成部分，在建筑结构中**主要起到承重、围护、分隔空间等作用**。在一般情况下，墙体工程造价占建筑物总造价的 30%～40%。在一项建筑工程中，选用不同的墙体材料、不同的墙体布置方案，对建筑物总体的质量、材料耗用量、工期和造价等方面都会有不同的影响。因此在建筑工程中，要根据墙体的作用合理选用墙体材料。还要满足节能、环保的要求。

工程案例：墙体材料

💡 任务提出

某小区 A 栋为框架结构（墙体为非承重墙）、B 栋为砖混结构（墙体为承重墙），请遵循经济、合理的原则，对 A 栋客厅、卧室及卫生间进行墙体材料的选用，对 B 栋承重墙进行墙体材料选用。

> **任务分析**

目前墙体材料主要有砖、砌块、板材三类。A 栋客厅、卧室、墙体主要起到分隔空间的作用，所以，选用的墙体材料主要从质量、隔声、抗渗等性能方面考虑。而 B 栋墙体主要起到围护、承重的作用，所以，选用墙体材料主要从强度、保温等性能方面考虑。

> **任务实施**

一、墙用砖的认识

砌墙砖是指建筑用的人造小型块材。按材质分：烧结普通砖、页岩砖、煤矸石砖、粉煤灰砖、灰砂砖、混凝土砖等；按孔洞率分：实心砖(无孔洞或孔洞小于 25% 的砖)、多孔砖(孔洞率等于或大于 25%，孔的尺寸小而数量多的砖，常用于承重部位，强度等级较高)、空心砖(孔洞率等于或大于 40%，孔的尺寸大而数量少的砖，常用于非承重部位，强度等级偏低)；按生产工艺分：烧结砖(经焙烧而成的砖)、蒸压砖、蒸养砖；按烧结与否分为：免烧砖(水泥砖)和烧结砖(红砖)。

1. 烧结普通砖

(1)烧结普通砖按原材料的分类。由黏土、页岩、煤矸石、粉煤灰、建筑渣土、淤泥(江河湖淤泥)、污泥等为主要原料，经过焙烧而成的实心或孔洞率不大于规定值且外形尺寸符合规定的砖。根据国家标准《烧结普通砖》(GB/T 5101—2017)的规定，烧结普通砖按其主要原料分为黏土砖(N)、页岩砖(Y)、煤矸石砖(M)和粉煤灰砖(F)、建筑渣土砖(I)、淤泥砖(U)、污泥砖(W)、固体废弃物砖(G)，如图 3-1 所示。

(a)

(b)

(c)

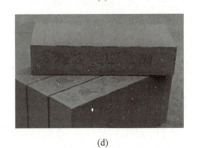
(d)

图 3-1 烧结普通砖
(a)烧结普通砖；(b)烧结页岩砖；(c)烧结煤矸石砖；(d)烧结粉煤灰砖

(2)烧结普通砖的主要技术性质。根据国家标准《烧结普通砖》(GB/T 5101—2017),烧结普通砖的主要技术要求包括:强度、尺寸偏差、外观质量、抗风化性能、泛霜、石灰爆裂及欠火砖、酥砖和螺纹砖(过火砖)等。

1)强度。 烧结普通砖根据10块试样抗压强度的试验结果,分为MU10、MU15、MU20、MU25、MU30五个强度等级,不符合为不合格品。

2)尺寸偏差。 烧结普通的标准尺寸为240 mm×115 mm×53 mm(公称尺寸)的直角六面体。在烧结普通砖砌体中,加上灰缝10 mm,每4块砖长、8块砖宽或16块砖厚均为1 m。1 m³砌体需用砖512块。烧结普通砖尺寸允许偏差应符合表3-1的规定。

表3-1 烧结普通砖的尺寸允许偏差　　　　　　　　　　　　　　　　mm

公称尺寸	指标	
	样本平均偏差	样本极差≤
240	±2.0	6.0
115	±1.5	5.0
53	±1.5	4.0

3)外观质量。 烧结普通砖的外观质量应符合表3-2的规定。

表3-2 烧结普通砖的外观质量　　　　　　　　　　　　　　　　　　mm

项　目		指　标
两条面高度差	≤	2
弯曲	≤	2
杂质凸出高度	≤	2
缺棱掉角的三个破坏尺寸	不得同时大于	5
裂纹长度	≤	
(1)大面上宽度方向及其延伸至条面的长度		30
(2)大面上长度方向及其延伸至顶面的长度或条顶面上水平裂纹的长度		50
完整面*	不得少于	一条面和一顶面

注:为砌筑挂浆面施加的凹凸纹、槽、压花等不算作缺陷。
　　* 凡有下列缺陷之一者,不得称为完整面:
　(1)缺损在条面或顶面上造成的破坏面尺寸同时大于10 mm×10 mm;
　(2)条面或顶面上裂纹宽度大于1 mm,其长度超过30 mm;
　(3)压陷、粘底、焦花在条面或顶面上的凹陷或凸出超过2 mm,区域尺寸同时大于10 mm×10 mm。

4)泛霜、石灰爆裂。 泛霜是指原料中可溶性盐类(如硫酸钠等),随着砖内水分蒸发而在砖表面产生的盐析现象,一般为白色粉末,如图3-2所示,常在砖表面形成絮团状斑点。国家标准规定,每块砖不准许出现严重泛霜。

如果原料中夹杂石灰石,则烧砖时将被烧成生石灰留在砖中。有时掺入的内燃料(煤渣)也会带入生石灰,这些生石灰在砖体内吸水消化时产生体积膨胀,导致砖发生胀裂破坏,这种现象称为石灰爆裂。石灰爆裂对砖砌体影响较大,轻者影响美观,重者将使砖砌体强度降低直至破坏。国家标准规定,砖的石灰爆裂应符合下列规定:

①破坏尺寸大于 2 mm 且小于或等于 15 mm 的爆裂区域，每组砖不得多于 15 处。其中，大于 10 mm 的不得多于 7 处。

②不准许出现最大破坏尺寸大于 15 mm 的爆裂区域。

③试验后抗压强度损失不得大于 5 MPa。

5）抗风化性能。砖的抗风化性能是指砖在环境因素（温度、湿度等）作用下不被破坏并长期保持原有性质的能力。砖的抗风化性能是烧结普通砖耐久性的重要标志之一。国家标准根据工程所处的省区，对砖的抗风化性能（吸水率、饱和系数及抗冻性）提出不同要求。我国按风化指数分为严重风化区（风化指数≥12 700）和非严重风化区（风化指数＜12 700），见表 3-3。

图 3-2　泛霜

表 3-3　风化区划分

严重风化区	1. 黑龙江省、2. 吉林省、3. 辽宁省、4. 内蒙古自治区、5. 新疆维吾尔自治区、6. 宁夏回族自治区、7. 甘肃省、8. 青海省、9. 陕西省、10. 山西省、11. 河北省、12. 北京市、13. 天津市、14. 西藏自治区
非严重风化区	1. 山东省、2. 河南省、3. 安徽省、4. 江苏省、5. 湖北省、6. 江西省、7. 贵州省、8. 湖南省、9. 浙江省、10. 四川省、11. 福建省、12. 台湾省、13. 广东省、14. 广西壮族自治区、15. 海南省、16. 云南省、17. 上海市、18. 重庆市

砖的抗风化性能是一项综合性的技术指标，抗风化性能主要用抗冻融试验或吸水率试验来评定。表 3-3 中严重风化区中的 1、2、3、4、5 地区的砖必须进行冻融试验，15 次冻融试验后每块砖样不允许出现分层、掉皮、缺棱、掉角等冻坏现象，冻后裂纹长度不得大于表 3-2 中裂纹长度的规定。而用于其他风化区的烧结普通砖，如符合表 3-4 要求则可不进行冻融试验。淤泥砖、污泥砖、固体废弃物砖应进行冻融试验。

表 3-4　抗风化性能

砖种类	严重风化区				非严重风化区			
	5 h 煮沸吸水率/%≤		饱和系数≤		5 h 煮沸吸水率/%≤		饱和系数≤	
	平均值	单块最大值	平均值	单块最大值	平均值	单块最大值	平均值	单块最大值
黏土砖、建筑渣土砖	18	20	0.85	0.87	19	20	0.88	0.90
粉煤灰砖	21	23	0.85	0.87	23	25	0.88	0.90
页岩砖	16	18	0.74	0.77	18	20	0.78	0.80
煤矸石砖	16	18	0.74	0.77	18	20	0.78	0.80

注：饱和系数是指试样常温浸水 24 h 的吸水率与 5 h 煮沸后吸水率比值。

6）酥砖和螺旋纹砖。酥砖是指质量不合格的砖，会出现破碎、起壳、掉角、裂纹等"症状"，用手拿起碎块用力一捏，立刻呈粉末状；内芯有发黄、蜂窝现象。产生原因：所用黏土搅拌不均，导致粗粒太多，为抢时、省钱，窑厂没有严格采用陈年土作为原料，而是将现挖的砂土、河泥等"生"土,不经浇水冻"熟",就放进小型机械或人工搅拌,导致"原料"不熟,碾压不密,窑温欠高,造成出窑的成品墙砖出现易碎、起壳、色黑、裂纹、体轻、欠火现象。

螺旋纹砖是指挤泥机挤出的砖坯上存在螺旋纹的砖。它在烧结时不易消除,导致砖受力时容易产生应力集中,导致砖强度下降。

产品中不准许有酥砖和螺旋纹砖。

(3)烧结普通砖的应用。 烧结普通砖主要用于砌筑建筑工程的承重墙体(图3-3)、柱、拱、烟囱、沟道、基础等,有时也用于小型水利工程,如闸墩、涵管、渡槽、挡土墙等。砂浆性质对砖砌体强度的影响在砌筑前,必须预先将砖进行吮水润湿,原因:砖的吸水率大,一般为 **15%~20%**。

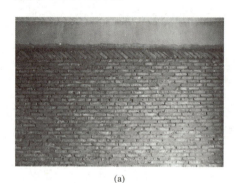 

(a) (b)

图 3-3 砖砌墙体

(a)单面墙体;(b)别墅墙体

知识拓展

海南某地的烧结普通砖墙和花岗岩毛石墙分别如图3-4和图3-5所示,几年后烧结普通砖墙出现明显腐蚀,而花岗岩石墙无此现象。请分析原因。

 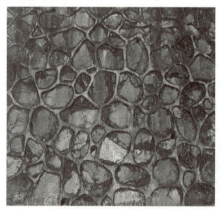

图 3-4 烧结普通砖墙   图 3-5 花岗岩毛石墙

2. 烧结多孔砖

(1)烧结多孔砖概述。烧结多孔砖以黏土、页岩、煤矸石、粉煤灰淤泥(江河湖淤泥)及其他固体废弃物等为主要原料,经焙烧而成,**孔洞率不小于25%,**砖内孔洞内径不大于22mm，如图3-6所示。**孔的尺寸小而数量多**，主要用于承重部位。烧结多孔砖的孔洞多与承压面垂直，它的单孔尺寸小，孔洞分布合理，非孔洞部分砖体较密实，具有较高的强度。烧结多孔砖按其主要原料可分为黏土砖(N)、页岩砖(Y)、煤矸石砖(M)、粉煤灰砖(F)、淤泥砖(U)、固体废弃物砖(G)。

图3-6 烧结多孔砖

普通烧结砖有质量重、体积小、生产能耗高、施工效率低等缺点，用烧结多孔砖和烧结空心砖代替烧结普通砖，可使建筑物质量减轻30%左右，节约黏土20%～30%，节省燃料10%～20%，墙体施工功效提高40%，并改善砖的隔热隔声性能。通常，在相同的热工性能要求下，用空心砖砌筑的墙体厚度比用实心砖砌筑的墙体减薄半砖左右。烧结多孔砖和烧结空心砖的生产工艺与普通烧结砖相同，但由于坯体有孔洞，增加了成型的难度，因而对原料的可塑性要求很高。

(2)烧结多孔砖主要技术要求。

1)强度。国家标准《烧结多孔砖和多孔砌块》(GB 13544—2011)规定，烧结多孔砖抗压强度分为MU30、MU25、MU20、MU15、MU10五个强度等级。

2)外形尺寸。《烧结多孔砖和多孔砌块》(GB 13544—2011)规定，烧结多孔砖为大面有孔的直角六面体，常用规格尺寸为290、240、190、180、140、115、90(mm)。尺寸允许偏差应符合表3-5的规定。

3)外观质量。烧结多孔砖外观质量应符合表3-6的规定。

表3-5 烧结多孔砖的尺寸允许偏差　　　　　　　　　　　　　　　　mm

尺　寸	样本平均偏差	样本极差≤
>400	±3.0	10.0
300～400	±2.5	9.0
200～300	±2.5	8.0
100～200	±2.0	7.0
<100	±1.5	6.0

表3-6 烧结多孔砖的外观质量要求　　　　　　　　　　　　　　　　mm

项　目		指　标
1. 完整面	不得少于	一条面和一顶面
2. 缺棱掉角的三个破坏尺寸	不得同时大于	30
3. 裂纹长度		
(1)大面(有孔面)上深入孔壁15mm以上宽度方向及延伸到条面的长度	不大于	80
(2)大面(有孔面)上深入孔壁15mm以上长度方向及延伸到顶面的长度	不大于	100
(3)条顶面上的水平裂纹	不大于	100

项 目		指 标
4. 杂质在砖面上造成的凸出高度	不大于	5

注：凡有下列缺陷之一者，不能称为完整面：
(1)缺损在条面或顶面上造成的破坏面尺寸同时大于 20 mm×30 mm；
(2)条面或顶面上裂纹宽度大于 1 mm，其长度超过 70 mm；
(3)压陷、焦花、粘底在条面或顶面上的凹陷或凸出超过 2 mm，区域最大投影尺寸同时大于 20 mm×30 mm。

3. 烧结空心砖

烧结空心砖是指以黏土、页岩、煤矸石、淤泥（江河湖淤泥）、建筑渣土及其他固体废弃物为主要原料，经焙烧而成的具有竖向孔洞（孔洞率≥40%）的砖，如图 3-7 所示。孔的尺寸大而数量少，使用时大面受压，空洞与承压面平行，所以砖的强度不高。主要用于非承重墙、框架结构填充墙等。

图 3-7 烧结空心砖

烧结空心砖为顶面有孔洞的直角六面体，孔洞为矩形条孔（或其他孔形），平行于大面和条面，在与砂浆的接合面上，设有增加结合力的深度为 1 mm 以上的凹线槽。根据国家标准《烧结空心砖和空心砌块》（GB/T 13545—2014）的规定，空心砖和砌块的规格尺寸长度为 390、290、240、190、180(175)、140(mm)；宽度为 190、180(175)、140、115(mm)；高度为 180(175)、140、115、90(mm)（也可由供需双方商定）。按砖及砌块的体积密度，分为 800、900、1 000 及 1 100 四个体积密度等级。按其抗压强度分为 MU10.0、MU7.5、MU5.0、MU3.5 四个强度等级（表 3-7）。

表 3-7 烧结空心砖强度等级

强度级别	抗压强度/MPa		
	抗压强度平均值 $\bar{f}$ ≥	变异系数 δ≤0.21 强度标准值 f_k ≥	变异系数 δ>0.21 单块最小抗压强度值 f_{min} ≥
MU10.0	10.0	7.0	8.0
MU7.5	7.5	5.0	5.8
MU5.0	5.0	3.5	4.0
MU3.5	3.5	2.5	2.8

4. 烧结多孔砖与烧结空心砖对比分析

烧结多孔砖与烧结空心砖对比情况，见表3-8。

表3-8 多孔砖与空心砖性能对比分析

品种	多孔砖	空心砖
孔洞率	≥25%	≥40%
孔洞方向	竖向	横向
孔洞个数	多	少
单个孔洞大小	小	大
应用	承重墙	填充墙和非承重墙
强度等级	MU10、MU15、MU20、MU25、MU30 共5个	MU3.5、MU5.0、MU7.5、MU10.0 共4个

5. 非烧结砖

非烧结砖为不经焙烧而制成的砖，如碳化砖、免烧免蒸砖、蒸养（压）砖等。目前，应用较广的是蒸养（压）砖。

(1) 蒸压灰砂砖（简称灰砂砖）。 蒸压灰砂砖（LSB）主要原料为磨细砂子，加入10%～20%的石灰，经配料、拌和、制坯、蒸压养护（175 ℃～191 ℃，0.8～1.2 MPa）等工序而制成，如图3-8所示。

国家标准《蒸压灰砂砖》（GB 11945—1999）规定，按砖浸水24 h后的抗压强度和抗折强度分为MU25、MU20、MU15、MU10四个强度等级。各强度等级的抗折强度、抗压强度及抗冻指标应符合表3-9的规定。灰砂砖的尺寸规格为240 mm×115 mm×53 mm。根据砖的尺寸偏差和外观质量，分为优等品（A）、一等品（B）和合格品（C）三个质量等级。

图3-8 蒸压灰砂砖

表3-9 蒸压灰砂砖强度指标及抗冻性指标

强度等级	抗压强度/MPa		抗折强度/MPa		抗冻性	
	平均值不小于	单块值不小于	平均值不小于	单块值不小于	冻后抗压强度/MPa 平均值不小于	单块砖的干质量损失/%不大于
MU25	25.0	20.0	5.0	4.0	20.0	2.0
MU20	20.0	16.0	4.0	3.2	16.0	2.0
MU15	15.0	12.0	3.3	2.6	12.0	2.0
MU10	10.0	8.0	2.5	2.0	8.0	2.0

蒸压灰砂砖应避免用于长期受热高于200 ℃、受急冷急热交替作用或有酸性介质侵蚀的建筑部位，因为灰砂砖中的一些组分如水化硅酸钙、氢氧化钙等不耐酸，也不耐热。另外，要避免用于有流水冲刷的地方，原因是砖中的氢氧化钙等组分会被流水冲失。

(2) 蒸压粉煤灰砖（简称粉煤灰砖）。 蒸压粉煤灰砖（AFB）主要原料为粉煤灰、生石灰，加入适量石膏、外加剂、颜料和骨料等，经坯料制备、压制成型、高压蒸汽养护而成的实心砖，如图3-9所示。

图 3-9 粉煤灰砖

《蒸压粉煤灰砖》(JC/T 239—2014)根据砖的抗压强度和抗折强度将其分为 MU30、MU25、MU20、MU15、MU10 五个强度等级。各强度等级的抗折强度、抗压强度及抗冻指标应符合表 3-10 和表 3-11 的规定。

表 3-10　蒸压粉煤灰砖的强度等级　　　　　　　　　　　　　　　　MPa

强度等级	抗压强度		抗压强度	
	平均值≥	单块最小值≥	平均值≥	单块最小值≥
MU10	10.0	8.0	2.5	2.0
MU15	15.0	12.0	3.7	3.0
MU20	20.0	15.0	4.0	3.2
MU25	25.0	20.0	4.5	3.6
MU30	30.0	24.0	4.8	3.8

表 3-11　蒸压粉煤灰砖的抗冻性指标

使用地区	抗冻指标	质量损失率/%≤	抗压强度损失率/%≤
夏热冬暖地区	D15	5	25
夏热冬冷地区	D25		
寒冷地区	D35		
严寒地区	D50		

粉煤灰砖大量使用工业废料，节约黏土资源，可用于工业与民用建筑的墙体和基础，不能用于长期受热(200 ℃以上)、受急冷急热和有酸性介质侵蚀的建筑部位。应适当增设圈梁及伸缩缝以避免或减少收缩裂缝的产生。

(3)**炉渣砖(旧称煤渣砖)**。炉渣砖是以煤燃烧后的炉渣为主要原料，加入适量石灰、石膏(或电石渣、粉煤灰)和水搅拌均匀，并经陈伏、轮碾、成型、蒸汽养护而成。炉渣砖按抗压强度和抗折强度，分为 MU25、MU20、MU15 三个强度等级。

炉渣砖可用于工业与民用建筑的墙体和基础，不宜用于易受冻融和干湿交替作用的工程部位，不得用于长期受热温度在 200 ℃以上，受极冷极热和有酸性介质侵蚀的工程部位。

二、墙用砌块的认识

砌块是利用混凝土，工业废料(炉渣、粉煤灰等)或地方材料制成的人造块材，一般为直角六面体，外形尺寸比砖大，具有设备简单、砌筑速度快的优点，符合了建筑工业化发展中墙体改革的要求。砌块分类见表3-12。

表3-12 砌块分类

按尺寸分类	按有无孔洞	按材质
大型砌块(高度大于980 mm)	实心砌块(无孔洞或空心率<25%)	硅酸盐砌块
		轻骨料混凝土砌块
中型砌块(高度为380~980 mm)	空心砌块(空心率≥25%)	加气混凝土砌块
		煤矸石砌块
小型砌块(高度为115~380 mm)		普通混凝土砌块

下面将重点介绍常用的两种砌块——蒸压加气混凝土砌块和混凝土空心砌块，如图3-10和图3-11所示。

图3-10 蒸压加气混凝土砌块

图3-11 混凝土空心砌块

1. 蒸压加气混凝土砌块

蒸压加气混凝土砌块是以钙质材料和硅质材料以及加气剂、少量调节剂，经配料、搅拌、浇注成型、切割和蒸压养护而成的多孔轻质块体材料。钙质材料、石灰硅质材料可分别采用水泥、矿渣、粉煤灰、砂等。《蒸压加气混凝土砌块》(GB 11968—2006)规定，根据砌块的质量，按其尺寸偏差、外观质量、干密度、抗压强度、抗冻性等分为：优等品(A)、合格品(B)两个质量等级。

(1)蒸压加气混凝土砌块尺寸要求。《蒸压加气混凝土砌块》(GB 11968—2006)规定，砌块的规格尺寸符合以下要求：

长度(L)：600 mm；
宽度(B)：100、120、125、150、180、200、240、250、300(mm)；
高度(H)：200、240、250、300(mm)。

尺寸允许偏差应符合表3-13的规定。

表3-13 蒸压加气混凝土砌块尺寸允许偏差   mm

项目名称	长度	宽度	高度
优等品(A)	±3	±1	±1
合格品(B)	±4	±2	±2

(2) 外观质量应符合表 3-14 的要求。

表 3-14　蒸压加气混凝土砌块外观质量要求

检测项目		检测指标	
		优等品(A)	合格品(B)
缺棱掉角	最小尺寸/mm ≤	0	30
	最大尺寸/mm ≤	0	70
	大于以上尺寸缺棱掉角个数,不多于/个	0	2
裂纹长度	贯穿一棱二面的裂纹长度不得大于裂纹所在面的裂纹方向尺寸总和的	0	1/3
	任一面上裂纹长度不得大于裂纹方向尺寸的	0	1/2
	大于以上尺寸的裂纹条数不得多于/条	0	2
爆裂、粘模和损坏深度不得大于/mm		10	30
平面弯曲		不允许	
表面疏松、层裂		不允许	
表面油污		不允许	

(3) 干密度要求。蒸压加气混凝土砌块干密度是指砌块试件在 105 ℃温度下烘干至恒质量测得试件单位体积所具有的质量,分为 B03、B04、B05、B06、B07、B08 六个密度级别。各级别干密度应符合表 3-15 的规定。

表 3-15　蒸压加气混凝土砌块干密度

干密度级别		B03	B04	B05	B06	B07	B08
强度级别	优等品(A)≤	300	400	500	600	700	800
	合格品(B)≤	325	425	525	625	725	825

(4) 强度等级要求。蒸压加气混凝土砌块按抗压强度分为 A1.0、A2.0、A2.5、A3.5、A5.0、A7.5、A10.0 七个强度等级。各强度等级应满足表 3-16、表 3-17 的要求。

表 3-16　蒸压加气混凝土砌块抗压强度

强度级别	立方体抗压强度/MPa	
	平均值不小于	单组最小值不小于
A1.0	1.0	0.8
A2.0	2.0	1.6
A2.5	2.5	2.0
A3.5	3.5	2.8
A5.0	5.0	4.0
A7.5	7.5	6.0
A10.0	10.0	8.0

表 3-17　蒸压加气混凝土砌块强度级别

干密度级别		B03	B04	B05	B06	B07	B08
强度级别	优等品(A)	A1.0	A2.0	A3.5	A5.0	A7.5	A10.0
	合格品(B)			A2.5	A3.5	A5.0	A7.5

(5)抗冻性要求。蒸压加气混凝土砌块抗冻性、干燥收缩值、导热性应符合表3-18的要求。

表3-18 加气混凝土砌块抗冻性、干燥收缩、导热系数

	干密度级别		B03	B04	B05	B06	B07	B08
抗冻性	质量损失/% ≤		5.0					
	冻后强度/MPa ≥	优等品(A)	0.8	1.6	2.8	4.0	6.0	8.0
	0.8	合格品(B)			2.0	2.8	4.0	6.0
干燥收缩	标准法,≤	mm·m⁻¹	0.50					
	快速法,≤		0.80					
导热系数(干态)/[W·(m·K)⁻¹]			0.10	0.12	0.14	0.16	0.18	0.20

(6)应用。蒸压加气混凝土砌块具有质量轻、施工效率高、保温性好,常用于多层建筑的隔墙、高层框架结构的填充墙,如图3-12所示。但该材料的耐水性比较差、干燥收缩值较大,不宜用于有水或有腐蚀性介质存在的工程当中。在选用砌块时应严格控制其质量,对检验及养护龄期不符合要求的砌块严禁使用。

图3-12 加气混凝土砌块填充墙

2. 普通混凝土小型空心砌块

普通混凝土小型空心砌块(图3-13)是由水泥、粗细骨料加水搅拌,经装模、振动(或加压振动或冲压)成型,并经养护而成。《普通混凝土小型砌块》(GB/T 8239—2014)规定,砌块**按空心率**,分为空心砌块(空心率不小于25%,代号:H)和实心砌块(空心率小于25%,代号S);按**使用时砌筑墙体的结构和受力情况**,分为承重结构用砌块(代号:L,简称承重砌块)、非承重结构用砌块(代号:N,简称非承重砌块)。

(1)普通混凝土小型空心砌块尺寸要求。砌块的外形宜为直角六面体,常用块型的规格尺寸见表3-19。砌块的尺寸允许偏差应符合表3-20的规定,对于薄灰缝砌块,其高度允许偏差应控制在+1 mm、-2 mm。

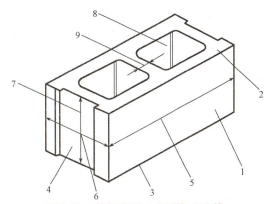

图3-13 普通混凝土小型空心砌块

1—条面;2—坐浆面(肋厚较小的面);3—铺浆面(肋厚较大的面);4—顶面;5—长度;6—宽度;7—高度;8—壁;9—肋

表3-19 普通混凝土小型空心砌块的规格尺寸　　　　　　mm

长度	高度	宽度
390	90、120、140、190、240、290	90、140、190

注:其他规格尺寸可由供需双方协商确定,采用薄灰缝砌筑的块型,相关尺寸可作相应调整。

表 3-20　普通混凝土小型空心砌块尺寸允许偏差　　　　　　　　　　　mm

项目名称	技术指标
长度	±2
宽度	±2
高度	+3，-2
注：免浆砌块的尺寸允许偏差，应由企业根据块型特点自行给出。尺寸偏差不应影响垒砌和墙片性能。	

（2）外观质量要求。混凝土小型空心砌块的外观质量应符合表 3-21 的规定。

表 3-21　混凝土小型空心砌块的外观质量

项目名称		技术指标
弯曲，≤		2 mm
缺棱掉角	个数不超过	1 个
	三个方向投影尺寸的最大值，≤	20 mm
裂纹延伸的投影尺寸累计，≤		30 mm

（3）强度等级。混凝土小型空心砌块的强度等级应符合表 3-22 的规定。

表 3-22　混凝土小型空心砌块的强度等级　　　　　　　　　　　　　MPa

强度等级	抗压强度	
	平均值，≥	单块最小值，≥
MU5.0	5.0	4.0
MU7.5	7.5	6.0
MU10	10.0	8.0
MU15	15.0	12.0
MU20	20.0	16.0
MU25	25.0	20.0
MU30	30.0	24.0
MU35	35.0	28.0
MU40	40.0	32.0

（4）吸水率和线性干燥收缩值。L 类砌块的吸水率应不大于 10%；N 类砌块的吸水率应不大于 14%。

L 类砌块的线性干燥收缩值应不大于 0.45 mm/m；N 类砌块的线性干燥收缩值应不大于 0.65 mm/m。

（5）抗冻性要求。普通混凝土空心砌块的抗冻性应符合表 3-23 的要求。

表 3-23　普通混凝土空心砌块的抗冻性指标

使用条件	抗冻指标	质量损失率	强度损失率
夏热冬暖地区	D15	平均值≤5% 单块最大值≤10%	平均值≤20% 单块最大值≤30%
夏热冬冷地区	D25		
寒冷地区	D35		
严寒地区	D50		
注：使用条件应符合《民用建筑热工设计规范》(GB 50176—2016)的规定。			

(6)应用。普通混凝土小型空心砌块具有质量轻、生产简便、施工速度快、适用性强、造价低等优点，用于低层和中层建筑的内外墙。砌筑时一般不宜浇水，但在气候特别干燥炎热时，可在砌筑前稍喷水湿润。

三、墙用板材的认识

随着建筑结构体系的改革，大开间框架结构的发展，与之相适宜的轻质复合墙体板材也蓬勃发展起来。板材类墙体具有轻质、施工效率高、节能、房间布置灵活等优点。目前，常用的板材有纸面石膏板、纤维石膏板、石膏空心板、金属面夹芯板等。

1. 纸面石膏板

纸面石膏板是以建筑石膏为主要原料，以石膏芯材及与其牢固结合在一起的护面纸组成。纸面石膏板具有质量轻、隔声、隔热、防火性能好、加工性能强、施工方法简便的特点。纸面石膏板的种类很多，常见的有如下几种，如图3-14所示。

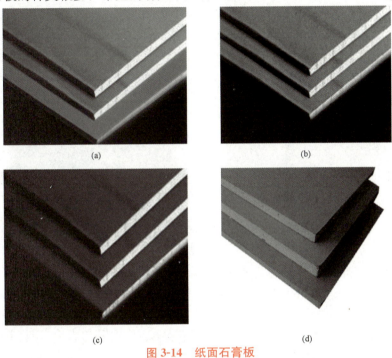

图3-14 纸面石膏板
(a)普通纸面石膏板；(b)防潮纸面石膏板；(c)耐火纸面石膏板；(d)耐水纸面石膏板

(1)普通纸面石膏板。普通纸面石膏板可做室内隔墙板。象牙白色板芯，灰色纸面，是最为经济与常见的品种。适用于无特殊要求的使用场所，使用场所连续相对湿度不超过65%。因为价格的原因，很多人喜欢使用9.5 mm厚的普通纸面石膏板来做吊顶或间墙，但是由于9.5 mm普通纸面石膏板比较薄、强度不高，在潮湿条件下容易发生变形，因此建议选用12 mm以上的石膏板，同时，使用较厚的板材也是预防接缝开裂的一个有效手段。

(2)耐水纸面石膏板。其板芯和护面纸均经过了防水处理，根据国标的要求，耐水纸面石膏板的纸面和板芯都必须达到一定的防水要求(表面吸水量不大于160 g，吸水率不超过10%)。耐水纸面石膏板适用于连续相对湿度不超过95%的使用场所，如卫生间、浴室等。

(3)耐火纸面石膏板。其板芯内增加了耐火材料和大量玻璃纤维，耐火纸面石膏板主要用于防火等级要求较高的房屋建筑当中。

（4）防潮纸面石膏板。具有较高的表面防潮性能，表面吸水率小于 160 g/m^2，防潮石膏板用于环境潮度较大的房间吊顶、隔墙和贴面墙。

2. 纤维石膏板

纤维石膏板是一种以建筑石膏为主要原料，以各种纤维为增强材料的一种新型建筑板材。纤维石膏板具有轻质、强度高、耐火、施工效率高、隔声、可锯等特点。纤维石膏板可作干墙板、墙衬、隔墙板（图 3-15）、瓦片及砖的背板、预制板外包覆层、天花板块、地板防火门及立柱、护墙板等。

3. 石膏空心板

石膏空心板是以熟石膏为胶凝材料，添加适当辅料（膨胀珍珠岩、膨胀蛭石、矿渣、粉煤灰、石灰等）经搅拌、成型、抽芯、干燥等工序制成，如图 3-16 所示。石膏空心板具有轻质、强度高、隔声、隔热、防水性好、加工性好等特点。在建筑工程中可用于非承重内隔墙，若用于潮湿的环境中，板表面需做防水处理。

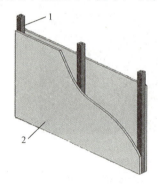

图 3-15 纤维石膏板隔墙
1—轻钢龙骨；2—纤维石膏板

图 3-16 石膏空心板

4. 金属面夹芯板

金属面夹芯板是指上下两层为金属薄板，芯材为有一定刚度的保温材料，如岩棉、硬质泡沫塑料等，在专用的自动化生产线上复合而成的具有承载力的结构板材。金属面夹芯板按建筑物的使用部位可分为屋面板、墙板、隔墙板、吊顶板；按面板材料可分为彩钢夹芯板和铝合金夹芯板两大类。金属面夹芯板具有轻质、保温隔热、防火性好、施工方便等特点。在建筑工程中，常用的围墙及活动板房均采用的是彩钢夹芯板，如图 3-17 所示。

(a)

(b)

图 3-17 彩钢夹芯板
(a)活动板房；(b)围墙

学习单元 3.2　墙用砖、砌块的检测

在建筑工程中墙体占有较大比重，为保证墙体的施工质量，必须掌握对墙体材料质量的检测方法，才能正确地选用材料，保证工程质量。

任务提出

假设墙体材料为强度 MU20 的砖和强度为 A3.5 的加气混凝土砌块，请对其进行检测，评定其质量是否符合要求。

任务分析

砌墙砖的检测主要包括尺寸偏差、外观质量、强度等。砌块的检测主要包括尺寸偏差、外观质量、干表观密度等。

任务实施

一、检测墙用砖的主要指标

1. 测量尺寸

测量工具为砖用卡尺（图 3-18），分度值为 0.5 mm。

（1）测量方法。长度应在砖的两个大面的中间处分别测量两个尺寸；宽度应在砖的两个大面的中间处分别测量两个尺寸；高度应在两个条面的中间处分别测量两个尺寸，如图 3-19 所示。当被测处有缺损或凸出时，可在其旁边测量，但应选择不利的一侧。

（2）结果评定。结果分别以长度、高度和宽度的最大偏差值表示，不足 1 mm 者按 1 mm 计。

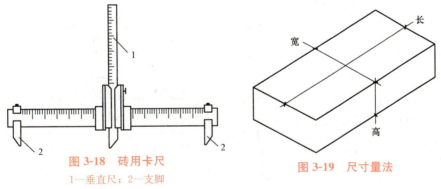

图 3-18　砖用卡尺
1—垂直尺；2—支脚

图 3-19　尺寸量法

2. 检查外观质量

（1）测量方法。测量工具为砖用卡尺（图 3-18），分度值为 0.5 mm；钢直尺，分度值为 1 mm。

1）缺损。缺棱掉角在砖上造成的破损程度，以破损部分对长、宽、高三个棱边的投影尺寸来度量，称为破坏尺寸，如图 3-20 所示。缺损造成的破坏面，是指缺损部分对条面、顶面（空心砖为条、大面）的投影面积，如图 3-21 所示。

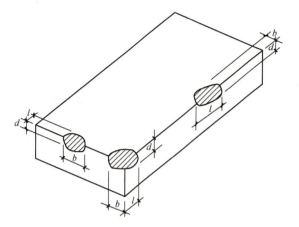

图 3-20 缺棱掉角破坏尺寸量法
d—高度方向的投影量；l—长度方向的投影量；
b—宽度方向的投影量

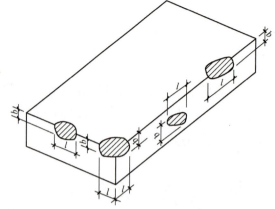

图 3-21 缺损在条面、顶面上造成破坏面量法
l—长度方向的投影量；b—宽度方向的投影量

2) 裂纹。裂纹可分为长度方向、宽度方向和水平方向三种。以被测方向的投影长度表示，如果裂纹从一个面延伸至其他面上时，则累计其延伸的投影长度，如图 3-22 所示。裂纹长度以在三个方向上分别测得的最长裂纹作为测量结果。

3) 弯曲。弯曲分别在大面和条面上测量，测量时将砖用卡尺的两支肢沿棱边两端放置，择其弯曲最大处将垂直尺推至砖面，如图 3-23 所示。但不应将因杂质或碰伤造成的凹处计算在内。以弯曲中测量的较大者作为测量结果。

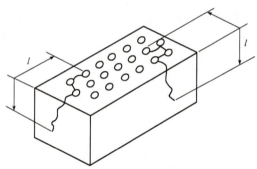

图 3-22 多孔砖裂纹通过孔洞时长度测量法

4) 杂质凸出高度。杂质在砖面上造成的凸出高度，以杂质距砖面的最大距离表示。测量时将砖用卡尺的两支脚置于凸出两边的砖平面上，以垂直尺测量，如图 3-24 所示。

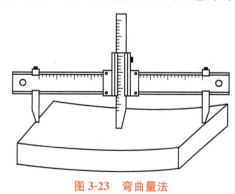

图 3-23 弯曲量法

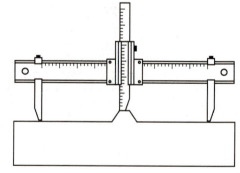

图 3-24 杂质凸出量法

(2) 结果评定。外观测量以 mm 为单位，不足 1 mm 者，按 1 mm 计。

3. 检测抗压强度

(1) 试件制备。

1)烧结普通砖。

①将试样切断或锯成两个半截砖,断开的半截砖长不得小于100 mm,如图3-25所示。如果不足100 mm,应另取备用试样补足。

②在试样制备平台上,将已断开的半截砖放入室温的净水中浸10~20 min后取出,并以断口相反方向叠放,两者中间抹以厚度不超过5 mm的用42.5级普通硅酸盐水泥调制成稠度适宜的水泥净浆黏结,上下两面用不超过3 mm的同种水泥浆抹平。制成的试件上下两面须相互平行,并垂直于侧面,如图3-26所示。

图3-25 断开的半截砖

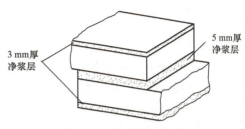

图3-26 砖的抗压试件

2)多孔砖、空心砖。试件制作采用坐浆法操作。即将玻璃板置于试件制备平台上,其上铺一张湿的垫纸,纸上铺一层厚度不超过5 mm的用42.5级普通硅酸盐水泥制成稠度适宜的水泥净浆,再将在水中浸泡10~20 min的试样平稳地将受压面坐放在水泥浆上,在另一受压面上稍加压力,使整个水泥层与砖受压面相互黏结,砖的侧面应垂直于玻璃板。待水泥浆适当凝固后,连同玻璃板翻放在另一铺纸放浆的玻璃板上,再进行坐浆,用水平尺校正好玻璃板的水平。

3)非烧结砖。将同一块试样的两半截砖断口相反叠放,叠合部分不得小于100 mm,如图3-27所示,即为抗压强度试件。如果不足100 mm时,则应剔除另取备用试样补足。

(2)试件养护。普通制样法制成的抹面试件制品应置于不低于10 ℃的不通风室内养护3 d,再进行试验。机械制样的试件连同模具在不低于10 ℃的不通风室内养护24 h后脱模,再在相同条件下养护48 h,再进行试验。非烧结砖试件不需养护,直接进行试验。

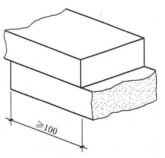

图3-27 抗压试验砖样叠合图

(3)试验步骤。

1)测量每个试件连接面或受压面的长、宽尺寸各两个,分别取其平均值,精确至1 mm。

2)将试件平放在加压板的中央,垂直于受压面加荷,应均匀平稳,不得发生冲击或振动。加荷速度以4 kN/s为宜,直至试件破坏为止,记录最大破坏荷载P。

(4)结果计算。

1)每块试样的抗压强度R_p按式(3-1)计算,精确至0.1 MPa。

$$R_p = \frac{P}{LB} \tag{3-1}$$

式中 R_p——抗压强度(MPa);

P——最大破坏荷载(N);
L——受压面(连接面)的长度(mm);
B——受压面(连接面)的宽度(mm)。

2) 试验结果以试样抗压强度的算术平均值和单块最小值表示，精确至 0.1 MPa。

(5) 结果评定。根据试验结果，按平均值-标准值方法(变异系数 $\delta \leqslant 0.21$ 时)或平均值-最小值方法(变异系数 $\delta > 0.21$ 时)评定砖的强度等级，变异系数按式(3-2)和式(3-3)计算。强度等级应符合表 3-24 的要求。

$$\delta = \frac{S}{\bar{f}} \tag{3-2}$$

$$S = \sqrt{\frac{1}{9}\sum_{i=1}^{10}(f_i - \bar{f})^2} \tag{3-3}$$

式中 δ——砖强度变异系数，精确至 0.01;
S——10 块试样的抗压强度标准值，精确至 0.01 MPa;
$\bar{f}$——10 块试样的抗压强度平均值，精确至 0.1 MPa;
f_i——第 i 块试样的抗压强度测定值，精确至 0.01 MPa。

表 3-24 烧结普通砖的强度等级　　　　　　　　　　　　MPa

强度等级	抗压强度平均值 $\bar{f} \geqslant$	强度标准值 $f_k \geqslant$
MU30	30.0	22.0
MU25	25.0	18.0
MU20	20.0	14.0
MU15	15.0	10.0
MU10	10.0	6.5

二、检测蒸压加气混凝土砌块主要指标

1. 取样

同品种、同规格、同等级的砌块，以 10 000 块为一批，不足 10 000 块也为一批，随机抽取 50 块砌块，进行尺寸偏差、外观检验。从外观与尺寸偏差合格的砌块中，随机抽取 6 块制作试件，进行干密度和强度级别检验。

2. 尺寸、外观检测

量具：钢直尺、钢卷尺、深度游标卡尺，最小刻度为 1 mm。

尺寸测量：长度、宽度、高度分别在两个对应面的端部测量，各量两个尺寸，如图 3-28 所示。测量值大于规格尺寸的取最大值，测量值小于规格尺寸的取最小值。

缺棱掉角：目测缺棱掉角个数，测量砌块破坏部分对砌块的长、高、宽三个方向的投影面积尺寸，如图 3-29 所示。

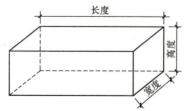

图 3-28 尺寸测量

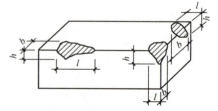

图 3-29 缺棱掉角测量方法示意图

裂纹：目测裂纹条数，长度以所在面最大的投影尺寸为准，如图 3-30 中 l 所示。若裂纹从一面延伸至另一面，则以两个面上的投影尺寸之和为准，如图 3-30 中 $(b+l)$ 和 $(l+h)$ 所示；

平面弯曲：测量弯曲面的最大缝隙尺寸，如图 3-31 所示。

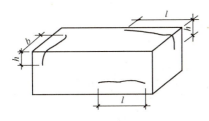
图 3-30　裂纹长度测量示意图
l—长度方向的投影尺寸；
h—高度方向的投影尺寸；b—宽度方向的投影尺寸

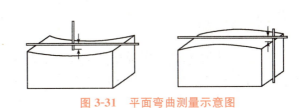
图 3-31　平面弯曲测量示意图

爆裂、粘模和损坏深度：将钢直尺平放在砌块表面，用深度游标卡尺垂直于钢直尺，测量其最大深度。

3. 干表观密度检测

(1)取样：取试件 3 组 9 块。

(2)计算体积：按试件轴线方向逐块量取长、宽、高的尺寸，精确至 1 mm，可计算出试件体积 V。

(3)烘干：将试件放入电热鼓风干燥箱内，在 (60 ± 5)℃下保温 24 h，然后在 (80 ± 5)℃下保温 24 h，再在 (105 ± 5)℃下烘干至恒重 M。

(4)干表观密度计算。按式(3-4)计算：

$$\rho=\frac{M}{V} \tag{3-4}$$

式中　ρ——干表观密度(kg/m^3)。

4. 抗压强度检测

(1)取样。制取 100 mm×100 mm×100 mm 立方体试件 3 组 9 块，试件的质量含水率控制在 25%～45%。

(2)试验步骤。

1)测量试件尺寸，精确至 1 mm，即可计算试件的受压面积 A_1；

2)将试件放在压力机的下压板的中心位置，试件的受力方向应垂直于制品的发气方向；

3)开启试验机，加载速度为 (2.0 ± 0.5) kN/s，直至试件破坏，读取破坏时荷载 P_1。

(3)结果计算。按式(3-5)计算：

$$f_{cc}=\frac{p_1}{A_1} \tag{3-5}$$

式中　f_{cc}——抗压强度(MPa)；
　　　p_1——破坏时荷载(N)；
　　　A_1——受压面积(mm^2)。

学习单元 3.3 建筑砂浆的认知

任务提出

上海市某中学教学楼为五层内廊式砖混结构，工程交工验收时质量良好，但使用半年后，发现砖砌体裂缝，路面抹灰层起壳。继续观察一年后，建筑物裂缝严重，以致成为危房不能使用。该工程砂浆采用硫铁矿渣代替建筑用砂。其含硫量较高，有的高达4.6%。

产生以上问题的原因是由于硫铁矿渣中的三氧化硫和硫酸根与水泥或石灰膏反应，生成硫铁酸钙或硫酸钙，产生体积膨胀。而其硫含量较多，在砂浆硬化后不断生成此类体积膨胀的水化产物，致使砌体产生裂缝，抹灰层起壳。

需要说明的是，该段时间上海的硫铁矿渣含硫较高，不仅此项工程出问题，其他许多采用硫铁矿渣的工程也出现类似的质量问题。

砂浆作为墙体工程中必不可少的黏结材料，其性能的优劣决定了墙体工程质量及耐久性，必须重视砂浆的质量性能。那么砂浆的性能该如何保证呢？

任务分析

建筑砂浆是由胶凝材料、细骨料、掺加料和水按适当比例配合、拌制并经硬化而成的，又被称为"无粗骨料的混凝土"。**建筑砂浆按用途不同，可分为砌筑砂浆、抹面砂浆；按所用胶结料不同，可分为水泥砂浆、石灰砂浆、水泥石灰混合砂浆等。**

一、砂浆的组成材料

建筑砂浆的组成材料主要有胶结材料、砂、掺合料、水和外加剂等。

1. 胶凝材料

常用的胶凝材料有水泥、石灰、有机聚合物等。

(1) 水泥。各种通用硅酸盐水泥均可用来拌制砂浆。为合理利用资源，节约原材料，在配制砂浆时要尽量选用中、低强度等级的水泥。水泥砂浆采用的水泥强度等级不宜大于32.5级，水泥混合砂浆采用的水泥强度等级不宜大于42.5级。水泥的品种应根据砂浆的使用环境和用途选择，对于特殊用途的砂浆还可采用专用水泥和特种水泥，如修补裂缝、预制构件的嵌缝等需用膨胀水泥，装饰砂浆采用白色水泥等。

(2) 掺合料。为改善砂浆的和易性、节约水泥，砂浆中常掺入各种掺加料制成水泥混合砂浆。掺加料多为无机胶凝材料，如石灰膏、黏土膏、电石膏、粉煤灰等。

1) 石灰膏。砂浆中使用的石灰应预先熟化，并经陈伏，以消除过火石灰的危害。生石灰熟化成石灰膏时，用孔径≤3 mm的方孔筛网过筛，熟化时间不少于7 d；磨细生石灰粉的熟化时间不小于2 d。应避免使用脱水硬化的石灰膏，因其起不到塑化作用并会影响砂浆的强度；消石灰粉也不得直接用于砌筑砂浆。

2) 黏土膏。采用黏土或粉质黏土制备黏土膏，应控制其中的有机物含量。

3) 电石膏。制作电石膏的电石渣在用前应检验，加热至70 ℃并保持20 min没有乙炔气味后，方可使用。

4）粉煤灰。品质指标应符合《用于水泥和混凝土中的粉煤灰》(GB/T 1596—2017)的规定。

2. 细骨料

细骨料在砂浆中起着骨架和填充作用，对砂浆的流动性、黏聚性和强度等技术性能影响较大。配制建筑砂浆的细骨料常用的是天然砂，用砂除应符合混凝土用砂的技术要求外还要注意以下几点：

(1)砂子的最大粒径的限制。砂子的最大粒径的限制理论上不应超过砂浆层厚度的1/4～1/5。

(2)砂子的含泥量的规定。砌筑砂浆用砂子的含泥量不应超过5%；强度等级为M2.5的水泥混合砂浆用砂子的含泥量不应超过10%，配制高强度砂浆时，为保证砂浆质量，应选用洁净的砂子。

(3)外加剂和掺合料。为改善砂浆的和易性、保温性、防水性、抗裂性等性能，常在砂浆中掺入外加剂。水泥黏土砂浆中不得掺入有机塑化剂。若掺入塑化剂(微沫剂、减水剂、泡沫剂等)可以提高砂浆的和易性、抗裂性、抗冻性及保温性，减少用水量，还可以代替大量石灰。塑化剂有皂化松香、纸浆废液、硫酸盐酒精废液等，其掺量由试验确定。

掺入石棉纤维、玻璃纤维等材料可以提高砂浆的抗拉强度、抗裂性，掺入膨胀珍珠岩砂或引气剂等可以提高砂浆保温性，掺入防水剂可以提高砂浆的防水性和抗渗性等，掺入氯化钠、氯化钙可以提高冬期施工砂浆的抗冻性。

3. 拌和用水

拌制砂浆用水与混凝土拌和用水的要求相同，均需满足《混凝土用水标准》(JGJ 63—2006)的规定。

4. 外加剂

在砂浆拌合物中掺入外加剂是改善砂浆性能的重要措施。常用砂浆外加剂有塑化剂、微沫剂、保水剂、膨胀剂和防水剂等。另外，还有一些新型砂浆外加剂，如可再分散乳胶粉、淀粉醚等。

塑化剂是指能将散粒材料胶结成不易散开的可塑性浆体的物质。掺入塑化剂可改善低强度等级水泥砂浆或使用级配不良的砂配制的砂浆所产生的分层、离析、泌水、和易性差的问题。常用的塑化剂有：木质素磺酸盐、氨基磺酸盐、聚羧酸盐等。

微沫剂是一种憎水性表面活性物质，加入拌合物中后能吸附在水泥颗粒表面形成皂膜，可降低水的表面张力，使砂浆中产生大量高度分散、不破灭的微小气泡，减小水泥颗粒之间的摩阻力，改善砂浆的流动性、和易性。常用的微沫剂有松香皂等。

保水剂能显著减少砂浆泌水问题，防止离析，并改善砂浆和易性。常用的保水剂有甲基纤维素、硅藻土等。

可再分散乳胶粉是高分子聚合物乳液经喷雾干燥，以及后续处理而成的粉状热塑性树脂，掺入砂浆可增加内聚力、黏聚力与柔韧性。可再分散乳胶粉主要用于建筑外保温黏结剂、抹面砂浆、瓷砖黏结剂、粉刷石膏、内外墙腻子、修补砂浆、自流平砂浆、聚苯颗粒保温浆料等。

淀粉醚是以天然多糖为原料经高度醚化改性而成，是一种砂浆增稠剂。淀粉醚可影响掺石膏、水泥和石灰等无机胶凝材料的砂浆稠度，通常和甲基纤维素复合使用，适量的淀粉醚能明显增加砂浆的稠度和黏性，提高砂浆的保水性、抗垂性和抗滑移性。

为改善砂浆的其他性能也可掺入另外一些外加剂，如掺入膨胀剂可补偿砂浆所产生的体积收缩，掺入纤维材料可改善砂浆的抗裂性，掺入防水剂可提高砂浆的防水性和抗渗性，掺入引气剂可提高保温性能等。

二、砂浆的技术性能

1. 砂浆的和易性

砂浆的和易性包括流动性和保水性。

(1) 流动性。 流动性又称稠度，是指砂浆在自重或外力作用下流动的性能。砂浆应具有适宜的流动性，以便于在构件表面铺成均匀密实的砂浆层或者抹成均匀的薄层。砂浆的流动性可用稠度测定仪(图 3-32)测定其稠度值(即沉入度，M)来表示。沉入度即标准圆锥体沉入砂浆中的深度，沉入度越大，则砂浆的流动性越大，但流动性过大的砂浆易分层、泌水，造成砌筑困难；流动性过小则不便施工操作。

砂浆流动性的选择应考虑砌体种类、气候条件及施工方法。抹面砂浆、多孔吸水的砌体材料、高温干燥气候和手工操作的砂浆，流动性应大些；而砌筑砂浆、密实不吸水的砌体材料、寒冷潮湿气候和机械施工的砂浆，流动性宜小些。

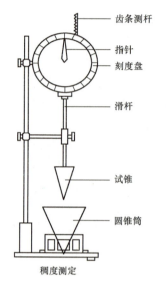

图 3-32 砂浆稠度测定仪

(2) 保水性。 砂浆的保水性是指砂浆保存水分的能力。保水性良好的砂浆，能保持水分不易流失，在砌筑时容易摊铺成均匀密实的砂浆层，且与基底黏结好，强度较高。保水性差的砂浆易泌水离析，砌筑时水分容易被基面吸收，砂浆变得干涩而难于铺摊均匀。同时，还会影响胶凝材料的正常硬化，影响工程质量。砂浆的保水性用保水率表示，其测定方法参见行业标准《建筑砂浆基本性能试验方法标准》(JGJ/T 70—2009)。

为保证砂浆拌合物在运输及停放时的稳定性，还需测定其分层度。测定时将砂浆搅拌均匀，先测定沉入度，再装入分层度测定仪(图 3-33)，静置 30 min 后取底部的 1/3 砂浆，重拌后再测其沉入度，前后两次沉入度的差值即为**分层度**(mm)。

分层度也可用于衡量砂浆拌合物的保水能力。分层度越小，砂浆保水性越好，但分层度过小(<10 mm)的砂浆，往往胶凝材料用量过大或砂过细，易产生收缩开裂，影响工程质量；而分层度过大(>30 mm)的砂浆，其保水性差，容易产生泌水、离析，不便于施工和保证工程质量。砂浆的分层度以 10~20 mm 为宜，保水性好且硬化后性质也较好。

图 3-33 砂浆分层度测定仪

砂浆的保水性与组成材料有关，若胶凝材料、掺加料的用量少，则砂浆保水性较差；若砂粒过粗、易下沉而引起水上浮，则分层度也将增大。

2. 砂浆的强度

砂浆强度等级是以边长为 **70.7 mm** 的立方体试块，按标准条件在(20±3)℃温度下和相对湿度为 60%~80% 的条件下或相对湿度为 90% 以上的条件下养护至 28 d 的抗压强度值确定，**分为 M5、M7.5、M10、M15、M20、M30 六个等级**。

砂浆的强度与其组成材料、配合比、养护条件以及砌体材料等很多因素有关。若基底为不吸水材料(如致密的石材)，则砂浆强度与混凝土相似，主要取决于水泥的强度和水胶比。若基底为吸水材料（如砖和其他多孔材料），由于基底的吸水性较强，无论砂浆拌和时用多少水，基底吸水后保留在砂浆中的水分基本相同。因此，砂浆的强度主要取决于水泥强度和水泥用量，而与砂浆拌和时的水胶比无关。

3. 砂浆的黏结性

块状砌体材料是靠砂浆黏结成为整体的，因此黏结性的大小对砌体的强度、耐久性、抗震性都有较大影响。通常，砂浆的黏结强度随抗压强度的增加而增加，也与砌体材料的表面状态、清洁程度、润湿情况以及施工养护条件等有关。粗糙、润湿、清洁的表面与砂浆的黏结性较高，养护良好的砂浆与砌体材料的黏结较好。砌筑砂浆的黏结强度一般应大于 0.2 MPa；抹面砂浆的黏结强度对水泥砂浆应大于 0.15 MPa，石膏砂浆应大 0.30 MPa。

三、砌筑砂浆

砌筑砂浆是将砖、石及砌块黏结成为砌体的砂浆。它起着黏结砖、石及砌块构成砌体，传递荷载，并使应力的分布较为均匀以及协调变形的作用。

1. 砌筑砂浆的技术要求

《砌筑砂浆配合比设计规程》(JGJ/T 98—2010)规定，砌筑砂浆需符合以下技术条件：

(1)水泥砂浆及预拌砌筑砂浆的强度等级宜采用 M5、M7.5、M10、M15、M20、M25、M30；水泥混合砂浆的强度等级宜采用 M5、M7.5、M10、M15。

(2)水泥砂浆拌合物的表观密度不宜小于 1 900 kg/m³，水泥混合砂浆拌合物、预拌砌筑砂浆拌合物的表观密度不宜小于 1 800 kg/m³。

(3)砌筑砂浆施工时的稠度宜按表 3-25 选用。

表 3-25　砌筑砂浆的施工稠度

项次	砖石砌体种类	砂浆稠度/mm
1	烧结普通砖砌体、粉煤灰砖砌体	70～90
2	烧结多孔砖砌体、烧结空心砖砌体、轻骨料混凝土小型空心砌块砌体、蒸压加气混凝土砌块砌体	60～80
3	混凝土砖砌体、普通混凝土小型空心砌块砌体、灰砂砖砌体	50～70
4	石砌体	30～50

(4)砌筑砂浆的稠度、保水率、试配抗压强度应同时满足要求。

(5)砌筑砂浆的保水率应符合表 3-26 的规定。

表 3-26　砌筑砂浆的保水率　　　　　　　　　　　　　　　　　　%

砂浆种类	保水率
水泥砂浆	≥80
水泥混合砂浆	≥84
预拌砌筑砂浆	≥88

(6)有抗冻性要求的砌体工程，砌筑砂浆应进行冻融试验。砌筑砂浆的抗冻性应符合表 3-27 的规定，且当设计对抗冻性有明确要求时，尚应符合设计规定。

表 3-27 砌筑砂浆的抗冻性

使用条件	抗冻指标	质量损失率/%	强度损失率/%
夏热冬暖地区	F15	≤5	≤25
夏热冬冷地区	F25		
寒冷地区	F35		
严寒地区	F50		

(7) 砌筑砂浆中的水泥和石灰膏、电石膏等材料的用量可按表 3-28 选用。

表 3-28 砌筑砂浆的材料用量　　　　　　　　　　　　　　　　　kg/m³

砂浆种类	材料用量
水泥砂浆	≥200
水泥混合砂浆	≥350
预拌砌筑砂浆	≥200

注：1. 水泥砂浆中的材料用量是指水泥用量。
　　2. 水泥混合砂浆中的材料用量是指水泥和石灰膏、电石膏的材料总量。
　　3. 预拌砌筑砂浆中的材料用量是指胶凝材料用量，包括水泥和替代水泥的粉煤灰等活性矿物掺合料。

2. 砌筑砂浆的种类

建筑常用的砌筑砂浆有水泥砂浆、石灰砂浆和水泥石灰混合砂浆。

(1) 水泥砂浆。 水泥砂浆由水泥、砂子和水组成。水泥砂浆和易性较差，但强度较高，适用于潮湿环境、水中以及对砂浆强度等级要求较高的工程。砖柱、砖拱、钢筋砖过梁等一般采用强度等级为 M5、M7.5 或 M10 的水泥砂浆，砖基础一般采用强度等级为 M2.5 或 M5 的水泥砂浆。

(2) 石灰砂浆。 石灰砂浆由石灰、砂子和水组成。石灰砂浆和易性较好，但强度很低，又由于石灰是气硬性胶凝材料，故石灰砂浆不宜用于潮湿环境和水中。石灰砂浆一般用于地上的、强度要求不高的低层建筑或临时性建筑。简易房屋可用石灰黏土砂浆。

(3) 水泥石灰混合砂浆。 水泥石灰混合砂浆由水泥、石灰、砂子和水组成。其强度、和易性、耐水性介于水泥砂浆和石灰砂浆之间。一般用于地面以下的工程。多层房屋的墙体一般采用强度等级为 M5 或 M2.5 的水泥石灰砂浆，料石砌体多采用强度等级为 M2.5 或 M5 的水泥砂浆或水泥石灰砂浆。

四、抹面砂浆

凡涂抹在建筑表面或构件表面的砂浆统称为抹面砂浆。抹面砂浆既能保护墙体，又具有一定的装饰性。根据功能的不同，抹面砂浆可分为普通抹面砂浆、装饰砂浆、防水砂浆和具有特殊功能的砂浆。

1. 抹面砂浆的特性

抹面砂浆是指涂抹在基底材料的表面，兼有保护基层和增加美观作用的砂浆。与砌筑砂浆相比，抹面砂浆具有以下特点：

(1) 抹面层不承受荷载。
(2) 抹面层与基底层要有足够的黏结强度，使其在施工中或长期自重和环境作用下不脱落、不开裂。

(3)抹面层多为薄层,并分层涂抹,面层要求平整、光洁、细致、美观。

(4)多用于干燥环境,大面积暴露在空气中。

2. 普通抹面砂浆

常用的普通抹面砂浆有水泥砂浆、石灰砂浆、水泥石灰混合砂浆、麻刀石灰砂浆(简称麻刀灰)、纸筋石灰砂浆(纸筋灰)等。为了保证砂浆抹灰层表面平整,避免砂浆脱落和出现裂缝,常采用分层薄涂的方法,一般分两层(中级抹灰)或三层(高级抹灰)施工。

普通抹面砂浆施工时一般可分为二至三层,即底层、中层和面层。底层抹灰的作用主要是使砂浆与基层黏结牢固,要求砂浆具有良好的和易性和较高的粘结力。中层抹灰的主要作用是找平,又称找平层,可省去不用。面层抹灰起装饰作用,要求光洁平整,应选用细砂。砖墙的底层抹灰,多用石灰砂浆,板条墙或板条顶棚的底层抹灰多用混合砂浆或石灰砂浆,混凝土墙、梁、柱、顶板等底层抹灰多用混合砂浆、麻刀石灰浆或纸筋石灰浆。用于室外、潮湿环境或易碰撞等部位的砂浆,如外墙、地面、踢脚、水池、墙裙、窗台等,必须采用水泥砂浆。

由于抹面砂浆对强度要求不高,故一般不需要进行配合比设计,确定抹面砂浆组成材料及配合比的主要依据是工程使用部位及基层材料的性质,常根据施工经验来选择配合比。常用普通抹面砂浆配合比可参考表 3-29 选取。

表 3-29　抹面砂浆配合比

材料	体积配合比	应用范围
水泥∶砂	(1∶3)～(1∶2.5)	潮湿房间的墙裙、踢脚地面基层
水泥∶砂	(∶2)～(1∶1.5)	地面、墙面、天棚
水泥∶砂	(1∶0.5)～(1∶1)	混凝土地面压光
石灰∶砂	(1∶2)～(1∶4)	干燥环境中砖、石墙表面
石灰∶水泥∶砂	(1∶0.5∶4.5)～(1∶1∶5)	勒脚、檐口、女儿墙及较潮湿部位
石灰∶黏土∶砂	(1∶1∶4)～(1∶1∶8)	干燥环境的墙表面
石灰∶石膏∶砂	(1∶0.4∶2)～(1∶1∶3)	干燥环境的墙及天花
石灰∶石膏∶砂	(1∶2∶2)～(1∶2∶4)	干燥环境的线脚及装饰
石灰膏∶麻刀	100∶2.5(质量比)	木板条顶棚面层
石灰膏∶纸筋	100∶3.8(质量比)	木板条顶棚面层
石灰膏∶纸	1 m³ 石灰膏掺3.6 kg 纸筋	较高级墙板、天棚
石灰∶石膏∶砂∶锯末	1∶1∶3.5	用于吸声粉刷

3. 装饰砂浆

涂抹在建筑物内外墙表面,且具美观装饰效果的抹灰砂浆通称为装饰砂浆。装饰砂浆的底层和中层抹灰与普通抹灰砂浆基本相同。主要是装饰砂浆的面层,要选用具有一定颜色的胶凝材料和骨料以及采用某种特殊的操作工艺,使表面呈现出各种不同的色彩、线条与花纹等装饰效果。

(1)装饰砂浆的组成材料。

1)胶凝材料。装饰砂浆采用的胶凝材料有普通水泥、矿渣水泥、火山灰水泥和白水泥浆、彩色水泥,或者是在常用水泥中掺加一些耐碱矿物配成彩色水泥及石灰、石膏等。

2)骨料。骨料常采用大理石、花岗石等带颜色的细石渣或玻璃、陶瓷碎片。

3)着色剂。

(2)装饰砂浆的类型。装饰砂浆按饰面方式可分为灰浆类装饰砂浆和石碴类装饰砂浆两大类。

1)灰浆类装饰砂浆。灰浆类装饰砂浆常用的饰面方式有拉毛灰、甩毛灰、仿面砖、喷涂、弹涂、拉条。

2)石碴类装饰砂浆。石碴类装饰砂浆常用的饰面方式有以下几种：

①水刷石：用粒径约 5 mm 的石碴、水泥和水拌和后做面层，在水泥凝结前，用毛刷蘸水或用喷雾器喷水冲刷表面水泥浆，使其露出石碴，形成饰面，多用于外墙饰面。

②干粘石：在刚刚抹好的水泥砂浆面层上拍入粒径约 5 mm 的石碴，要求黏结牢固、不脱落。效果与水刷石相似，也多用于外墙饰面。

③水磨石：将彩色石碴、水泥和水按比例拌和、成型，待面层经养护硬化后，用机械磨平抛光而成。水磨石多用于地面装饰，也可预制成楼梯踏步、窗台板、踢脚板等。

④斩假石：多采用细石碴加水泥、水拌和后，抹在底层上压实抹平，经养护硬化后用剁斧斩毛，形似天然石材。

4. 防水砂浆

制作防水层的砂浆称为防水砂浆。砂浆防水层又称为刚性防水层。这种防水层仅用于不受震动和具有一定刚度的混凝土工程或砖石砌体工程。对于变形较大或可能发生不均匀沉陷的建筑物，都不宜采用刚性防水层。

防水砂浆可以用普通水泥砂浆来制作，也可以在水泥砂浆中掺入防水剂来提高砂浆的抗渗能力，或者采用聚合物水泥砂浆防水。常用的防水剂品种有水玻璃类、金属皂类和氧化物金属盐等。

水玻璃防水剂是以硅酸钠(即水玻璃)为基料，掺入砂浆中会与水泥水化过程中析出的氢氧化钙反应而生成不溶性硅酸盐，填充毛细孔管道及砂浆孔隙，从而提高砂浆的抗渗性。常用的有二矾、三矾、四矾、五矾等多种水玻璃防水剂。由于该防水剂含有一定量的可溶性氧化物，会降低砂浆的密实度和强度，因此工程上一般只利用它的速凝作用和黏附性作修补堵漏和表面处理用。

金属皂类防水剂是由硬脂酸、氨水、氢氧化钾(或碳酸钠)和水按一定比例混合加热皂化而成的有色浆状物。将其掺入水泥砂浆中，可使水泥颗粒和骨料之间形成憎水性吸附层及生成不溶性物质，起填充微细毛孔和堵塞毛细孔的作用。

氧化物金属盐类防水剂是用氧化铁、氧化钙、氧化铝等金属盐和水按照一定比例配制而成的有色液体。将其掺入水泥砂浆中，在凝结硬化过程中能形成不透水的复盐，起到填充密实的作用，从而提高砂浆的抗渗性能。

防水砂浆常用的施工方式有以下两种：

(1)利用高压喷枪将砂浆以 100 m/s 的高速喷到建筑物的表面，砂浆被高压空气压实后，密度变大，抗渗性能变好，但由于施工条件的限制，目前应用还不广泛。

(2)分工多层抹压法，是将砂浆分几层压实，以减少内部的连通孔隙，提高密实度，达到防水的效果。防水砂浆一般采用四、五层施工，但这种防水层的施工方法，对施工操作的技术要求很高。

5. 保温砂浆

采用水泥、石灰、石膏等胶凝材料与膨胀珍珠岩浆、膨胀蛭石、陶粒、陶砂或聚苯乙烯泡沫颗粒等轻质多孔骨料，按一定比例配制而成的砂浆称为绝热砂浆。绝热砂浆的导热系数为 0.07~0.10 W/(m·K)，具有导热系数小、保温隔热性能好、质量轻等优点，主要用于屋面隔热层、隔热墙壁、冷库及工业窑炉、供热管道绝热层等。如在绝热砂浆中掺入或在绝热砂浆表面喷涂憎水剂，则其保温隔热效果会更好。

6. 吸声砂浆

一般绝热砂浆是由轻质多孔骨料制成的，同时具有吸声性能。还可以用水泥、石膏、砂、锯末（其体积比为 1∶1∶3∶5）等配成吸声砂浆，或者在石灰、石膏砂浆中掺入玻璃纤维、矿物棉等松软纤维材料。吸声砂浆用于室内墙壁和屋顶的吸声。

7. 防射线砂浆

在水泥中掺入重晶石粉、重晶石砂，可配制成具有防 X 射线和 γ 射线能力的砂浆。如在水泥中掺入硼砂、硼化物等，则可配制成具有防中子射线能力的砂浆，多用于射线防护工程。

8. 自流平砂浆

自流平砂浆是指在自重作用下能自动流平的砂浆，常用于地坪和地面。自流平砂浆施工方便、质量可靠。其关键技术是掺用合适的化学外加剂，严格控制砂子的级配、颗粒形态和选择具有合适级配的水泥或其他胶凝材料。良好的自流平砂浆可使地坪平整光洁、强度高、耐磨性好、无开裂现象。

9. 预拌砂浆

预拌砂浆是指由专业生产厂生产的湿拌砂浆和干混砂浆。其中，干混砂浆也称干拌砂浆。预拌砂浆是传统建筑材料的一次技术革新，常用粉煤灰、磨细矿渣、石粉等掺加料代替水泥和细骨料，通过掺加增塑剂、保水剂和引气剂来改善砂浆的和易性。

湿拌砂浆是指将水泥、细骨料、外加剂、水以及根据性能确定的各种组分，按一定比例，在搅拌站经计量、拌制后，采用运输车运至使用地点，放入专用容器储存，并在规定时间内使用完毕的湿拌拌合料。

干混砂浆是指经干燥筛分处理的骨料与水泥以及根据性能确定的各种组分，按一定比例在专业生产厂混合而成，在使用地点按规定比例加水或配套液体拌和使用的干混拌合物。干混砂浆可分为袋装和散装，散装干混砂浆采用罐装车运至工地加水即可使用。干混砂浆按用途可分为普通干混砂浆和特种干混砂浆。

与传统现场拌制砂浆相比，预拌砂浆可集中配制生产和供应，配料科学，计量精确，品种多样；具有优良的黏结性、保水性以及施工性，可大幅度提高施工效率；可按需定量采购，不会制造明显的建筑垃圾，推动建筑业的可持续发展。

任务实施

为了保证砂浆的质量性能，应从以下几个方面进行控制：

(1)根据工程类别及使用环境选取合理的砂浆品种。

(2)保证拌制砂浆的材料的质量，如水泥、石灰、石膏、砂子、外加剂、粉煤灰等材料的质量。

(3)选取恰当的砂浆配合比。

(4)对拌制过程及施工养护过程进行很好的控制，以保证砂浆的质量。

> **知识拓展**

新型墙体材料

1. 复合自保温砌块

复合自保温砌块是以高性能混凝土空心砌块为壳体，在其孔腔内复合填充泡沫混凝土和聚苯板等轻质保温材料（图3-34），通过生产工艺使砌块壳体与保温材料注塑成整体而形成的集建筑围护与保温功能一体的混凝土砌块，具有保温隔热性能好、质量轻、强度高、隔声、防火、防水抗渗、收缩率低、施工简单等特点，特别是采用泡沫混凝土和聚苯板的有机组合，既提高了砌块保温性能，又改善了蓄热性能和隔声性能。该产品属于砌体自保温结构体系技术产品，适用于民用建筑框架填充墙自保温非承重结构。

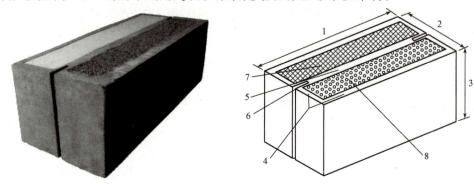

图3-34 复合保温砌块
1—长度；2—宽度；3—高度；4—壁；5—肋；6—热阻口；7—轻质绝热材料；8—泡沫混凝土

高性能混凝土复合自保温砌块结构体系墙体采用专用砂浆砌筑，砌块沿长度方向端部设置的凹型槽口可有效减小砌缝处热桥部位热量损失，梁、柱等热桥部位采用永久性复合保温板进行现场浇注成型，满足建筑节能65%的要求，达到了建筑节能与结构一体化的技术要求，实现了保温与结构同寿命的目的。高性能混凝土复合自保温砌块具有以下四大优点：

（1）与建筑物同寿命。可以单独砌筑成墙，解决了建筑保温墙体的整体性和耐候性，使墙体保温系统的使用寿命真正实现与建筑物同寿命，解决后顾之忧。

（2）消除火灾隐患。上海高层公寓大火、中国科技馆新馆大火、中央电视台的大火、济南领秀城的大火，南京50层高楼的大火……这些触目惊心的火灾，都是外墙保温材料惹的祸。消除火灾，留住生命，这是现在社会共同关注的焦点。济南七星公司经过两年的技术攻关，自主研发的高性能混凝土复合砌块自保温体系，实现了墙体保温与建筑结构一体化，彻底解决了火灾隐患。

（3）降低建筑成本：按市场价格计算。加气混凝土每立方米190元，每平方米造价47.5元，外墙外保温每平方米90元，则现行做法每平方米墙体造价47.5+90=137.5（元）。

自保温砌块每立方米460元，每立方米可砌筑墙体4平方米，每平方米造价115元。

采用自保温砌块可比传统做法每平方米节省22.5元。

（4）简化施工工序。自保温砌块墙体保温一体化施工，省去了外墙外保温施工，比原来的外墙外保温最少节省一个月的工期，采用高性能混凝土自保温砌块，可以直接进入装饰阶段，无须再做外墙外保温。

2. 轻质墙板

轻质墙板就是钢丝网架夹芯墙板，钢丝网架夹芯墙板中最优秀的产品是 GBF 钢丝网架夹芯墙板。GBF 钢丝网架夹芯墙板简称 GBF 夹芯板，是在一种特制的三维空间钢丝网架中，分别填充憎水膨胀珍珠岩制品、加气轻质混凝土或矿（岩）棉质品为板芯，构成钢丝网架芯板，安装固定到施工现场后，在芯板的两侧铺抹或喷涂防裂水泥砂浆，而形成完整的建筑构件。它的各项性能指标均明显优于行业标准，符合产业发展政策，代表着墙体材料发展的方向。GBF 夹芯板具有芯体透气性好，体积稳定，强度高，憎水芯体防水，防渗性能优良，可隔阻毛细孔，轻强度高，芯体隔声吸引性能优良，强度高，抗冲防震，整体性能好，保温隔热，自重轻，隔声降噪，空间增大，绿色环保，耐燃防火，管线布设方便等特点。轻质墙板同样包含工业灰渣机械条板，工业灰渣机械条板适用于建筑中非承重内隔墙中，以粉煤灰，经煅烧或自然的煤矸石、炉渣、加气混凝土碎块、建筑垃圾等工业废料及粉煤灰陶粒和陶砂、页岩陶粒和淘砂，天然浮石等轻骨料作填充料，普通水泥做胶凝剂，按比例配料，加水搅拌均匀后，放入墙板成型机内，经挤压一次成型，长线法连续生产，同时用 16 号低碳钢绞线作增强筋的隔墙板质量高，外观非常平整，横断面同步密实度好、强度好，尺寸准确，安装于建筑物上后，只需刮腻子、打平、直接喷刷涂料即可。

习 题

一、填空题

1. 标准砖的尺寸为_____。
2. 墙体在建筑物中主要起_____、_____、_____作用。
3. 目前墙体材料主要有_____、_____、_____三类。
4. 蒸压砖主要包括_____、_____和_____。
5. 墙体按受力情况不同可分为_____和_____两类。

二、选择题

1. 确定砖强度等级的依据是（　　）。
   A. 外观质量　　　　　　　　　B. 耐久性
   C. 抗压强度平均值　　　　　　D. 抗压强度平均值、标准值或最小值
2. 蒸压灰砂砖是以（　　）为原料，经配料、成型、蒸压养护而成。
   A. 粉煤灰、砂　　B. 石灰、砂　　C. 石灰、粉煤灰　　D. 水泥、砂
3. 表示砖强度的代号为（　　）。
   A. C　　　　　　B. M　　　　　C. MU　　　　　　D. A
4. 半砖墙的实际厚度为（　　）mm。
   A. 120　　　　　B. 115　　　　C. 125　　　　　　D. 110

三、简答题

1. 加气混凝土砌块具有哪些优点，不适用于哪些工程部位？
2. 烧结空心砖和多孔砖有何区别，各适用于哪些工程部位？

学习情境 4

建筑功能材料性能与检测

知识目标

1. 掌握沥青基本概念、特性及分类。
2. 掌握防水卷材及防水涂料的分类、特性及应用。
3. 掌握保温、隔热、吸声材料的分类特性及应用。

能力目标

1. 能够正确对沥青取样，检测沥青三大指标并对检测结果进行分析。
2. 能够根据工程所处环节合理选用防水卷材和防水涂料。
3. 能够了解保温、隔热、吸声材料的性能并合理选用。

学习单元 4.1　防水材料的性能与检测

防水材料主要是为了防止雨水、地下水、潮气、水蒸气及生活和生产用水浸入到建筑材料内部，对建筑物造成破坏，影响人们的居住质量。

建筑防水材料依据其外观形态可分为防水卷材、防水涂料、密封材料和刚性防水材料四大系列。建筑防水材料还可根据其特性分为柔性和刚性两类。柔性防水材料是指具有一定柔韧性和较大延伸率的防水材料，如防水卷材、有机涂料，它们构成柔性防水层。刚性防水材料是指采用较高强度和无延伸能力的防水材料，如防水砂浆、防水混凝土等，它们构成刚性防水层。

任务提出

1. 按相关规范要求检测沥青三大指标。
2. 某学院新建图书馆大楼，屋顶选用 SBS 防水卷材，请按相关规范检测其性能是否满足要求。
3. 新建图书馆大楼底层墙身需做垂直防潮层，请根据工程部位合理选用防水涂料。

任务分析

选用防水材料应注意以下几个方面：
(1)抗渗性：所选用的防水材料应满足抗渗性的要求；
(2)耐久性：在环境因素的影响下应满足耐久性的要求；
(3)强度：所选防水材料在外荷载作用下应具有足够的强度；
(4)塑性：对于柔性防水材料应具有良好的塑性；
(5)施工方便、所选防水材料应符合环保的要求。

一、沥青

沥青是由多种有机化合物构成的黑褐色复杂混合物，常温下呈液态、半固态或固态，是一种防水、防潮和防腐的有机胶凝材料。沥青及其制品在建筑工程中广泛用于建筑物的防水、防潮及路面工程中。目前常用的主要是石油沥青(图 4-1)和煤沥青。

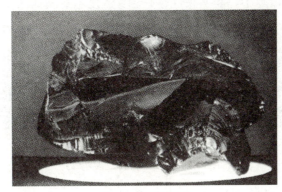

图 4-1　石油沥青

1. 石油沥青

石油沥青是原油加工过程的一种产品，在常温下是黑色或黑褐色的黏稠的液体、半固体或固体。它是由许多高分子碳氢化合物及其非金属(如硫、氧、氮等)衍生物组成的复杂混合物。为了便于研究，将石油沥青组成物中化学成分、物理性质比较接近的归类为若干组，称为组分。沥青主要组分包括油分、树脂、地沥青质。沥青的组分不同其性质也会发生变化。

(1)石油沥青组分。

1)油分。油分为淡黄色至红褐色的油状液体，是沥青中分子量最小和密度最小的组分，密度介于 0.7～1.0 g/cm³ 之间。在 170 ℃较长时间加热，油分可以挥发。油分能溶于石油醚、二硫化碳、三氯甲烷、苯、四氧化碳和丙酮等有机溶剂中，但不溶于酒精。油分赋予沥青流动性。

2)树脂(沥青脂胶)。沥青脂胶为红褐色至黑褐色黏稠状物质(半固体)，分子量比油分大(600～1 000)，密度为1.0～1.1 g/cm³。沥青脂胶中绝大部分属于中性树脂。中性树脂能溶于三氯甲烷、汽油和苯等有机溶剂，但在酒精和丙酮中难溶解或溶解度很低，它赋予沥青以良好的黏结性、塑性。

3)地沥青质。地沥青质为深褐色至黑色固体物质，分子量比树脂更大(1 000 以上)，密度大于 1 g/cm³，不溶于酒精、汽油，但溶于三氯甲烷和二硫化碳，在石油沥青中含量为 10%～30%。它决定了石油沥青的温度稳定性和黏性，它的含量越多，则石油沥青的软化点越高,脆性越大。各组分的作用见表 4-1。

表 4-1 石油沥青各组分的作用

组分	作用
油分	赋予沥青流动性
树脂	增加沥青粘结力和延伸性
地沥青质	决定沥青的粘结力、黏度、温度稳定性

(2)石油沥青的主要技术性质。

1)黏滞性(黏性)。黏滞性是反映沥青材料在外力作用下,其材料内部阻碍产生相对流动的能力。液态石油沥青的黏滞性用黏度表示。半固体或固体沥青的黏性用针入度表示。黏度和针入度是沥青划分牌号的重要指标。

石油沥青的**针入度**是在规定温度(25 ℃)条件下,以规定质量(100 g)的标准针,在规定时间(5 s)内贯入试样中的深度来表示,**单位以 0.1 mm 计**。针入度反映了石油沥青抵抗剪切变形的能力。针入度值越小,表明黏性越好。针入度示意图如图 4-2 所示。

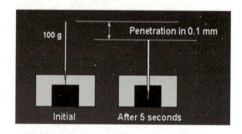

(a) (b)
图 4-2 石油沥青针入度测试
(a)针入度仪;(b)针入度测试示意图

黏滞度是将一定量的液体沥青,在某温度下经一定直径的小孔漏下 50 cm³ 所需的时间,以秒表示。常用符号"CdtT"表示黏滞度,其中 d 为小孔直径(mm),t 为试样温度,T 为流出 50 cm³ 沥青的时间。d 有 10、5、3(mm)三种,t 通常为 25 ℃或 60 ℃。

2)塑性。塑性指石油沥青在外力作用下产生变形而不破坏,除去外力后,仍能保持变形后的形状的性质。沥青的塑性对冲击振动荷载有一定吸收能力,并能减少摩擦时的噪声,故沥青是一种优良的道路路面材料。石油沥青的塑性用延度表示。延度越大,塑性越好。延度测定是把沥青制成"8"字形标准试件,置于延度仪内 25 ℃水中,以 5 cm/min 的速度拉伸,用拉断时的伸长度来表示,单位用 cm 计。沥青延度示意图如图 4-3 所示。

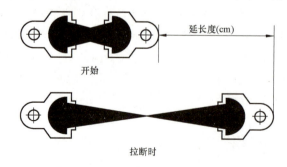

图 4-3 石油沥青的延度测定示意图

沥青延度试验

3) 温度敏感性。温度敏感性是指石油沥青的黏滞性和塑性随温度升降而变化的性能。由于沥青是一种高分子非晶体热塑性物质，故没有一定的熔点。温度敏感性以软化点指标表示。由于沥青材料从固态至液态有一定的变态间隔，故规定以其中某一状态作为从固态转变到粘流态的起点，相应的温度则称为沥青的软化点。沥青软化点一般采用"环与球法"测定。它是把沥青试样装入规定尺寸（直径为 15.88 mm，高为 6 mm）的铜环内，试样上放置一标准钢球（直径为 9.53 mm，质量为 3.5 g），浸入水或甘油中，以规定的速度升温（5 ℃/min），当沥青软化下垂至规定距离（25.4 mm）时的温度即为其软化点，以摄氏度（℃）计。沥青的软化点越高、脆点越低，温度敏感性越小。温度敏感性示意图如图 4-4 所示。

图 4-4　沥青软化点示意图
(a)位置示意图；(b)加热开始；(c)加热最后

不同的石油沥青软化点不同，大致在 25 ℃～100 ℃。软化点高，说明沥青的耐热性好，但软化点过高，又不易加工；软化点低的沥青夏季容易发生变形、流淌等破坏。当温度下降到一定程度时，沥青呈现硬脆性，一般称作"玻璃态"。在实际工程中选用时，要考虑沥青具有较高的软化点和低脆化点（沥青由玻璃态向高弹态转变的温度）。为了提高沥青的耐寒性和耐热性，常常对沥青进行改性，如在沥青中掺入橡胶、树脂和填料等。

4) 大气稳定性。石油沥青在热、阳光、氧气和潮湿等大气因素的长期综合作用下抵抗老化的性能，称为大气稳定性，也是沥青材料的耐久性。在大气因素的综合作用下，沥青中各组分会发生不断递变，低分子化合物将逐步转变成高分子物质，即油分和树脂逐渐减少，而沥青质逐渐增多。石油沥青随着时间的进展，流动性和塑性将逐渐减小，硬脆性逐渐增大，直至脆裂。这个过程称为石油沥青的"**老化**"。所以，大气稳定性即为沥青抵抗老化的性能。

大气稳定性可以用加热蒸发损失百分率和加热前后针入度比来评定。测定方法为：先测定沥青试样的质量和针入度，然后将试样置于烘箱中，在 160 ℃下加热蒸发 5 h，待冷却后再测定其质量和针入度。蒸发损失质量占原质量的百分数，即为蒸发损失质量，蒸发后针入度与原针入度比，为蒸发后针入度比。蒸发损失百分数越小，蒸发后针入度比越大，则表示沥青的大气稳定性越好。沥青老化路面处理方法如图 4-5 所示。

5) 闪点与燃点。沥青出现闪火时的温度称为闪点，开始燃烧时的温度称为燃点，闪点和燃点是保证沥青在施工的过程中安全稳定的两项重要指标。

(3)石油沥青的技术标准。不同的工程部位对石油沥青各项指标的要求不同。土木工程中最常用的是建筑石油沥青和道路石油沥青。**石油沥青的牌号主要根据其针入度、延度和软化点等质量指标划分，以针入度值表示。**同一品种的石油沥青，牌号越高，其针入度越大，黏性越小；延度越大，塑性越好；软化点越低，温度敏感性越好。

图 4-5 沥青老化路面处理过程
(a),(b)清除老化部位;(c)填加新填料;(d)击实沥青料

1)建筑石油沥青。建筑石油沥青,按沥青针入度划分为 40 号、30 号、10 号三个牌号。建筑石油沥青的技术性能应符合《建筑石油沥青》(GB/T 494—2010)的规定,见表 4-2。

表 4-2 建筑石油沥青技术标准

质量指标	《建筑石油沥青》(GB/T 494—2010)		
	10 号	30 号	40 号
针入度(25 ℃,100 g,5 s)/0.1mm	10～25	26～35	36～50
延度(25 ℃,5 cm/min)/cm 不小于	1.5	2.5	3.5
软化点(环球法)/℃,不低于	95	75	60
溶解度(三氯乙烯)/%,不小于	99.0		
蒸发后质量变化(163 ℃,5 h)/%,不小于	1		
闪点(开口杯法)/℃,不低于	260		
蒸发后 25 ℃针入度比/%	65		

2)道路石油沥青(A)。我国道路石油沥青按针入度等级划分,其等级及技术要求见表 4-3。

表 4-3　道路石油沥青技术标准

质量指标	《道路石油沥青》(NB/SH/T 0522—2010)				
	200 号	180 号	140 号	100 号	60 号
针入度(25 ℃，100 g，5 s)/0.1 mm	200～300	150～200	110～150	80～110	50～80
延度(25 ℃)，/cm 不小于	>100	100	100	90	70
软化点/℃，不低于	30～48	35～48	38～51	42～55	45～58
溶解度/%，不小于	99				
质量变化/%，不大于	1.3	1.3	1.3	1.2	1.0
针入度比/%	报告				
闪点(开口)/℃，不低于	180	200	230	230	230

　　(4)石油沥青选用。在选用沥青材料时，应根据工程性质(房屋、道路、防腐)及当地气候条件、所处工程部位(屋面、地下)来选用不同品种和牌号的沥青。

　　道路石油沥青牌号较多，主要用于道路路面或车间地面等工程，一般拌制成沥青混凝土、沥青拌合料或沥青砂浆等使用。

　　建筑石油沥青黏性较大，耐热性较好，但塑性较小，主要用作制造油毡、油纸、防水涂料和沥青胶。它们绝大部分用于屋面及地下防水沟槽防水、防腐蚀及管道防腐等工程。对于屋面防水工程，应注意防止过分软化。为避免夏季流淌，屋面用沥青材料的软化点还应比当地气温下屋面可能达到的最高温度高 20 ℃ 以上。但软化点也不宜选择过高，否则冬季低温易发生硬脆甚至开裂。对一些不易受温度影响的部位，可选用牌号较大的沥青。普通石油沥青含蜡较多，其一般含量大于 5%，有的高达 20% 以上(称多蜡石油沥青)，因而温度敏感性大，故在工程中不宜单独使用，只能与其他种类石油沥青掺配使用。

　　请比较表 4-4 中 A、B 两种建筑石油沥青的针入度、延度及软化点测定值。南方夏季炎热地区屋面选用何种沥青较合适，请讨论。

表 4-4　A、B 两种沥青对比表

编号	针入度/0.01 mm (25 ℃，100 g，5 s)	延度/cm (25 ℃，5 cm/min)	软化点环球法/℃
A	30	5	72
B	22	2.5	101

　　(5)石油沥青的掺配。当单独使用一种牌号的沥青不能满足工程要求时，**可使用两种或两种以上不同牌号的沥青进行掺配，但必须是同类沥青**。两种沥青掺配可按式(4-1)、式(4-2)计算。

$$Q_1 = \frac{T_2 - T_0}{T_2 - T_1} \times 100\% \tag{4-1}$$

$$Q_2 = 100 - Q_1 \tag{4-2}$$

式中　Q_1——较软沥青用量(%)；
　　　Q_2——较硬沥青用量(%)；
　　　T_1——较软沥青软化点(℃)；
　　　T_2——较硬沥青软化点(℃)；
　　　T_0——掺配后沥青软化点(℃)。

若需要掺配三种沥青时，可计算出两种沥青的配比，然后再与第三种沥青进行配比计算。根据计算的掺配比例和在其邻近的比例(±5%～±10%)进行试配，测定掺配后沥青的软化点，根据所得数据，绘制出掺配比例与软化点的关系曲线，即可从曲线上获得所需要的软化点的掺配比例。

2. 改性沥青

改性沥青是掺加橡胶、树脂、高分子聚合物、磨细的橡胶粉或其他填料等外掺剂(改性剂)，或采取对沥青轻度氧化加工等措施，使沥青或沥青混合料的性能得以改善后的新沥青。改性沥青可分为橡胶改性沥青，树脂改性沥青，橡胶、树脂共混改性沥青，矿物填充料改性沥青。

(1) 橡胶改性沥青。橡胶改性沥青是在沥青中掺入适量橡胶使其性能得以改善后的新产品。橡胶改性沥青的温度敏感性降低，在温度较低时，沥青变脆使路面发生应力开裂；在温度较高时，路面变软，受承载车辆作用而变形。而用胶粉改性后，沥青的感温性得到改善，抗流动性提高，橡胶粉改性沥青的黏度系数大于基质沥青，说明改性后的沥青有较高的抗流动变形能力；低温塑性较好，胶粉可提高沥青的低温延度，增加沥青的柔韧性；耐老化性能好。根据所掺加橡胶品种的不同可分为氯丁橡胶改性沥青、丁基橡胶改性沥青、SBS热塑性弹性体改性沥青等。

(2) 树脂改性沥青。用树脂改性石油沥青，可以改善沥青的耐寒性、耐热性、黏结性和不透气性。在生产卷材、密封材料和防水涂料等产品时均需应用。常用的树脂有古马隆树脂、聚乙烯、聚丙烯、酚醛树脂及天然松香等。

(3) 橡胶、树脂共混改性沥青。橡胶、树脂共混改性沥青使沥青兼具橡胶改性沥青、树脂改性沥青的性质。两者相容性较好，具有黏结性和不透气性。

(4) 矿物填充料改性沥青。在沥青中加入一定数量的矿物填充料，可以提高沥青的黏性和耐热性，减小沥青的温度敏感性，同时也减少了沥青的耗用量。常用矿物填料有粉状和纤维状两种，常用的有滑石粉、石灰石粉、硅藻土、石棉绒和云母粉等。

由于沥青对矿物填充料的润湿和吸附作用，沥青可以单分子状态排列在矿物颗粒(或纤维)表面，形成结合力牢固的沥青薄膜，称之为"结构沥青"。结构沥青具有较高的黏性和耐热性等，但是矿物填充料的掺入量要适当，一般掺量为20%～40%时，可以形成恰当的结构沥青膜层。

二、防水卷材

防水卷材是具有一定的塑性和强度，能够卷曲的片装防水材料，如图4-6所示。主要用于屋顶、地下室、墙体等部位的防水工程。**根据其主要防水组成材料可分为沥青防水卷材、高聚物改性沥青防水卷材、合成高分子防水卷材**。根据环保和防水性能的要求，沥青防水卷材正逐渐被后两者取代。

1. 沥青防水卷材

沥青防水卷材指的是有胎卷材和无胎卷材。凡是用厚纸或玻璃丝布、石棉布、棉麻

图4-6 防水卷材

织品等胎料浸渍石油沥青制成的卷状材料，称为有胎卷材（油毡）；将石棉、橡胶粉等掺入沥青材料中，经碾压制成的卷状材料称为辊压卷材即无胎卷材。沥青防水卷材具有轻质、造价低、防水性能好等特点。根据沥青和胎基的种类油毡可分为石油沥青纸胎油毡、石油沥青玻璃布油毡、石油沥青玻璃纤维油毡等。

（1）石油沥青纸胎油毡。石油沥青纸胎油毡是指用低软化点石油沥青浸渍原纸，然后用高软化点石油沥青涂盖原纸两面，再撒以隔离材料（滑石粉、云母片）所制成的一种防水卷材。按《石油沥青纸胎油毡》(GB 326—2007)规定：油毡按卷重和物理性能可分为Ⅰ型、Ⅱ型和Ⅲ型。各型号油毡的物理性能应符合表4-5的要求。

表4-5　石油沥青纸胎油毡防水卷材物理性能

指标名称		Ⅰ型	Ⅱ型	Ⅲ型
单位面积浸涂材料总量/(g·m^{-2})不小于		600	750	1 000
不透水性	压力/MPa 不小于	0.02	0.02	0.10
	保持时间/min 不小于	20	30	30
吸水率/% 不大于		3.0	2.0	1.0
耐热度/℃		(85±2)℃受热2 h 涂盖层应无滑动、流淌和集中性气泡		
拉力（纵向）/(N/50 mm)		240	270	340
柔度		(18±2)℃绕 φ20 mm 棒或弯板无裂纹		

石油沥青纸胎防水卷材在贮运时应注意不同品种、标号、规格、等级的产品不应混杂堆放。卷材应在规定的温度下（粉状面毡不高于45 ℃，片状面毡不高于50 ℃）立放贮存，其高度不超过2层，应避免雨淋日晒、受潮，并要注意通风。

（2）石油沥青玻璃纤维油毡。石油沥青玻璃纤维油毡是采用玻璃纤维薄毡为胎基，浸涂石油沥青，在其表面撒上隔离材料所制成的一种防水材料。玻璃纤维胎油毡按表面涂盖材料不同，可分为PE膜、砂面两个品种；按单位面积质量分为15号和25号两种标号；幅宽为1 000 mm一种规格。15号玻纤胎油毡适用于一般工业与民用建筑屋面的多叠层防水，并可用于包扎管道（热管道除外）作防腐保护层；25号玻纤胎油毡适用于屋面、地下以及水利工程作多叠层防水；彩砂面玻纤胎油毡用于防水层的面层，且可不再做表面保护层。玻璃纤维油毡物理性能应符合表4-6的要求。

表4-6　石油沥青玻璃纤维胎油毡材料性能

序号	项目		指标	
			Ⅰ型	Ⅱ型
1	可溶物含量/(g·m^{-2}) ≥	15号	700	
		25号	1 200	
		试验现象	胎基不燃	
2	拉力/(N/50 mm) ≥	纵向	350	500
		横向	250	400
3	耐热性		85 ℃	
			无滑动、流淌、滴落	

续表

序号	项目		指标	
			Ⅰ型	Ⅱ型
4	低温柔性		10 ℃	5 ℃
			无裂缝	
5	不透水性		0.1 MPa, 30 min 不透水	
6	钉杆撕裂强度/N	≥	40	50
7	热老化	外观	无裂纹、无起泡	
		拉力保持率/% ≥	85	
		质量损失率/% ≤	2.0	
		低温柔性	15 ℃	10 ℃
			无裂缝	

2. 高聚物改性沥青防水卷材

改性沥青防水卷材是以各种改性沥青为浸涂材料，以纤维织物、纤维毡或塑料膜为胎体，表面覆以矿物质粉粒或薄膜作隔离材料制成的可卷曲的防水材料，总称为改性沥青防水卷材。改性沥青防水卷材具有高温不流淌、低温不脆裂、耐水性好等特点。目前用于建筑防水工程的有弹性体（SBS）改性沥青防水卷材和塑性体（APP）改性沥青防水卷材。

（1）弹性体改性沥青防水卷材（SBS 卷材）。弹性体改性沥青防水卷材是以热塑性弹性体（SBS）改性沥青浸涂胎体，两面覆以隔离材料制成的防水卷材，简称 SBS 卷材，如图 4-7 所示。

图 4-7 弹性体改性沥青防水卷材

弹性体改性沥青防水卷材具有弹性好、低温柔性优良、耐高温性能较好等特点。聚酯胎卷材还具有抗拉强度高、延伸率高、抗疲劳、抗穿刺性能好、超强耐老化性能等特点。广泛适用于工商业建筑、办公大楼、公寓、市政工程等的内外墙面、水泥砂浆面、砂石面、砖墙面、混凝土、硅酸钙板、木质夹板等基面。SBS 改性沥青卷材及其配套产品应贮存于阴凉干燥、通风良好的室内，避免阳光直射，避免受潮。贮存温度不超过 50 ℃。

SBS 防水卷材铺贴方法

（2）塑性体改性沥青防水卷材（**APP 卷材**）。塑性体改性沥青防水卷材是用热塑性塑料（无规聚丙烯——APP、非晶态聚 α—烯烃—APAO、APO）改性沥青为浸涂材料，两面覆以隔离材料所制成的防水卷材，统称为 APP 卷材。卷材胎体分为玻璃纤维胎（G）和聚酯胎（PY）两种；隔离材料有聚乙烯膜、细砂及矿物粒（片）料三种；并按其力学性能分为Ⅰ和Ⅱ两种型号。

弹性体及塑性体改性沥青防水卷材具有抗拉强度高、柔性好、延伸率大、耐老化等特点，适用于各种防水等级的屋面防水，以及桥梁、蓄水池、隧道及水利工程。其中 **SBS 卷材适用于环境温度较低的防水工程，APP 卷材适用于较高气温环境的防水工程**。

（3）自粘聚合物改性沥青防水卷材。以聚合物改性沥青为基料，非外露使用的无胎基或采用聚酯胎基增强的本体自粘防水卷材，称为自粘聚合物改性沥青防水卷材。以聚乙烯膜为上表面材料的自粘卷材适用于非外露的防水工程；以铝箔为上表面材料的适用于外露的防水工程；无膜双面自粘卷材适用于辅助防水工程。自黏聚酯胎卷材的背面防粘材料有聚乙烯膜、聚酯膜细砂及无膜双面自粘。按力学性能分为Ⅰ型和Ⅱ型。

3. 合成高分子防水卷材

合成高分子防水卷材是以合成橡胶、合成树脂或它们两者的共混体为基料，加入适量的化学助剂和填充剂等，采用橡胶或塑料的加工工艺所制成的可卷曲片状防水材料。合成高分子防水卷材具有拉伸强度高、抗撕裂强度高、断裂伸长率大、耐热性好、耐老化性好、耐腐蚀性强等特点。但其造价较高，是一种高档防水材料。目前，常用的高分子防水卷材有三元乙丙橡胶防水卷材（EPDM 防水卷材）、聚氯乙烯防水卷材（PVC 防水卷材）、增强氯化聚乙烯防水卷材、氯化聚乙烯—橡胶共混防水卷材等。

(1) 三元乙丙橡胶防水卷材（EPDM 防水卷材）。 三元乙丙橡胶简称 EPDM，是以乙烯、丙烯和双环戊二烯或乙叉降冰片烯三种单体共聚合成的三元乙丙橡胶为主体，掺入适量的丁基橡胶、软化剂、补强剂、填充剂、促进剂和硫化剂等，经过配料、密炼、拉片、过滤、热炼、挤出或压延成型、硫化、检验、分卷、包装等工序加工制成可卷曲的高弹性防水材料，如图 4-8 所示。它具有耐候性好、耐腐蚀性强、使用寿命长、抗拉强度高、塑性好、对基层伸缩或开裂变形适应性强以及质量轻、可单层施工等特点。适用于民用建筑中的屋面、地下室等防水工程；交通工程中的水渠、桥梁、隧道的防水工程。在施工的过程中主要采用冷粘法或热熔法施工。

(2) 聚氯乙烯防水卷材（PVC 防水卷材）。 聚氯乙烯防水卷材是以聚氯乙烯树脂（PVC）为主要原料，掺入适量的改性剂、抗氧剂、紫外线吸收剂、着色剂、填充剂等，经捏合、塑化、挤出压延、整形、冷却、检验、分卷、包装等工序加工制成可卷曲的片状防水材料，如图 4-9 所示。这种卷材具有抗拉强度较高、撕裂强度高、延伸率较大、耐老化性好、耐腐蚀性强、施工容易黏结等特点，而且热熔性能好。卷材接缝时，既可采用冷粘法，也可采用热风焊接法，使其形成接缝黏结牢固、封闭严密的整体防水层。聚氯乙烯防水卷材适用于屋面、地下室以及水坝、水渠等防水工程和防腐工程。

图 4-8　三元乙丙橡胶防水卷材

图 4-9　聚氯乙烯防水卷材

(3) 增强氯化聚乙烯防水卷材。 增强氯化聚乙烯防水卷材是以氯化聚乙烯树脂为主体，以玻璃纤维网格布为增强材料，经过压延、复合、取卷、检验、包装等工序加工制成的可卷曲片状防水卷材，如图 4-10 所示。这种防水卷材具有高强度、耐臭氧、耐老化、易黏结和尺寸稳定性好等特点，适用于基层变形较小的屋面和地下室等工程防水。在条件允许时，最好采用空铺法、点粘法、条粘法施工防水层。

图4-10　氯化聚乙烯防水卷材

(4)**氯化聚乙烯—橡胶共混防水卷材**。氯化聚乙烯—橡胶共混防水卷材，是以氯化聚乙烯树脂和合成橡胶共混为主体，加入适量的硫化剂、促进剂、稳定剂、软化剂和填充剂等，经过素炼、混炼、过滤、压延(或挤出)成型、硫化、检验、分卷、包装等工序加工制成的高弹性防水卷材。这种防水卷材既具有氯化聚乙烯的高强度和较好的耐久性，又具有橡胶的高弹性、高塑性、耐低温性等特点。这种合成高分子聚合物的共混改性材料，在工业上被称为高分子"合金"。主要适用于各种民用建筑、桥梁、道路、水利工程的防水。

三、防水涂料

防水涂料是以沥青、合成高分子材料为主体，在常温下呈无定形流动状态或半流态，涂刷在工程部位的表面能够形成一层坚硬的防水膜的材料的总称。防水涂料与基面粘结力强，涂膜中的高分子物质能渗入到基面微细细缝内；涂膜有良好的柔韧性，对基层伸缩或开裂的适应性强，抗拉性强度高；不污染环境，安全可靠；耐候性好，高温不流淌，低温不龟裂；形成的防水层质量轻，特别适用于轻型屋面等防水；施工简便，可喷涂施工、涂刷施工、冷施工，工期短，维修方便。**防水涂料根据涂料的液态类型，可分为溶剂型、水乳型和反应型三类。按成膜物质的主要成分可分为沥青类防水涂料、高聚物改性沥青防水涂料、合成高分子防水涂料。**

1. 沥青类防水涂料

(1)沥青胶。沥青胶又称沥青玛琦脂，是在熔(溶)化的沥青中加入粉状或纤维状的填充料经均匀混合而成。填充料粉状的如滑石粉、石灰石粉、白云石粉等，纤维状的如石棉屑、木纤维等。沥青胶的常用配合比为沥青70%～90%，矿粉10%～30%。如采用的沥青黏性较低，矿粉可多掺一些。一般矿粉越多，沥青胶的耐热性越好，粘结力越大，但柔韧性降低，施工流动性也变差。沥青胶有热用和冷用两种，一般工地施工采用热用沥青胶。配制热用沥青胶时，先将70%～90%的沥青加热至180℃～200℃，使其脱水，再与干燥混合填料热拌均匀后即可。热用沥青胶用于黏结和涂抹石油沥青油毡。冷用时需加入稀释剂将其稀释后于常温下施工应用，它可以涂刷成均匀的薄层。沥青胶主要应用于黏结防水卷材、油毡、墙面砖及地面砖。

(2)冷底子油。**冷底子油是用稀释剂(汽油、柴油、煤油、苯等)对沥青进行稀释的产物，它多在常温下施工用于防水工程的底层。**冷底子油黏度小，具有一定的流动性。涂刷在混凝土、砂浆或木材等基面上，能很快渗入基层孔隙中，待溶剂挥发后，便与基面牢固结合。冷底子油形成的涂膜较薄，一般不单独作防水材料使用，只作某些防水材料的配套材料。在铺贴防水油毡之前涂布于混凝土、砂浆、木材等基层上，能很快渗入基层孔隙中，待溶剂挥发后，便与基面牢固结合。主要用于水泥路面、地坪、屋面找平层的分仓缝、墙体裂缝、伸缩缝，还可用于沥青类防水卷材的基层处理，如图4-11所示。

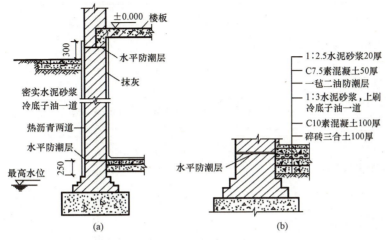

图4-11 地下室防潮构造

2. 高聚物改性沥青防水涂料

高聚物改性沥青防水涂料是以沥青为基础，用合成高分子聚合物对其进行改性、配制而成的水乳型涂膜防水材料。常用的高聚物改性沥青防水涂料有溶剂型再生橡胶沥青防水涂料、溶剂型氯丁橡胶防水涂料、SBS橡胶改性沥青防水涂料等。各产品的特性及适用范围见表4-7。

表4-7 高聚物改性沥青防水涂料

名称	材料简介	材料特点	材料应用
溶剂型再生橡胶沥青防水涂料	以沥青为主要成分，以再生橡胶为改性剂，汽油为溶剂，加入其他填料，经热拌而成	能在各种复杂表面形成无接缝的防水膜，具有一定的柔韧性和耐久性；涂料干燥固化迅速；能在常温下及较低温下冷施工；原料来源广泛，生产成本比溶剂型氯丁橡胶沥青防水涂料低	工业及民用建筑混凝土屋面的防水层；楼层厕浴、厨房间防水；旧油毡屋面维修和翻修；地下室、水池、冷库、地坪等抗渗、防潮等；一般工程的防潮层、隔汽层
溶剂型氯丁橡胶防水涂料	溶剂型氯丁橡胶沥青防水涂料，又名氯丁橡胶—沥青防水涂料，是氯丁橡胶和石油沥青溶于芳烃溶剂中形成的混合胶体溶液	延伸性好，抵抗基层变形能力很强，能适应多种复杂的表面，耐候性优良；涂料成膜较快，涂膜较致密完整；耐水性、耐腐蚀性优良；能在常温及较低温下冷施工	工业及民用建筑混凝土屋面防水层；楼层厕浴、厨房间防水；防腐蚀地坪的隔离层；旧油毡屋面维修；水池、地下室等的抗渗防潮等
SBS橡胶改性沥青防水涂料	SBS橡胶改性沥青防水涂料运用高分子合成技术，是新型特级橡胶防水涂料，加入了环氧树脂和树脂基团使本产品集多功能与环保于一体	具有耐候性、抗酸性、抗变形，使用寿命长，拉伸强度高，延伸率大。对基层收缩和开裂变形适应性强	各种工业、民用建筑物，屋顶，天沟，阳台，外墙，卫生间，厨房，地下室，水池，下水道，矿井，隧道，管道，桥梁灌缝，地下地上金属管道，高低温管道，保温管内外壁等防水、防潮、防腐蚀等工程

3. 合成高分子防水涂料

合成高分子防水涂料是以合成橡胶或合成树脂为主要成膜物质，配制成的单组分或多组分的防水涂料。常用合成高分子防水涂料见表 4-8。

表 4-8 常用合成高分子防水涂料

名称	材料成分	材料特点
聚氨酯防水涂料	聚氨酯预聚体、固化剂	耐候性好、耐碱性好、耐海水侵蚀性强
丙烯酸酯防水涂料	以丙烯酸树脂乳液为主料，加入适当的颜料、填料等配制而成	耐温度性能好、抗渗性强、不污染环境、施工简单
硅橡胶防水涂料	以硅橡胶乳液和其他乳液的复合物为基料，加入无机填料及各种助剂而成	防水性好，抗渗性好，具有一定的延伸性、抗裂性、耐候性好

四、建筑密封材料

密封材料是指能承受建筑物接缝位移以达到气密、水密目的而嵌入结构接缝中的材料。

1. 建筑防水沥青嵌缝油膏

建筑防水沥青嵌缝油膏（简称沥青嵌缝油膏），是以石油沥青为基料，加入改性材料、稀释剂、填料等配制成的黑色膏装嵌缝材料，具有良好的防水、防潮、塑性等特点。沥青嵌缝油膏主要用于冷施工型的屋面、墙面伸缩缝防水密封及桥梁、涵洞、输水洞及地下工程等的防水密封。

2. 聚氨酯密封膏

聚氨酯密封膏是以聚氨基甲酸酯为主要成分的双组分反应型建筑密封材料。聚氨酯密封膏具有如下特点：

(1) 具有弹性高、延伸率大、耐久性好、耐低温、耐水、耐油、耐酸碱、耐疲劳等特性；
(2) 与水泥、木材、金属等有很好的黏结性；
(3) 施工效率高，施工简便，安全可靠。

聚氨酯密封膏价格适中，应用范围广泛。它适用于各种装配式建筑的屋面板、墙板、楼地面、卫生间等部位的接缝密封；建筑物沉陷缝、伸缩缝的防水密封；桥梁、涵洞、管道、水池等工程的接缝防水密封；建筑物渗漏修补等。

3. 合成高分子止水带(条)

合成高分子止水带属定形建筑密封材料。主要用于工业及民用建筑工程的地下及屋顶结构缝防水工程；闸坝、桥梁、隧洞、溢洪道等水工建筑物变形缝的防漏止水；闸门、管道的密封止水等。常用的合成高分子止水材料有橡胶止水带及止水橡皮、塑料止水带及遇水膨胀型止水条等。

任务实施

一、SBS 防水卷材检测

按《弹性体改性沥青防水卷材》(GB 18242—2008) 规定，弹性体改性沥青防水卷材物理性能应符合表 4-9 的要求。

表 4-9 SBS 改性沥青防水卷材物理性能

序号	项目		指标				
			I		II		
			PY	G	PY	G	PYG
1	可溶物含量 /(g·m^{-2})，不小于	3 mm	2 100				—
		4 mm	2 900				—
		5 mm	3 500				
		试验现象	—	胎基不燃	—	胎基不燃	
2	耐热性	℃	90		105		
		mm，不大于	2				
		试验现象	无流淌、滴落现象				
3	低温柔度/℃		−20		−25		
			无裂缝				
4	不透水性/30 min		0.3 MPa	0.2 MPa	0.3 MPa		
5	拉力	最大峰拉力/(N/50 mm)，不小于	500	350	800	500	900
		次高峰拉力/(N/50 mm)，不小于	—				800
		试验现象	拉伸过程中，试件中部无沥青涂盖层开裂或与胎基分离现象				
6	延伸率	最大峰时延伸率/%，不小于	30	—	40	—	—
		第二峰时延伸率/%，不小于	—				15
7	浸水后质量增加/%，不大于	PE，S	1.0				
		M	2.0				
8	热老化	拉力保持率/%，不小于	90				
		延伸率保持率/%，不小于	80				
		低温柔度/℃	−15		−20		
			无裂缝				
		尺寸变化率/%，不大于	0.7	—	0.7	—	0.3
		质量损失/%	1.0				
9	渗油性	张数，不大于	2				
10	接缝剥离强度/(N·mm^{-1})，不小于		1.5				
11	钉杆撕裂强度[a]/N，不小于		—				300
12	矿物粒料黏附性[b]/g，不大于		2.0				
13	卷材下表面沥青涂盖层厚度[c]/cm		1.0				
14	人工气候加速老化	外观	无滑动、流淌、滴落				
		拉力保持率/%，不小于	80				
		低温柔度/℃	−15		−20		
			无裂缝				

a 仅适用于单层机械固定施工方式卷材；
b 仅适用于矿物粒料表面的卷材；
c 仅适用于热熔施工的卷材。
①按胎基分为聚酯毡(PY)、玻纤毡(G)、玻纤增强聚酯毡(PYG)。
②按上表面隔离材料分为聚乙烯膜(PE)、细砂(S)、矿物粒料(M)，下表面隔离材料为细砂(S)、聚乙烯膜(PE)。

二、沥青三大指标检测

1. 沥青针入度检测

(1)检测目的及规定。针入度是表征固体、半固体石油沥青稠度的主要指标,是划分沥青牌号的主要依据之一。本方法适用于测定针入度小于350的固体、半固体石油沥青。石油沥青的针入度以标准针在一定的荷重、时间及温度条件下垂直穿入沥青试样的深度来表示,单位为0.1 mm。如未另行规定,标准针、针连杆与附加砝码的合计质量为(100±0.1)g,温度为25 ℃,时间为5 s。特定测定条件见表4-10。

表4-10 针入度检测特定条件

温度/℃	荷重/g	时间/s
0	200	60
4	200	60
46	50	5

(2)主要仪器。

1)针入度仪:如图4-12所示,其中支柱上有两个悬臂,上臂装有分度为360的刻度盘及活动尺杆,上下运动的同时使指针转动;下臂装有可滑动的针连杆,总质量为(50±0.05)g,并设有控制针连杆运动的制动按钮,其座上设有旋转玻璃皿的可旋转的平台及观察镜。

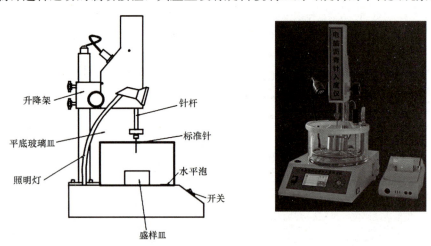

图4-12 针入度仪示意图

2)标准针,应由硬化回火的不锈钢制成,其尺寸应符合《沥青针入度测定法》(GB/T 4509—2010)的规定。

3)试样皿,金属圆柱形平底容器。针入度小于200时,试样皿内径为55 mm,内部深度为35 mm;针入度为200~350时,试样皿内径为55 mm,内部深度为70 mm;针入度为350~500时,试样皿内径为50 mm,内部深度为60 mm。

4)恒温水浴,容量不小于10 L,能保持温度在试验温度的±0.1 ℃范围内。

5)平底玻璃皿,容量不小于10 L,秒表、温度计、孔径为0.3~0.5 mm的筛子等。

(3)试样制备。

1)将预先除去水分的沥青试样在砂浴或密闭电炉上小心加热,不断搅拌,加热温度不得超过软化点 100 ℃。加热时间不得超过 30 min，用筛过滤除去杂质。

2）将试样倒入预先选好的试样皿中，试样深度应大于预计深度 10 mm。

3）试样皿在 15 ℃～30 ℃的空气中冷却 1～1.5 h（大试样皿），防止灰尘落入试皿。然后将试样皿移入保持试验温度的恒温水浴中。小试样皿恒温 1～1.5 h，大试样皿恒温 1.5～2 h。

4）调节针入度仪使之水平。检查针连杆和导轨，以确认无水和其他外来物，无明显摩擦。用三氯乙烯或其他溶剂清洗标准针，并拭干。将标准针插入针连杆，用螺钉紧固。按试验条件，加上附加砝码。

（4）试验步骤。

1）取出达到恒温的盛样皿，并移入水温控制在试验温度±0.1 ℃（可用恒温水槽中的水）的平底玻璃皿中的三腿支架上，试样表面以上的水层高度不小于 10 mm。

2）将盛有试样的平底玻璃皿置于针入度计的平台上。慢慢放下针连杆，用适当位置的反光镜或灯光反射观察，使针尖刚好与试样表面接触。拉下活杆，使与针连杆顶端轻轻接触，调节刻度盘或深度指示器的指针指示为零。

3）开动秒表，在指针正指 5 s 的瞬间，用手紧压按钮，使标准针自由下落贯入试样，经规定时间，停压按钮使其停止移动。

4）拉下刻度盘拉杆与针连杆顶端接触，读取刻度盘指针或位移指示器的读数，准确至 0.1 mm。

5）同一试样平行试验至少 3 次，各测定点之间及与盛样皿边缘的距离不应少于 10 mm。每次试验后应将盛有盛样皿的平底玻璃皿放入恒温水槽，使平底玻璃皿中水温保持试验温度。每次试验应换一根干净标准针或将标准针用蘸有三氯乙烯溶剂的棉花或布擦干净，再用干棉花或布擦干。

6）测定针入度大于 200 的沥青试样时，至少用 3 支标准针，每次试验后将针留在试样中，直至 3 次平行试验完成后，才能把标准针取出。

（5）数据处理。取 3 次测定针入度的平均值，取至整数，作为试验结果，3 次测定的针入度值相差不应大于表 4-11 的数值。若差值超过表中数值，试验应重做。

表 4-11 3 次测定的针入度值最大差值表   0.1 mm

针入度	0～49	50～149	150～249	250～350	350～500
最大差值	2	4	6	8	20

2. 沥青延度检测

（1）检测目的。延度是反映沥青塑性的指标，通过延度测定可以了解石油沥青抵抗变形的能力并作为确定沥青牌号的依据之一。石油沥青的延度是用规定的试件在一定速度拉伸至断裂时的长度表示。

（2）主要仪器。

1）延度仪：将试件浸没于水中，能保持规定的检测温度及按照规定拉伸速度拉伸试件且测定时无明显振动的延度仪均可使用，如图 4-13 所示。

2）试模：黄铜制，由两个端模和两个侧模组成。

图 4-13 延度仪

3)试模底板:玻璃板或磨光的铜板、不锈钢钢板(表面粗糙度 $Ra\ 0.2\ \mu m$)。

4)恒温水槽:容量不少于 10 L,控制温度的准确度为 0.1 ℃,水槽中应设有带孔搁架,搁架距水槽底不得少于 50 mm。试件浸入水中深度不小于 100 mm。

5)温度计:0 ℃~50 ℃,分度为 0.1 ℃。

6)砂浴或其他加热炉具。

7)甘油滑石粉隔离剂(甘油与滑石粉的质量比为 2∶1)。

8)其他:平刮刀、石棉网、酒精、食盐等。

(3)检测前准备。

1)将隔离剂拌和均匀,涂于清洁干燥的试模底板和两个侧模的内侧表面,并将试模在试模底板上装妥。

2)按规定的方法准备试样,然后将试样仔细自试模的一端至另一端往返数次缓缓注入模中,最后略高出试模,灌模时应注意勿使气泡混入。

3)试件在室温中冷却 30~40 min,然后置于规定试验温度±0.1 ℃的恒温水槽中,保持 30 min 后取出,用热刮刀刮除高出试模的沥青,使沥青面与试模面齐平。沥青的刮法应自试模的中间刮向两端,且表面应刮得平滑。将试模连同底板再浸入规定试验温度的水槽中 1~1.5 h。

4)检查延度仪延伸速度是否符合规定要求,然后移动滑板使其指针正对标尺的零点。将延度仪注水,并保温达试验温度±0.5 ℃。

(4)检测步骤。

1)将保温后的试件连同底板移入延度仪的水槽中,如图 4-14 所示,然后将盛有试样的试模自玻璃板或不锈钢钢板上取下,将试模两端的孔分别套在滑板及槽端固定板的金属柱上,并取下侧模。水面距离试件表面应不小于 25 mm。

2)开动延度仪,并注意观察试样的延伸情况。此时应注意,在试验过程中,水温应始终保持在试验温度规定范围内,且仪器不得有振动,水面不得有晃动,当水槽采用循环水时,应暂时中断循环,停止水流。在试验中,如发现沥青细丝浮于水面或

图 4-14 试件放置

沉入槽底时,则应在水中加入酒精或食盐,调整水的密度至与试样相近后,重新试验。

3)试件拉断时,读取指针所指标尺上的读数,以 cm 表示,在正常情况下,试件延伸时应成锥尖状,拉断时实际断面接近于零。如不能得到这种结果,则应在报告中注明。

(5)检测结果。取三个平行测定值的平均值作为测定结果。如三次测定值不在其平均值的 5% 以内,但其中两个较高值在平均值的 5% 之内,则撤除最低测定值,取两个较高值的平均值作为测定结果。

3. 沥青软化点检测

(1)检测目的。软化点是反映沥青耐热性及温度稳定性的指标,是确定沥青牌号的依据之一。石油沥青的软化点是以规定质量的钢球放在规定尺寸金属环的试样盘上,以恒定的加热速度加热,当试样软到足使沉入的沥青中的钢球下落达 25.4 mm 时的温度,以 ℃ 表示。

(2)主要仪器。软化点试验仪、电炉或其他加热设备、金属板或玻璃板、刀、孔径为

0.6~0.8 mm筛、温度计、金属皿、砂浴等。

(3)检测前准备。

1)所有石油沥青试样的准备和测试必须在 6 h 内完成,煤焦油沥青必须在4.5 h 内完成。加热试样时不断搅拌以防止局部过热,直到样品变得流动。小心搅拌以避免气泡进入样品中。石油沥青样品加热至流动温度的时间不超过 2 h,其加热温度不超过预计沥青软化点 110 ℃。煤焦油沥青样品加热至流动温度的时间不超过 30 min,其加热温度不超过煤焦油沥青预计软化点 55 ℃。如果重复试验,不能重新加热样品,应在干净的容器中用新鲜样品制备试样。

2)若估计软化点在 120 ℃以上,应将黄铜环与支撑板预热至 80 ℃~100 ℃,然后将铜环放到涂有隔离剂的支撑板上,否则会出现沥青试样从铜环中完全脱落。

3)向每个环中倒入略过量的石油沥青试样,让试件在室温下至少冷却 30 min。对于在室温下较软的样品,应将试件在低于预计软化点 10 ℃以上的环境中冷却 30 min。从开始倒试样时起至完成试验的时间不得超过 249 min。

4)当试样冷却后,用稍加热的小刀或刮刀彻底地刮去多余的沥青,使得每一个圆片饱满且和环的顶部齐平。

(4)检测步骤。

1)选择加热介质。新沸煮过的蒸馏水适于软化点为 80 ℃的试样,起始加热介质温度应为(5±0.5)℃。甘油适于软化点高于 80 ℃的试样,起始加热介质的温度应为(32±1)℃。为了进行比较,所有软化点低于 80 ℃的沥青应在水浴中测定,而高于 80 ℃的在甘油浴中测定。

2)从水或甘油保温槽中取出盛有试样的黄铜环放置在承板的圆孔中,并套上钢球定位器把整个环架放在烧杯内,调整水面或甘油液面至深度标记,环架上任何部位均不得有气泡。将温度计由上承板中心孔垂直插入,使水银球与铜环下面齐平。

3)将烧杯移至有石棉网的三脚架上或电炉上,然后将钢球放在试样上(必须各环的平面在全部加热时间内完全处于水平状态)立即加热,使烧杯内水或甘油温度在 3 min 后保持每分钟上升(5±0.5)℃,在整个测定中如温度的上升速度超出此范围时,应重做。

4)试样受软化下垂至与下承板面接触时的温度即为试样的软化点,如图 4-15 所示。

(5)检测结果。取平行测定两个结果的算术平均值作为测定结果。重复测定两个结果间差数不得大于表 4-12 规定的数值。

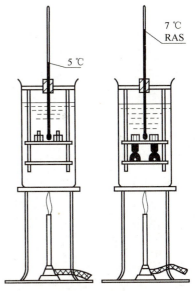

图 4-15 软化点检测示意图

表 4-12 重复测定结果间差数要求

软化点/℃	容许差数/℃
<80	1
80~100	2
>100~140	3

将三次检测的结果，填写在表 4-13 中，并计算结果，根据检测结果评定所测沥青材料的型号。

表 4-13　建筑石油沥青检测报告

样品名称		生产单位		
规格型号		代表数量		
试验项目	规定标准	实测值	平均值	单项判定
针入度/(1/10 mm)				
延度/cm				
软化点/℃				
检验依据				
结论				
备注				

学习单元 4.2　其他建筑功能材料认知

建筑功能材料用于建筑物中能改善人们的居住环境，保证建筑物某些功能。例如，北方温度比较低，为减少结构与环境热交换，而用于墙体和屋顶的保温材料；南方夏季温度比较高，而用于建筑物屋顶的隔热材料；在电影院、礼堂、音乐厅等为保证声音的清晰度，减少声音的反射，而选用的吸声材料等。

任务提出

1. 哈尔滨某高层住宅小区外墙和屋顶需做保温，请对其合理选用保温材料；
2. 请描述常用吸声材料的性能。

任务分析

只有掌握常用保温、隔热、吸声材料的基本性质和功能性，才能正确合理地选用功能材料。

任务实施

一、保温隔热材料的认知

保温隔热材料（又称绝热材料）是指能减少建筑物室内温度损失，对热流具有阻抗性的一种功能材料。工程上将导热系数 $\lambda < 0.23$ W/(m·K) 的材料称为绝热材料。主要用于建筑物的墙体和屋面。

1. 绝热材料的基本要求

建筑物保温对绝热材料的基本物理性质要求是：导热系数一般小于 0.174 W/(m·K)，表观密度应小于 600 kg/m³，抗压强度不小于 0.3 MPa。

2. 绝热材料的分类

绝热材料按照其化学组成可以分为无机绝热材料和有机绝热材料。常用无机绝热材料有多孔轻质类无机绝热材料、纤维状无机绝热材料和泡沫状无机绝热材料；常用有机绝热材料有泡沫塑料和硬质泡沫橡胶。

(1) 多孔轻质类无机绝热材料。 膨胀蛭石是多孔轻质类无机绝热材料中的一种，是天然蛭石经机械破碎、煅烧、膨胀（可使蛭石膨胀 20～30 倍）等工序制成的松散颗粒状材料，如图 4-16 所示。膨胀蛭石的导热系数为 0.046～0.070 W/(m·K)，可在 1 000 ℃ 的高温下使用。主要用于建筑夹层，但需要注意防潮。膨胀蛭石也可用水泥、水玻璃等胶结材胶结成板，用作板壁绝热，但导热系数值比松散状要大，一般为 0.08～0.10 W/(m·K)。

(2) 纤维状无机绝热材料。

1) 矿物棉。 岩棉和矿渣棉统称矿物棉，岩棉主要由天然岩石经高温熔化、纤维化而制成。岩棉具有绝热性能好、耐火性好、隔声性能好等特点。岩棉制品在建筑上可用于钢结构、混凝土和砖石结构的屋面、外墙、隔墙和幕墙的保温以及高温管道保温。将矿物棉与有机胶结剂结合可以制成矿棉板、毡、管壳等制品，如图 4-17 所示。其堆积密度为 45～

150 kg/m³，导热系数为0.039～0.044 W/(m·K)。由于低堆积密度的矿棉内空气可发生对流而导热，因而，堆积密度低的矿物棉导热系数反而略高。最高使用温度约为600 ℃。矿棉也可制成粒状棉用作填充材料，其缺点是吸水性大、弹性小。矿渣棉是以工业矿渣如高炉矿渣、磷矿渣、粉煤灰等为主要原料，经过重熔、纤维化而制成的。

图4-16 膨胀蛭石

图4-17 岩棉毡

2) **玻璃棉**。玻璃棉是将熔融玻璃纤维化，形成棉状的材料，化学成分属玻璃类，是一种无机质纤维，其具有成型好、体积密度小、热导率低、保温绝热、吸声性能好、耐腐蚀、化学性能稳定等特点。玻璃纤维一般分为长纤维和短纤维。短纤维相互纵横交错在一起，构成了多孔结构的玻璃棉，常用于做绝热材料。以玻璃纤维为主要原料的保温隔热制品主要有沥青玻璃棉毡和酚醛玻璃棉板及各种玻璃棉毡、玻璃棉板等，如图4-18所示。通常用于房屋建筑的墙体保温层及管道保温。

图4-18 玻璃棉板

(3) 泡沫状无机绝热材料。

1) **泡沫玻璃**。泡沫玻璃是用玻璃细粉和发泡剂(石灰石、碳化钙和焦炭)经粉磨、混合、装模、煅烧(800 ℃左右)而得到的多孔材料，气孔率达50%～80%。泡沫玻璃具有导热系数小、抗压强度高、抗冻性好、耐久性好、加工性好等特点。泡沫玻璃作为绝热材料主要用于建筑物的墙体、地板、天花板及屋顶保温，也可以用于冷藏设备的保温。

2) **泡沫混凝土**。泡沫混凝土是由适当比例的水泥、水、泡沫剂混合后经搅拌、成型、养护而成的。泡沫混凝土具有多孔、轻质、保温、隔热、吸声等特点。泡沫混凝土的表观密度为300～500 kg/m³，导热系数为0.082～0.186 W/(m·K)。

(4) 泡沫塑料有机绝热材料。 泡沫塑料是以合成树脂为基料，加入一定量的发泡剂、催化剂、稳定剂等经加热发泡而制成的。泡沫塑料具有质轻、隔热、吸声、减震等特点。可制成复合墙板(图4-19)、屋面板的夹心层，用于建筑物的墙体、屋顶等的保温。

图4-19 聚氨酯保温板

3. 选用绝热材料的注意事项

(1) **耐温范围**。根据材料的耐温范围，保温隔热材料可分为低温保温隔热材料、中温保温隔热材料、高温保温隔热材料。所选保温隔热材料的耐温性能必须符合使用环境。选择低温保温隔热材料时，一般选择分类温度低于长期使用温度为 10 ℃～30 ℃左右的材料。选择中温保温隔热材料和高温保温隔热材料时，一般选择分类温度高于长期使用温度为 100 ℃～150 ℃的材料。

(2)材料的物理形态和特性。保温隔热材料的形态有板、毯、棉、纸、毡、异形件、纺织品等。不同类型的隔热材料的物理特性(机械加工性、耐磨性、耐压性等)有所差异。所选保温隔热材料的形态和物理特性必须符合使用环境。

(3)机械强度。为保证所选用的保温隔热材料在自身重量及外力作用下不产生变形和不发生破坏，所选材料要满足一定强度的要求，一般其抗压强度应不小于 0.3 MPa。

(4)材料的保温隔热性能。隔热系统中隔热层的厚度往往有最大值，使用所选保温隔热材料所需的隔热层厚度必须在最大值以内。在一些要求隔热层厚度较薄的场合往往需要选择保温隔热性能较好的保温隔热材料(如派基隔热软毡、纳基隔热软毡)。

(5)材料的环保等级及耐久性。所选用的保温隔热材料必须满足环保等级的要求。选用环保等级不符合要求的保温隔热材料会严重影响人们居住的舒适度。在具体选用时，要根据所用工程部位的特点，考虑到材料耐久性的要求。对于处于潮湿和有水存在的工程部位，要对材料进行防潮和防水处理。

(6)材料的成本。确定好材料的范围之后，根据材料价格核算成本，选择性价比最好的材料。

综上所述，选择保温隔热材料就是根据使用环境选择出形态、物理特性、化学特性、保温隔热性能符合使用环境，环保等级满足设计需求的保温隔热材料，经过核算成本，最终确定所要使用的保温隔热材料。

二、吸声隔声材料的认知

吸声材料是指能够较大程度地吸收由空气传递的声波能量。吸声材料被应用于剧院、电影院、大礼堂、音乐厅等的墙面、顶棚灯部位，适当地使用吸声材料能够改善声音的传播质量，减少噪声，给听者清亮、舒适的感觉。

1. 吸声材料

(1)主要指标。当声音在空气中传播的过程中遇到阻碍其转播的材料，声音一部分被反射，另一部分穿透材料，其余的被材料吸收，称为材料的吸声性，用吸声系数 α 来表示。

被材料吸收的声能与原先传递给材料的全部声能的比值，称为吸声系数 α。吸声系数按式(4-3)计算。

$$\alpha = \frac{E_1 + E_2}{E_0} \quad (4\text{-}3)$$

式中　α——材料的吸声系数；
　　　E_1——被材料吸收的声能；
　　　E_2——穿透材料的声能；
　　　E_0——传递给材料的全部入射声能。

当声波遇到材料表面时，被吸收声能与入射声能之比，称为吸声系数。通常取 125 Hz、250 Hz、500 Hz、1 000 Hz、2 000 Hz、4 000 Hz 六个频率的吸声系数来表示材料的吸声频率特性。

凡六个频率的平均吸声系数大于 0.2 的材料，称为吸声材料。吸声系数是评定材料吸声性能好坏的主要指标。一般材料的吸声系数介于 0~1，吸声系数越大，材料的吸声性能越好。

(2)影响材料吸声性能的因素。

1)材料内部孔隙结构。一般材料内部开放连通的孔隙越多，材料的吸声性能越好。但如果孔隙的孔径较大，材料的吸声性能较差。

2)材料厚度。增加材料厚度虽然可以提高对低频的吸声效果，但对高频的吸声效果影响较小。

3)种类。建筑中常用吸声材料及其吸声系数见表 4-14。

表 4-14 建筑中常用吸声材料及其吸声系数

名称		厚度/cm	表观密度/(kg·m^{-3})	各种频率下的吸声系数						装置情况
				125	250	500	1 000	2 000	4 000	
无机材料	吸声泥砖	6.5	—	0.05	0.07	0.10	0.12	0.16	—	贴实
	石膏板（有花纹）	—	—	0.03	0.05	0.06	0.09	0.04	0.06	贴实
	水泥蛭石板	4.0	—	—	0.14	0.46	0.78	0.50	0.60	
	石膏砂浆（掺水泥、玻璃纤维）	2.2	—	0.24	0.12	0.09	0.30	0.32	0.83	粉刷在墙上
	水泥膨胀珍珠岩	5	350	0.16	0.46	0.64	0.48	0.56	0.56	贴实
	水泥砂浆	1.7	—	0.21	0.16	0.25	0.40	0.42	0.48	粉刷在墙上
	砖（清水墙面）	—	—	0.20	0.03	0.04	0.04	0.05	0.05	贴实
木质材料	软木板	2.5	260	0.05	0.11	0.25	0.63	0.70	0.70	贴实
	木丝板	3.0	—	0.10	0.36	0.62	0.53	0.71	0.90	钉在木龙骨上，后面留 10 cm 空气层和留 5 cm 空气层两种
	三夹板	0.3	—	0.21	0.73	0.21	0.19	0.08	0.12	
	穿孔五夹板	0.5	—	0.01	0.25	0.55	0.30	0.16	0.19	
	木花板	0.8	—	0.03	0.02	0.03	0.03	0.04	—	
	木质纤维板	1.1	—	0.06	0.15	0.28	0.30	0.33	0.31	
多孔材料	泡沫玻璃	4.4	1 260	0.11	0.32	0.52	0.44	0.52	0.33	贴实
	脲醛泡沫塑料	5.0	20	0.22	0.29	0.40	0.68	0.95	0.94	
	泡沫水泥（外粉刷）	2.0	—	0.18	0.05	0.22	0.48	0.22	0.32	紧靠粉刷
	吸声蜂窝板	—	—	0.27	0.12	0.42	0.86	0.48	0.30	贴实
	泡沫塑料	1.0	—	0.03	0.06	0.12	0.41	0.85	0.67	
纤维材料	矿渣棉	3.13	210	0.10	0.21	0.60	0.95	0.85	0.72	贴实
	玻璃棉	5.0	80	0.06	0.08	0.18	0.44	0.72	0.82	
	酚醛玻璃纤维板	8.0	100	0.25	0.55	0.80	0.92	0.98	0.95	
	工业毛毡	3.0	—	0.10	0.28	0.55	0.60	0.60	0.56	紧靠墙面

4)应用。广州地铁坑口车站为地面站(图4-20),一层为站台,二层为站厅。站厅顶部为纵向水平设置的半圆形拱顶,长为84 m,拱跨为27.5 m。离地面最高点为10 m,最低点为4.2 m,钢筋混凝土结构。在未作声学处理前该厅严重的声缺陷是低频声的多次回声现象。发一次信号枪,枪声就像轰隆的雷声,经久才停。声学工程完成以后声环境大大改善,经电声广播试验后,主观听声效果达到听清分散式小功率扬声器播音。由此可知,声学材料需根据其所用的结构、环境选用。

图4-20　广州坑口地铁站外观

2. 隔声材料

建筑上将主要起隔绝声音作用的材料称为隔声材料。隔声材料主要用于电视台、电影院、歌剧院、音乐厅、会议中心、体育馆、音响室、家居、商场、酒店、卡拉OK、酒廊、餐厅等的外墙、门窗、隔墙以及隔断等。隔声可分为隔绝空气声(通过空气传播的声音)和隔绝固体声(通过撞击或振动传播的声音)。两者的隔声原理截然不同。对于空气声,根据声学中的"质量定律",其传声的大小主要取决于墙或板的单位面积质量,质量越大,越不易振动,则隔声效果越好。可以认为:固体声的隔绝主要是吸收,这和吸声材料是一致的;而空气声的隔绝主要是反射,因此,必须选择密实、沉重的(如烧结普通砖、钢板等)作为隔声材料。

知识拓展

CPU聚氨酯阻燃防水卷材

CPU聚氨酯阻燃防水卷材是国家实用新型专利产品、国家石油和化学工业局"绝热材料推荐产品"、中国石化集团公司"石油化工工程建设推荐产品"、国家经贸委"二〇〇一年度国家重点新产品",如图4-21所示。

1. 产品特点:

CPU聚氨酯阻燃防水系列卷材以CPU聚氨酯阻燃防水涂料为主要原料,基层采用科学配方经技术处理的密纹玻璃纤维布作胎基,在特殊的机械加工设备上直接涂敷CPU混合料,经

图4-21　CPU聚氨酯阻燃防水卷材

常温固化、整理卷取等工序制成的高分子阻燃防水卷材。该产品集保冷、隔汽、阻燃、防水于一体，使用寿命长，其阻燃性能处于国内领先水平，填补了国内聚氨酯阻燃防水卷材的空白。

CPU 卷材用于石油化工设备及管道防潮、隔汽层施工具有以下特性：

(1)在施工技术方面采用本体材料作胶粘剂，既克服现场涂抹厚度不易控制的缺点，又有利于冷粘技术配套的灵活施工工艺。

(2)冷施工操作简便，避免了传统产品因熔化而发生火灾和烧伤事故，改善劳动条件，减少环境污染，对形状复杂的设备，施工也很简便。

(3)粘结强度高，致密性好，能达到一定的隔汽效果。在温度变化及振动情况下，适应性强，不易开裂，使用寿命长。

(4)化学稳定性好，使用时不挥发有毒气体，耐候、耐化学药品性能优异。模拟试验表明，该产品使用期在 14 年以上。

(5)该材料特点是阻燃性好，工程上使用安全可靠，这是与同类产品的最大区别之处。技术参数见表 4-15，主要规格见表 4-16。

表 4-15　CPU 聚氨酯阻燃防水卷材技术参数

性　能	参数要求	
拉伸强度	≥5.0 MPa	
低温弯折性	−45 ℃，4 h，无裂纹	
抗渗透性	0.2 MPa，24 h，不透水	
剪切状态下的粘合性	≥2 N/mm	
耐热度	+110 ℃，4 h，表面无明显变化	
氧指数	≥32%	
耐腐蚀性 5%HCl 饱和 Ca(OH)$_2$ 浸 15 d	拉伸强度相对变化率	+25
	断裂伸长率相对变化率	+25
热老化处理	拉伸强度相对变化率	+20
	断裂伸长率相对变化率	+20

表 4-16　CPU 聚氨酯阻燃防水卷材主要规格

型　号	厚度/mm	宽度/mm
CPU-101 卷材	0.3	900/450
CPU-202B 卷材	0.6	900/450
CPU 铝箔涂布	0.3	1 000

2. 适用范围

(1)石油、化工、电力、建筑等设备与管道绝热结构的防潮、隔汽、防水保护层。

(2)直埋管道的防腐、防水密封层。

(3)保冷工程用防潮、隔汽层。

(4)屋面、地下室、隧道、地面等建筑工程的防漏、抗渗、防潮。施工程序(以绝热工程防潮层为例)设置防潮层的隔热层外表面应清理干净，保持平整、干燥。

(5)视管道大小,将成品卷材剪切成一定规格的片状或条状,采用平铺包扎式和螺旋形缠绕式两种方法施工,搭接宽度应不小于 50 mm,搭接处可先用"502"瞬间接著剂固定,然后在接缝处再涂一层 CPU 涂料,厚度为 0.3～0.4 mm,搭接处必须粘密实,如有不平整处可用"502"瞬间接著剂封平。

(6)卧式设备及水平管道的纵向应布置在两侧搭接,缝口朝下;立式设备及垂直管道由下往上敷设,环向接缝应"上搭下"。

(7)防潮层厚度和层次应根据介质温度和保冷层厚度满足设计要求。

3. 质量要求

防潮层所有接头及层次应密实、连续、无漏刷和机械损伤。表面应平整、无气泡、翘口、脱层、开裂等缺陷。

习 题

一、多项选择题

1. 石油沥青的组分包括( )。
   A. 地沥青质　　B. 焦油　　　C. 树脂　　　D. 油分
2. 石油沥青的牌号是根据( )技术指标来划分的。
   A. 针入度　　　B. 延度　　　C. 软化点　　D. 闪点
3. 石油沥青的黏滞性是用( )表示的。
   A. 针入度　　　B. 黏滞度　　C. 软化点　　D. 延伸度

二、填空题

1. 石油沥青中各组分因环境中的阳光、空气、水等因素作用而导致油分、树脂较少,地沥青质增多的过程叫作_____。
2. 沥青材料在外力作用下抵抗发生_____变形的能力叫作_____。
3. 半固态、固态沥青的黏滞性用_____表示,单位是_____。液态沥青的黏滞性用_____表示,单位是_____。
4. 针入度的值越大,则黏滞性越_____;黏滞度的值越大,则黏滞性越_____。
5. 延伸度是反映_____ 延度值越大,该性质越_____。
6. 沥青的温度稳定性的好坏是通过_____反映的,该值越大,表示温度稳定性越_____。

三、简答题

1. 怎样划分石油沥青的牌号?牌号大小与沥青主要技术性质之间的关系怎样?
2. 何谓绝热材料?建筑上使用绝热材料有何意义?
3. 与传统的石油沥青防水卷材相比,高分子聚合物改性沥青防水卷材有何特点?
4. 防水涂料有哪些技术性能要求?
5. 建筑密封材料有哪些?

四、案例分析

1. 如图 4-22 所示,某建筑物屋顶采用防水卷材做防水层,夏季高温防水层出现鼓泡、褶皱的现象,请分析其原因。

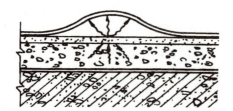 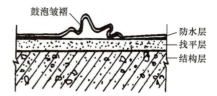

图 4-22 防水层示意图

2. 如图 4-23 所示，河北中部的冬天，沥青路面总会出现一些裂缝，裂缝大多横向且几乎为等距离间距。试分析其原因。

图 4-23 开裂路面

学习情境 5

建筑装饰材料的认知

⇨ 知识目标

1. 掌握装饰天然石材和装饰陶瓷的分类、区别和各自的性能。
2. 掌握建筑玻璃的分类、特性和适用工程部位。
3. 掌握装饰木材、金属、塑料的分类及适用范围。

⊕ 能力目标

1. 能够根据适用性、经济性和建筑艺术的特点，选用天然石材或建筑陶瓷。
2. 能够掌握建筑玻璃的用途。
3. 能够了解新型装饰材料在建筑工程中的应用。

建筑装饰材料是在建筑物结构和设备工程完工之后，对建筑物室内外进行装饰装修所选用的材料。装饰材料不仅起到保护主体结构的作用，还能带给居住者美观舒适的享受，对建筑的艺术效果起到画龙点睛的作用。目前，建筑市场中的装饰材料种类繁多，按各种材料在建筑物的不同部位可分为外墙装饰材料、内墙装饰材料、地面装饰材料、顶棚装饰材料。常用的装饰材料用于墙体的涂料、陶瓷、玻璃；也用于地面的石材、木材；还用于顶棚的金属（轻钢龙骨）、木材等。

让你尖叫的家装

📖 任务提出

图 5-1 所示为某小区住宅平面图，通过对装饰材料的认知，请对其进行室内装修，按装修工程部位合理选用装饰材料。

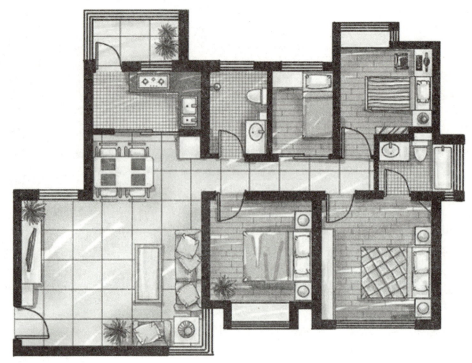

图 5-1 小区住宅平面图

任务分析

建筑装饰材料种类繁多，在选用时不仅要求其具有与建筑物和周围环境相适合的颜色、光泽度、质感等，还应具有一定的环保、强度、硬度、防火性、阻燃性、耐水性、抗冻性、耐污染性、耐腐蚀性等特性要求，以确保建筑物投入使用后的质量，给使用者舒适、美观的享受。

任务实施

一、建筑陶瓷制品的认知

凡以黏土、长石、石英为基本原料，经配料、制坯、干燥、焙烧而制得的成品，统称为陶瓷制品。用于建筑工程的陶瓷制品，则称为建筑陶瓷，主要包括釉面砖、外墙面砖、墙地砖、马赛克和卫生陶瓷等。

常用瓷砖优劣的鉴别方法

1. 釉面砖

釉面砖就是砖的表面经过施釉处理的砖，如图 5-2 所示。

（1）分类及常用规格。按原材料分类可分为两种：陶制釉面砖，即由陶土烧制而成，吸水率较高，强度相对较低，主要特征是背面颜色为红色；瓷制釉面砖，即由瓷土烧制而成，吸水率较低，强度相对较高，主要特征是背面颜色是灰白色。按釉面光泽分类可以分为两种：亮光釉面砖，适合于制造"干净"的效果；哑光釉面砖，适合于制造"时尚"的效果。常用规格的正方形釉面砖有 100 mm×100 mm、152 mm×152 mm、200 mm×200 mm；长方形釉面砖有 152 mm×200 mm、200 mm×300 mm、250 mm×330 mm、300 mm×450 mm

等，常用的釉面砖厚度为 5~8 mm。

（2）特点及应用。釉面砖色泽柔和、典雅、朴实大方、热稳定性好、表面光滑、容易清洗、防潮、防火、耐酸性好。主要用作厨房、卫生间、浴室、试验室、医院等室内墙面、台面等装饰面材料，如图 5-3 所示，但不宜用于室外，因其受到环境因素（日晒、雨淋、温度变化）的影响容易开裂。

图 5-2 釉面砖

图 5-3 釉面砖装饰

2. 外墙面砖

外墙面砖是用陶瓷面砖做成的外墙饰面，如图 5-4 所示。

（1）分类及常用规格。外墙面砖根据砖表面的装饰情况可分为表面不施釉的单色面砖；表面施釉的彩釉面砖；表面兼有施釉和凸起的立体彩釉砖等。常见的规格尺寸有：200 mm×200 mm×12 mm、150 mm×75 mm×12 mm、75 mm×75 mm×8 mm、108 mm×108 mm×8 mm、150 mm×30 mm×8 mm、200 mm×60 mm×8 mm、200 mm×80 mm×8 mm。

（2）特点及应用。外墙面砖具有质地密实、

图 5-4 外墙面砖

釉面光亮、耐磨、防水、耐腐和抗冻性好，给人以光亮晶莹、清洁大方的美感等特点。主要用于建筑物的外墙装饰。

3. 墙地砖

墙地砖是陶土、石英砂等材料经研磨、压制、施釉、烧结等工序，形成的陶质或瓷质板材，如图 5-5 所示。

（1）分类及常用规格。墙地砖包括外墙用贴面砖和室内外铺贴用砖。根据配料和制作工艺的不同，可制成平面、麻面、毛面、抛光面、压光浮雕面等多种制品。主要品种有彩色釉面陶瓷墙地砖、无釉陶粒面砖。彩色釉面陶瓷墙地砖常用尺寸有 100 mm×100 mm、150 mm×150 mm、200 mm×150 mm、200 mm×200 mm、300 mm×300 mm、300 mm×150 mm、300 mm×200 mm、115 mm×60 mm 等，厚度一般为 8~12 mm；无釉陶粒面砖常用尺寸为 50 mm×50 mm、100 mm×100 mm、150 mm×150 mm、100 mm×50 mm、150 mm×75 mm、200 mm×100 mm、300 mm×200 mm 等，厚度一般为 8~12 m。

(2)特点及应用。墙地砖具有坚固、耐磨、抗冻、容易清洗、耐腐蚀等特点,墙地砖主要铺贴客厅、餐厅、走道、阳台的地面,厨房、卫生间的墙地面,如图5-6所示。

图5-5 墙地砖

图5-6 墙地砖装饰

4. 马赛克

马赛克是用优质瓷土烧成的,如图5-7所示。马赛克出厂前已按各种图案反贴在牛皮纸上,施工时将每联纸面向上,贴在半凝固的水泥砂浆面上,用长木板压面,使之粘贴平实,待砂浆硬化后洗去皮纸,即可显出美丽的图案。

(1)分类及常用规格。马赛克按表面性质分为有釉马赛克和无釉马赛克;按砖联分为单色和拼花两种。单块马赛克的尺寸一般为15~40 mm,厚度有4 mm、4.5 mm、大于4.5 mm三种。基本形状有正方形、长方形、六角形等。在施工过程中可配成各种颜色图案,如图5-8所示。

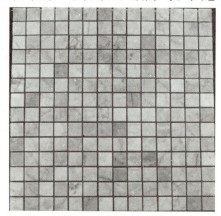
图5-7 陶瓷马赛克

图5-8 陶瓷马赛克装饰

(2)特点及应用。马赛克具有色泽多样,质地坚实,经久耐用,能耐酸、耐碱、耐火、耐磨,抗压力强,吸水率小,不渗水,易清洗,不褪色等特点。可用于工业与民用建筑的洁净车间、门厅、走廊、餐厅、厕所、浴室、工作间、化验室等处的地面和内墙面,并可作高级建筑物的外墙饰面材料。

5. 卫生陶瓷

卫生陶瓷是指卫生间、厨房和试验室等场所用的带釉陶瓷制品,如图5-9所示。目前,我国生产的卫生陶瓷主要有洗漱池、大便器、小便

新型装饰
材料——软瓷

器、洗涤槽、浴盆、返水管、肥皂盒、卫生纸盒、毛巾架、梳妆台板、挂衣钩、火车专用卫生器、化验槽等品类。每一品类又有许多形式，如洗面器有台式、墙挂式和立柱式等；大便器有坐式和蹲式，坐便器又按其排污方式有冲落式、虹吸式、喷射虹吸式、旋涡虹吸式等。我国标准规定，各种半瓷质卫生陶瓷的吸水率应小于或等于4.5%；耐急冷急热（100℃水中加热5 min后，投入15℃～16℃水中）三次不炸裂；普通釉白度大于或等于60°；白釉白度大于或等于70°。另外，对陶瓷的外观质量、规格、尺寸公差、使用功能等，也都有明确的规定。

图5-9　卫生陶瓷

二、装饰石材制品的认知

在建筑上作为饰面的石材主要包括天然石材和人造石材两大类，主要用于建筑物的外墙、地面（图5-10）、卫生间、内墙、柱面等工程部位的装饰。

1. 天然石材

天然石材具有结构致密、抗压强度高、耐水、耐磨、装饰性好、耐久性好等特点，主要用于装饰等级要求高的工程中。**建筑装饰用的天然石材主要有装饰板材和园林石材**。常用的装饰板材有花岗石（图5-11）和大理石（图5-12）两类。

图5-10　花岗石地面

图5-11　花岗石板材

图5-12　大理石板材

（1）花岗石。花岗石属于火成岩，是火成岩中分布最广的一种岩石，由长石、石英和云母组成，岩质坚硬密实。花岗石具有色泽丰富（灰色、黄色、红色等），质地坚硬、耐磨性好，加工性好，**抗风化能力强**，化学稳定性好，耐久性好等特点。在选用花岗石板材时要注意以下几个方面：

1）花岗石平台外观质量是否为优等品，块材的颜色、色差、花纹是否调和，均匀一致。

2)平台表面是否有缺棱、缺角、裂纹、色斑、色线、坑窝等外观缺陷。

3)平台表面是否涂刷六面石材防护涂料,确保石材的防水、防污性能。

4)石材是否通过国家石材质量监测中心的有关检验,包括物理性、放射性、冻融性等,并具有关检验报告。

5)查看石材的产地和名称。

(2)大理石。大理石属于变质岩,主要成分为$CaCO_3$。天然大理石板质地坚硬、颜色变化多样、光泽自然柔和,形成独特的天然美。大理石主要用于加工成各种形材、板材,作建筑物的墙面、地面、台、柱,还常用于纪念性建筑物如碑、塔、雕像等的材料,如图5-13所示。

在选择大理石装饰材料时,应充分考虑装饰的整体效果,根据大理石磨光板的美丽多姿的花纹装饰墙面、柱面、地面等不同部位。在选择大理石装饰料时,还应对大理石的表面是否平整,棱角有无缺陷,有无裂纹、划痕,有无砂眼,色调是否纯正等方面进行筛选。

天然大理石板根据加工质量和外观质量分为A、B、C三级。天然大理石板适合于铺设客厅地面。常用规格为400 mm×400 mm或500 mm×500 mm。

图5-13 大理石地面

为了减少大理石板铺设时的损耗,大理石板的规格应根据房间净宽决定,使大理石板在房间净宽范围内不出现非整板,例如,房间净宽为3 060 mm,则宜选用500 mm×500 mm的大理石板,在房间净宽范围内正好铺设6块,余60 mm作为灰缝。

天然大理石板所需块数可按下式计算:

大理石板块数=(铺设面积/每块板面积)×(1+大理石板损耗率)

大理石板损耗率为2%~5%,规格越大,损耗越大。

大理石板是装箱的,每箱上标有生产厂名、商标、标记、指示标志等,选购时宜根据所需块数凑满整箱数。例如,所需大理石板128块,每箱装10块,应选购13箱共130块,宁多勿少。

知识拓展

图5-14和图5-15所示为同一栋楼外墙所用的两种不同材质的装饰石材,使用时间相同。大理石石材颜色已变暗且出现裂缝,而花岗石石材完好如新。请从材料的组成结构分析两者性能差异的原因。

图5-14 大理石开裂

图5-15 花岗石

2. 人造石材

人造石材是以不饱和聚酯树脂为胶粘剂，配以天然石材碎料、硅砂、石渣等骨料，以及适量的阻燃剂、颜色等，经配料混合、搅拌、成型、挤压等方法制成的。与天然石材与相比，人造石材具有加工性好、色彩艳丽、光洁度高、颜色均匀一致，抗压耐磨、韧性好、结构致密、坚固耐用、轻质、不吸水、耐侵蚀风化、放射性低等优点。适用于墙面、地面、柱面等工程部位的装饰，如图5-16所示。

图 5-16　人造石材装饰

人造石材可分为以下几类：

(1)树脂型人造石材。树脂型人造石材是以不饱和聚酯树脂为胶粘剂，与天然碎石、石粉或其他无机填料按一定的比例配合，再加入催化剂、固化剂、颜料等外加剂，经混合搅拌、固化成型、脱模烘干、表面抛光等工序加工而成，如图5-17所示。树脂型人造石材便于制作形状复杂的制品，具有强度高、密度小、厚度薄、耐酸碱腐蚀及美观等优点；但其耐老化性能不及天然花岗石，故多用于室内装饰，可用于宾馆、商店、公共土木工程和制作各种卫生器具等。

图 5-17　树脂型人造石材

(2)复合型人造石材。复合型人造石材是指该种石材的胶结料中，既有无机胶凝材料，又有有机高分子材料。其主要的加工技术方法有两种：一种用无机胶凝材料将碎石、石粉等骨料胶结成型并硬化后，再将硬化体浸渍于有机单体中，使其在一定条件下聚合而成。另一种制成复合板材，底层用廉价而性能稳定的无机材料制成，不需磨光、抛光；而面层则采用聚酯和大理石粉制作，这种构造可以获得最佳的装饰效果和经济指标，目前采用较普遍。

(3)水泥型人造石材。水泥型人造石材是以各种水泥为胶结材料，砂、天然碎石粒为粗细骨料，经配制、搅拌、加压蒸养、磨光和抛光后制成的人造石材。在配制过程中，混入色料，可制成彩色水泥石。水泥型石材的生产取材方便，价格低廉，但其装饰性、耐腐蚀性较差。水磨石和各类花阶砖即属此类。如图5-18所示。

图 5-18　水泥型人造石材

(4)烧结型人造石材。烧结型人造石材的生产方法与陶瓷工艺相似，是将长石、石英、高岭土共同混合，再在窑炉中以1 000 ℃左右的高温焙烧而成。烧结型人造石材的装饰性好，性能稳定，但需经高温焙烧，因而能耗大，造价高。由于不饱和聚酯树脂具有黏度小，易于成型；光泽好；颜色浅，容易配制成各种明亮的色彩与花纹；固化快，常温下可进行操作等特点，因此在上述石材中，目前使用最广泛的是以不饱和聚酯树脂为胶粘剂而生产的树脂型人造石材，其物理、化学性能稳定，适用范围广，又称聚酯合成石。

三、装饰木材制品的认知

1. 木材的分类与规格

在建筑工程中，常用的木材**按照加工程度可分为原条、原木、锯材三类**，如图 5-19 所示。各种类的用途见表 5-1。

图 5-19 建筑工程中用木材

(a)原木；(b)原条；(c)锯材；(d)枋材

表 5-1 木材产品的分类及应用

分类名称	说明	主要用途
原条	除去皮、根、树梢的木料，但尚未按一定尺寸加工成规定直径和长度的材料	建筑工程的脚手架、建筑用材、家具等
原木	已经除去皮、根、树梢的木料，并按一定尺寸加工成规定直径和长度的材料	直接使用的原木：用于建筑工程结构构件、桩木、电杆、坑木等 加工原木：用于胶合板、造船、车辆、机械模型及一般用加工用材等
锯材	已经加工锯解成材的木料，凡宽度为厚度3倍或3倍以上的，称为板材，不足三倍的称为枋材	建筑工程、桥梁、家具、造船、车辆、包装箱板等

常用的锯材尺寸见表 5-2,按其厚度可分为薄板、中板、厚板。

表 5-2 针叶树、阔叶树锯材规格尺寸   mm

分类	厚度	宽度	
		尺寸范围	进级
薄板	12、15、18、21	30～300	10
中板	25、30、35		
厚板	40、45、50、60		

阔叶树锯材分为特等、一等、二等和三等共四个等级。各等级材质指标见表 5-3。

表 5-3 阔叶树锯材等级标准

缺陷名称	检量与计算方法	允许限度			
		特等	一等	二等	三等
死节	最大尺寸不得超过板宽的	15%	30%	40%	不限
	任意材长 1 m 范围内个数不得超过	3	6	8	
腐朽	面积不得超过所在材面面积的	不允许	2%	10%	30%
裂纹夹皮	长度不得超过材长的	10%	15%	40%	不限
虫眼	任意材长 1 m 范围内个数不得超过	1	2	8	不限
钝棱	最严重缺角尺寸不得超过材宽的	5%	10%	30%	40%
弯曲	横弯最大拱高不得超过内曲水平长的	0.5%	1%	2%	4%
	顺弯最大拱高不得超过内曲水平长的	1%	2%	3%	不限
斜纹	斜纹倾斜程度不得超过	5%	10%	20%	不限

针叶树锯材分为特等、一等、二等和三等共四个等级,各等级材质指标见表 5-4。长度不足 1 m 的锯材不分等级,其缺陷允许限度不低于三等材。

表 5-4 针叶树等级指标

缺陷名称	检量与计算方法	允许限度			
		特等	一等	二等	三等
活节及死节	最大尺寸不得超过板宽的	15%	30%	40%	不限
	任意材长 1 m 范围内个数不得超过	4	8	12	
腐朽	面积不得超过所在材面面积的	不允许	2%	10%	30%
裂纹夹皮	长度不得超过材长的	5%	10%	30%	不限
虫眼	任意材长 1 m 范围内个数不得超过	1	4	15	不限
钝棱	最严重缺角尺寸不得超过材宽的	5%	10%	30%	40%
弯曲	横弯最大拱高不得超过内曲水平长的	0.3%	0.5%	2%	3%
	顺弯最大拱高不得超过内曲水平长的	1%	2%	3%	不限
斜纹	斜纹倾斜程度不得超过	5%	10%	20%	不限

2. 装饰用人造板材

(1) 胶合板。胶合板是由木段旋切成单板或由木方刨切成薄木，再用胶粘剂胶合而成的三层或多层的板状材料，通常用奇数层单板，常用的有三合板、五合板等，并使相邻层单板的纤维方向互相垂直胶合而成，如图 5-20 所示。胶合板具有材质均匀、强度高、无明显纤维饱和点存在，吸湿性小、不翘曲开裂、幅面大、装饰性好等特点。胶合板被广泛地应用于制作家具和装修工程中，如可用作室内隔墙板、护壁板、顶棚等。胶合板根据层数或厚度称呼，如三合板或3厘板。常用胶合板的分类、特点及适用范围见表5-5。

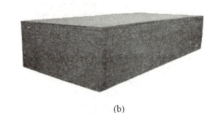

图 5-20　胶合板

(a) 三合板；(b) 9 mm 胶合板

表 5-5　胶合板分类、特点及适用范围

分类	名称	特点	适用范围
Ⅰ类	耐气候胶合板	耐久、耐煮沸或蒸汽处理、耐干热	室外工程
Ⅱ类	耐水胶合板	耐冷水浸泡及短时间热水浸泡、不耐煮沸	潮湿条件下使用、混凝土模板常用
Ⅲ类	不耐潮胶合板	有一定胶合强度，但不耐水	室内工程一般常态下使用，要求环境干燥

(2) 细木工板。细木工板俗称大芯板，芯板用木板拼接而成。细木工板的两面胶粘一层或两层单板。中间木板是由优质天然的木板方经热处理（即烘干室烘干）以后，加工成一定规格的木条，由拼板机拼接而成。拼接后的木板两面各覆盖两层优质单板，再经冷、热压机胶压后制成，如图 5-21 所示。细木工板按板芯结构分实心细木工板：以实体板芯制成的细木工板；空心细木工板：以方格板芯制成的细木工板。细木工板具有质坚、绝热、吸声等特点。适用于家具、门窗

图 5-21　细木工板

及套、隔断、假墙、暖气罩、窗帘盒等。细木工板的常用规格为 1 200 mm×2 440 mm，厚度为 16 mm、19 mm、22 mm、25 mm。

(3) 纤维板。纤维板是以木材或植物纤维为主要原料，经破碎、浸泡、研磨成木浆，再加入一定的添加剂而制成的一种人造板材，如图 5-22 所示。根据成型时的条件不同可分为

硬质纤维板(体积密度＞800 kg/m³)、半硬质纤维板(体积密度为500～800 kg/m³)、软质纤维板(体积密度＜500 kg/m³)三种。硬质纤维板强度高,耐磨,不易变形,可用于墙壁、门板、地面、家具等;半硬质纤维板表面光滑、材质细密、性能稳定、边缘牢固、装饰性好,主要用于隔断、隔墙、地面、高档家具等;软质纤维板结构松软、强度低,吸声性和保温性好,主要用于吊顶。

图 5-22 纤维板
(a)软质纤维板;(b)硬质纤维板

(4)刨花板、木丝板、木屑板。刨花板、木丝板、木屑板,是利用木材加工中产生的大量刨花、木丝、木屑为原料,经干燥与胶结料拌和,热压而成的板材,如图 5-23 所示。这类板材的表观密度小,强度低,主要用作绝热和吸声材料。经饰面处理后,还可用做吊顶、隔断等。

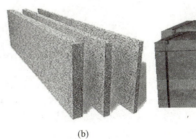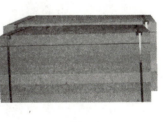

图 5-23 人造板材
(a)刨花板;(b)木丝板;(c)木屑板

3. 木质地板

(1)条木地板。条木地板是室内使用最普遍的木质地面,它是由龙骨、地板等部分构成。地板有单层和双层两种,双层者下层为毛板,面层为硬木条板,硬木条板多选用水曲柳、柞木、枫木、柚木、榆木等硬质树材,单层条木板常选用松、杉等软质树材。条板宽度一般不大于120 mm,板厚为20～30 mm,材质要求采用不易腐朽和变形开裂的优质板材。条木地板具有质量轻、弹性好、导热性小、易于清洁等特点。可用于办公室、卧室、休息室、宾馆客房等地面装饰。

(2)拼花木地板。拼花木地板是较高级的室内地面装修,分双层和单层两种,两者面层均为拼花硬木板层,双层者下层为毛板层。面层拼花板材多选用水曲柳、柞木、核桃木、栎木、榆木、槐木、柳桉等质地优良、不易腐朽开裂的硬木树材。双层拼花木地板固定方法，是将面层小板条用暗钉钉在毛板上，单层拼花木地板则可采用适宜的黏结材料，将硬木面板条直接粘贴于混凝土基层上。拼花小木条的尺寸一般为长为 250～300 mm，宽为 40～60 mm，板厚为 20～25 mm，木条一般均带有企口。拼花木地板具有纹理美观、弹性好、耐磨、坚硬、耐腐蚀等特点，主要用于高级楼宇、宾馆、别墅、体育馆等地面的装饰，如图 5-24 所示。

图 5-24　拼花木地板

(3) **复合木地板**。复合木地板是以中密度纤维板为基材，采用树脂处理，表面贴一层天然木纹板，经高温压制而成的新型地面装饰材料，如图 5-25 所示。复合木地板由以下四层构成：

1) 底层：由聚酯材料制成，起防潮作用。
2) 基层：一般由密度板制成，视密度板密度的不同，也分低密度板、中密度板和高密度板。
3) 装饰层：是将印有特定图案（仿真实纹理为主）的特殊纸放入三聚氢氨溶液中浸泡后，经过化学处理，利用三聚氢氨加热反应后化学性质稳定，不再发生化学反应的特性，使这种纸成为一种美观、耐用的装饰层。
4) 耐磨层：是在强化地板的表层上均匀压制一层三氧化二铝组成的耐磨剂。

图 5-25　复合木地板

(4) **实木地板**。实木地板是天然木材经烘干、加工后形成的地面装饰材料。实木地板是应用最早的地板，也是地板中的高档产品。实木地板具有脚感好，有天然原木的纹理和色彩，有柔和自然等特点，但也有处理不好易变形、需要定期打蜡、不易打理等缺点。主要用于卧室、客厅、书房等部位的地面装饰。

(5) **强化木地板**。强化木地板起源于欧洲，学名叫浸渍纸层压木质地板。由于采用高密度板为基材，材料取自速生林，2～3 年生的木材被打碎成木屑制成板材使用，是最环保的木地板。强化地板有耐磨层，可以适应较恶劣的环境，如客厅、过道等经常有人走动的地方。强化木地板具有无须抛光、上漆、打蜡，易清理，耐磨，价格不贵等特点。

(6) **软木地板、竹地板**。软木地板以树皮为原料经过粉碎、热压加工而成，是较好的天然复合木地板之一。其虽软但十分耐磨，使用软木地板能减少噪声。竹地板给人一种天然、清凉的感觉。与实木地板类似，处理或铺装不好容易变形。竹地板的原料毛竹比木材生长周期要短得多，因此它也是一种十分环保的地板。

现在"混油"风格逐渐流行，欧洲日益风行彩色地板，人们不再简单选用刷清油达到装修效果，而是采用彩色油漆把木色遮盖住，形成居室的多种色彩和风格。随之而来的是彩色复合木地板的盛行，白色、黑色、蓝色、红色、绿色不一而足，如图5-26所示。

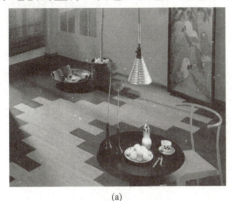

(a) （b）

图5-26 "混油"装饰风格

(a)客厅"混油"；(b)卧室"混油"

四、建筑装饰涂料的认知

涂料是一种可涂刷于建筑物表面，并能形成连接性涂膜的材料。常用于建筑装饰，主要起装饰和保护作用，从而提高主体建筑材料的耐久性。它具有工期短、工效高、质轻、价格低、维修更新方便等特点。

1. 涂料的分类

根据涂料的主要成膜物质的化学组成，可分为有机涂料、无机涂料及复合涂料三大类。常用的有机涂料有溶剂型涂料、乳液型涂料、水溶性涂料三种类型。按建筑上使用部位分为外墙涂料、内墙涂料、地面涂料、顶棚涂料，按建筑物的使用功能可分为装饰涂料、防水涂料、防腐涂料、防火涂料等。

2. 常用的建筑装饰涂料

(1) 外墙装饰涂料。外墙装饰涂料的主要功能是装饰和保护建筑物的外墙面，使建筑物外貌整洁美观，从而达到美化城市环境的目的，如图5-27所示。常见建筑外墙装饰涂料的的特点及应用见表5-6。

(a) （b）

图5-27 外墙涂料

(a)工人粉刷外墙；(b)粉刷好的外墙

表 5-6 常见外墙装饰涂料的特点及应用

名称	特点	应用
聚氨酯系外墙涂料	①具有近似橡胶弹性的性质，对基层的裂缝有很好的适应性。 ②具有极好的耐水、耐碱、耐酸等性能。 ③一般为双组分或多组分涂料，施工时需按规定比例现场调配	适用于混凝土或水泥砂浆面层外墙装饰工程
丙烯酸系外墙涂料	①涂料无刺激性气味，耐候性良好。 ②耐碱性好，且对墙面有较好的渗透作用，涂膜坚韧、附着力强。 ③使用不受限制，即使是在零度以下的严寒季节，也能干燥成膜。 ④施工方便，可刷、可滚、可喷	用于民用、工业、高层建筑及高级宾馆内外装饰，也适用于钢结构、木结构的装饰防护
无机外墙涂料	①耐水、耐酸、耐碱、耐冻融、耐老化、耐擦洗，涂膜细腻，颜色均匀明快，装饰效果好。 ②涂膜致密坚硬，可以打磨抛光，且涂膜不产生静电，不易吸尘，耐污染性好，遮盖力强，涂刷面积大，对基层渗透力强，附着力好。 ③以水为分散介质，施工方便、安全、易涂刷，也可滚涂、喷涂等	适用于民用与工业建筑外墙和内墙装饰工程

(2) 内墙装饰涂料。内墙装饰涂料的主要功能是装饰及保护内墙墙面及顶棚，使其美观，达到良好的装饰效果，如图 5-28 所示。常见内墙装饰涂料的特点及应用见表 5-7。

(a)　　　　　　　　　　　　　　(b)

图 5-28　内墙装饰涂料

(a)内墙装饰效果 1；(b)内墙装饰效果 2

表 5-7　常见内墙装饰涂料的特点及应用

名称	特点	应用
聚醋酸乙烯乳胶内墙涂料	无味、无毒、不燃、施工方便、装饰效果好	适用于装饰要求较高的内墙装饰工程
乙丙乳胶漆	外观细腻、耐水性好、不易褪色	适用于中高档建筑物的内墙装饰
苯丙—环氧乳液涂料	具有良好的耐水、防潮、耐温等特点	适用于厨房、卫生间等内墙的装饰
溶剂型内墙涂料	耐久性好、易于清洗。但透气性较差	适用于大型厅堂、室内走廊、门厅等部位的装饰
多彩内墙涂料	色泽多样、明亮，装饰效果好，耐久性好、耐磨性好等特点	适用于建筑物的内墙、顶棚装饰

(3) 地面装饰涂料。地面装饰涂料的主要功能是装饰与保护室内地面，使地面清洁、美观，与其他装饰材料一同创造优雅的室内环境，如图 5-29 所示。常见地面装饰涂料的特点

及应用见表 5-8。

图 5-29 地面装饰涂料

(a)地面装饰效果 1；(b)地面装饰效果 2

表 5-8 常见地面装饰涂料的特点及应用

名称	特点	应用
过氯乙烯水泥地面涂料	干燥快、施工方便、耐水性好、耐磨性好	建筑物室内水泥地面装饰
聚氨酯地面涂料	与水泥、木材、金属、陶瓷等地面的粘结力强，整体性好，弹性变形能力大，耐磨性好，色泽丰富，但施工较复杂	适用于高级住宅、会议室、手术室等地面装饰
聚醋酸乙烯水泥地面涂料	耐磨性好、抗击性好、色泽美观	适用于民用住宅室内地面的装饰，还可用于设备车间、试验室等室内地面装饰
环氧树脂厚质地面涂料	耐磨，与基层材料的粘结力好，耐腐蚀性强，抗老化性好，装饰效果好，但材料的价格较高，原材料有毒	适用于高级住宅、手术室、试验室、公共建筑等地面的装饰

五、建筑玻璃及其制品的认知

玻璃在建筑中主要起到采光、透视、隔热、隔声、安全、节能及装饰作用（玻璃幕墙，如图 5-30 所示），在建筑中常使用的玻璃制品有普通平板玻璃、安全玻璃和节能玻璃等。

图 5-30 玻璃幕墙

建筑玻璃

1. 平板玻璃

习惯上将窗用玻璃、压花玻璃、磨砂玻璃、磨光玻璃、有色玻璃等统称为平板玻璃。平板玻璃的生产方法有两种。一种是将玻璃液通过垂直引上或平拉、延压等方法而成，称为普通平板玻璃；另一种是将玻璃液漂浮在金属液（如锡液）面上，让其自由摊平，经牵引逐渐降温退火而成，称为浮法玻璃，如图 5-31 所示。常见平板玻璃的特点及应用见表 5-9。

图 5-31 平板玻璃

表 5-9 常见平板玻璃的特点及应用

品种		工艺过程	特点	应用
普通窗用玻璃		未经研磨加工	透明度好，板面平整	用于建筑门窗装配
磨砂玻璃		经研磨、喷砂或氢氟酸溶蚀等加工，使其表面均匀粗糙	表面粗糙，使光产生漫射，有透光不透视的特点	用于卫生间、办公室、浴室的门窗及隔断
压花玻璃		在玻璃硬化前用刻纹的滚筒在玻璃面压出花纹	折射光线不规则，透光不透视，有使用功能又有装饰功能	用于宾馆、办公楼、会议室的门窗
彩色玻璃	透明彩色玻璃	在玻璃原料中加入金属氧化物而带色	耐腐蚀、耐冲刷、易清洗	用于建筑物内外墙面、门窗及有特殊要求的采光部位
	不透明彩色玻璃	在一面喷以色釉，再经烘制而成		

2. 安全玻璃

安全玻璃力学强度大，抗冲击性好，经剧烈振动或撞击不破碎，即使破碎也不会飞溅伤人。常用的有钢化玻璃、夹丝玻璃、夹层玻璃，如图 5-32 所示。

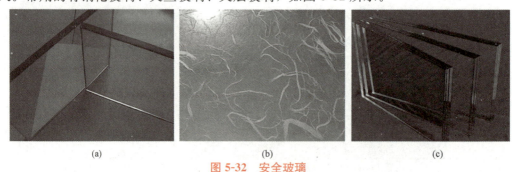

图 5-32 安全玻璃
(a)钢化玻璃；(b)夹丝玻璃；(c)夹层玻璃

(1)钢化玻璃。钢化玻璃是用物理或化学方法，在玻璃的表面形成一个压应力层，玻璃本身具有较高的抗压强度，从而提高玻璃的强度、抗冲击性和热稳定性，不会造成破坏。钢化玻璃机械强度高，钢化玻璃的抗弯强度比普通玻璃提高 3～5 倍，达 200 MPa 以上，抗冲击性也有显著提高；弹性好，热稳定性好，在受到急冷急热作用时不易发生炸裂。钢化玻璃可用作建筑物的门窗、隔墙、幕墙及橱窗等。使用时要注意钢化玻璃不能切割、磨削、边角不得受损。

(2)夹丝玻璃。夹丝玻璃是在玻璃熔融状态时将经预热处理的钢丝或钢丝网压入玻璃中间，经退火切割而成。夹丝玻璃安全性好，在受到冲击或温度骤变而破坏时，碎片不会飞散；防火性好，发生火灾时夹丝玻璃即使受热炸裂，仍能固定在金属丝网上，可以隔绝火焰。夹丝玻璃主要用于建筑物的防火门窗、天窗、采光屋顶、阳台等部位。

(3)夹层玻璃。夹层玻璃是在两片或多片玻璃原片之间用嵌夹聚乙烯醇缩丁醛树脂胶片，经过加热、加压、粘合平面或曲面的复合玻璃制品。夹层玻璃具有透明度好、抗冲击性好等特点。夹层玻璃一般用于建筑物的门窗、天窗和商店、银行、珠宝店的橱窗、隔断等。

3. 节能玻璃

常见节能玻璃的特点及应用见表 5-10。

表 5-10　常见节能玻璃的特点及应用

名称	功能	特点	应用
吸热玻璃	能大量地吸收红外线，并能保证较高的可见光透过率	吸收太阳的辐射热，吸收太阳的可见光，具有一定的透明度，色泽经久不变	可用于需要采光和隔热的工程部位
热反射玻璃	具有较强的热反射能力，并能保持良好的透光性	具有良好的隔热性能、单项透视性、镜面效应	用于建筑门窗玻璃、幕墙玻璃，制作高性能中空玻璃
低辐射膜玻璃	具有较高的透过率	有利于自然光，但有较低的热辐射性	与普通玻璃、浮法玻璃、钢化玻璃等配合使用
中空玻璃	具有良好的保温和隔声效果	热工性好、隔声性好、有一定的装饰性	主要用于需要保温空调、隔声的建筑物上，或要求较高的建筑场所，如宾馆、商场、写字楼等

六、金属装饰材料的认知

金属装饰材料具有强度高、塑性好、材质均匀致密、性能稳定、易于加工等特点，被广泛地应用于建筑装饰工程中，金属装饰材料主要被制成各种装饰板材。

1. 建筑装饰用钢材及制品

(1)不锈钢钢板。装饰不锈钢钢板按照反光率，可分为镜面板(板面反射率＞90％)、有光板(板面反射率＞70％)和亚光板(板面反射率＜50％)三种类型。常用装饰不锈钢钢板的厚度为 0.35～2 mm(薄板)，幅面宽度为 500～1 000 mm，长度为 1 000～2 000 mm。不锈钢薄板主要用于内外墙饰面、幕墙及室内外楼梯扶手、护栏，隔墙，屋面柱饰面等工程部位，如图 5-33 所示。

(2)彩色涂层钢板。彩色涂层钢板是以冷轧或镀锌钢板为基材，经表面处理后涂以各种保护、装饰涂层而制成的产品。彩色涂层钢板具有耐污染性强、洗涤后表面光泽及色差不变、热稳定性好、易加工、装饰效果好等特点。彩色涂层钢板主要用于各类建筑物的外墙板、屋面板、室内的护壁板、吊顶板等，如图 5-34 所示。

图 5-33　不锈钢钢板包柱

图 5-34　彩色涂层钢板厂房

（3）彩色压型钢板。彩色压型钢板是以镀锌钢板为基材，经成型轧制，并敷以各种耐腐蚀涂层与彩色烤漆而成的装饰板材，如图 5-35 所示。彩色压型钢板适用于建筑物的外墙板、壁板、屋面板等。

（4）轻钢龙骨。装饰用轻钢龙骨是以冷轧钢板、镀锌钢板或彩色涂层钢板为原材料，采用冷弯工艺生产的薄壁型钢，在室内吊顶和隔墙装饰工程中起到骨架的作用，如图 5-36 所示。按用途有吊顶龙骨和隔断龙骨，按断面形式有 V 型、C 型、T 型、L 型龙骨。轻钢龙骨具有质轻、刚度大、抗震性好、防火、施工方便等特点。

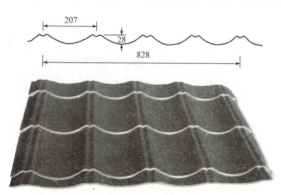

图 5-35　彩色压型钢板

图 5-36　轻钢龙骨

2. 建筑装饰用铝合金及其制品

（1）铝合金门窗。铝合金门窗是将经表面处理的铝合金门窗框料，经下料、钻孔、铣槽、攻丝、配制等一系列工艺装配而成，如图 5-37 所示。铝合金门窗具有如下特点：

1）自重轻：铝合金门窗一般采用的为薄壁空腹型材，且铝合金的密度较钢材低，每平方米耗材平均为 8~12 kg。

2）密封性好：铝合金型材加工精度高、刚度大，采用合理的构造措施，再配以精度高及采用弹性较好的防水密封材料封缝等，所以，铝合金门窗具有良好的气密性、水密性、隔声隔热性能。

3）耐久性好：铝合金门窗具有良好的耐腐蚀性，不锈、不腐、不褪色、维修费用少，整体强度高。

4)装饰性好：铝合金门窗框材，表面经氧化及着色处理，既可保证铝本身的银白色，也可制成各种柔和、美丽的颜色，如古铜色、暗红色、黑色等。

(2)铝合金花纹板。花纹板是采用防锈铝、纯铝或硬铝为基料，用表面具有特质花纹的轧辊轧制而成，如图 5-38 所示。铝合金花纹板具有不易磨损、防滑性好、防腐蚀性能好等特点，被广泛地应用于现代建筑的幕墙装饰。铝合金浅花纹板（花纹高度 0.05～0.12 mm）色泽美观大方，板面呈立体花纹，硬度、抗划伤、抗污染等性能较普通平面铝板均有所提高。浅花纹板可用于室内和车厢、飞机、电梯等内饰面。

图 5-37　铝合金门窗

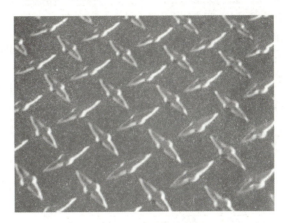

图 5-38　铝合金花纹板

(3)铝合金波纹板和压型板。铝合金波纹板和压型板是采用纯铝或铝合金平板为基料，经机械加工而成异形断面板材，如图 5-39 所示。铝合金波纹板具有质量轻、防火、防潮、防腐性好等特点，主要用于建筑物的墙面和屋面装饰。铝合金压型板具有轻质、耐腐蚀、耐久性好等特点，主要用作墙面和屋面的饰面工程。

(4)铝合金冲孔吸声板。铝合金冲孔吸声板是为了满足室内吸声的要求，在板材上用机械加工的方法冲出孔径大小、形状间距不同的孔洞，孔洞形式根据需要有圆孔、方孔、三角孔等，如图 5-40 所示。铝合金冲孔吸声板轻质、高强、防火、防潮、防腐性好、化学稳定性好，是一种新型的兼具有吸声和装饰的板材，被广泛地应用于宾馆、饭店、大中型公共建筑等工程中，以改善音质条件。

图 5-39　铝合金波纹板

图 5-40　铝合金冲孔吸声板

七、塑料装饰材料的认知

塑料与传统的装饰材料相比具有轻质、绝缘、耐腐、耐磨、绝热、原料来源丰富、加工成型方便、装饰性好等优点。但塑料也有其不足之处,如弹性模量小、刚度差、易老化、易燃、变形大和成本高等。

1. 塑料装饰板材

塑料装饰板材是以树脂为浸渍材料或以树脂为基材,采用一定的生产工艺制成的具有装饰功能的普通或异形断面的板材。常见塑料装饰板材的特性及应用见表 5-11。

表 5-11 常见塑料装饰板材的特点及应用

名称	特点	适用范围
三聚氰胺层压板	表面光滑、致密,具有较高的耐污性,耐湿,耐擦洗,耐酸、碱、油脂及酒精等溶剂的侵蚀,经久耐用	适用于墙面、柱面、家具、吊顶等饰面工程
硬质 PVC 板	平板:色泽鲜艳、不变形、易清洗、防水、耐腐蚀 波形板:色泽多样、水密性好 异形板:隔热、隔声性能好,防潮、表面光滑、易清洗、装饰性好	平板:室内装饰、家具台面装饰 波形板:适用于做拱形采光屋面、墙面装饰、建筑屋面防水 异形板:墙面和潮湿环境中的吊顶
玻璃钢(GRP)板	耐化学腐蚀性好、耐湿、防潮性好	有耐潮湿要求的某些工程部位
铝塑板	质轻、坚固耐久、耐候性好、装饰性好	用于建筑物的外幕墙和室内外墙面、柱面和顶面的饰面处理
聚碳酸酯(PC)采光板	不易变形、抗冲击性好、阻燃性好、耐候性好	用于遮阳棚、大厅采光天幕、游泳池和体育场馆的顶棚、大型建筑和庭院的采光通道等

2. 塑料壁纸

塑料壁纸是以纸为基材,以聚氯乙烯塑料为面层,经压延或涂布以及印刷、扎花、发泡等工艺而制成的,通过胶粘剂贴于墙面或顶棚上的饰面材料,如图 5-41 所示。

(a) (b)

图 5-41 塑料装饰壁纸
(a)壁纸 1;(b)壁纸 2

塑料壁纸具有装饰性好、粘贴方便、易维修保养、具有一定的伸缩性和耐裂度等特点，被广泛地用于室内墙面装饰，也可用于顶棚、梁、柱等处的贴面装饰。

3. 塑钢门窗

塑钢门窗是以聚乙烯（PVC）树脂为主要原料，加上一定比例的稳定剂、改性剂、填充剂、紫外线吸收剂等助剂，经挤出加工成型材，然后经切割、焊接的方式制成门窗框扇，配装上橡塑密封条五金配件等附件而成，如图 5-42 所示。

图 5-42　塑钢门窗
(a)塑钢门窗 1；(b)塑钢门窗 2

塑钢门窗具有如下特点：

(1)塑钢门具有良好的保温性和隔声性：材料的导热系数较小，而且门窗的密封性较好。

(2)塑钢门窗耐冲击：由于铝塑复合型材外表面为铝合金，因此它比塑钢窗型材的耐冲击性大得多。

(3)塑钢门窗气密性好：铝塑复合窗各隙缝处均装多道密封毛条或胶条，气密性为一级，并节约 50％能源。

(4)水密性好：门窗设计有防雨水结构，将雨水完全隔绝于室外，水密性符合国家相关标准。

(5)塑钢门窗防火性好：塑钢门窗不自燃、不助燃、离火自熄、安全可靠，符合防火要求。

知识拓展

家装材料知识

1. 家装建材知识

装修对于每个家庭来说，都是一件花费大量时间、金钱、精力的大事。因此，未动工前得先谋划，应倾听专家或有经验者的意见，做好充分准备，这样既可省工、省料、省钱，又能获得比较满意的装修效果。尤其对于那些从未做过装修的朋友们，装修需要多少费用、如何装修、装饰市场行情如何等，大多数人恐怕心里都没有什么概念。如何利用有限的资金达到满意的装修效果？在家庭装修之前就必须作出周密的"计划"和精心的准备。在进行装修洽谈之前，最好做好整个装修过程的资金计划、装修材料种类选用计划、装修过程中的质量控制三个方面的准备工作。

(1) 挑选瓷砖。家庭装修时都要选购瓷砖，怎样买到物有所值、称心如意的瓷砖也有一定的学问，总的来说选购瓷砖的原则是：一看、二听、三滴水、四尺量。

1) 看外观，瓷砖的色泽要均匀，表面光洁度及平整度要好，周边规则，图案完整，从一箱中抽出四五片察看有无色差、变形、缺棱少角等缺陷。

2) 听声音，用硬物轻击，声音越清脆，则瓷化程度越高，质量越好。也可以左手拇指、食指和中指夹瓷砖一角，轻松垂下，用右手食指轻击瓷砖中下部，如声音清亮、悦耳为上品，如声音沉闷、滞浊为下品。

3) 滴水试验，可将水滴在瓷砖背面，看水散开后浸润的快慢，一般来说，吸水越慢，说明该瓷砖密度越大；反之，吸水越快，说明密度稀疏，其内在品质以前者为优。

4) 尺量，瓷砖边长的精确度越高，铺贴后的效果越好，买优质瓷砖不但容易施工，而且能节约工时和辅料。用卷尺测量每片瓷砖的大小周边有无差异，精确度高的为上品。

另外，观察其硬度，瓷砖以硬度良好、韧性强、不易碎烂为上品。以瓷砖的残片棱角互相划痕，查看破损的碎片断裂处是细密还是疏松，是硬、脆还是较软，是留下划痕，还是散落的粉末，如属前者即为上品，后者即质量较差。

(2) 挑选橱柜。现在橱柜店里有很多风格各异的橱柜，大有"乱花渐欲迷人眼"之势，许多看上去很相似的产品，价格却相差很多。实际上，尽管外观相差不大，不同的橱柜看上去风格相仿，颜色相同，但内在的质量上却存在很大的差异。除橱柜的选材不同外，专业厂家用自动机械化流水线生产的橱柜和手工作坊式小厂用手工生产出的橱柜在质量上也有很大差别。而作为普通消费者在选购橱柜时要注意以下几点：

1) 看板材的封边，优质橱柜的封边细腻、光滑、手感好，封线平直、光滑，接头精细。专业厂家用直线封边机一次完成封边、断头、修边、倒角、抛光等工序，涂胶均匀，压贴封边的压力稳定，加工尺寸的精度能调至最合适的部位，保证最精确的尺寸。而小作坊式的加工厂是用刷子涂胶，人工压贴封边，用壁纸刀来修边，用手动抛光机抛光，由于压力不均匀，很多地方不牢固，还会造成甲醛等有毒气体挥发到空气中，严重影响消费者的身体健康。

2) 看打孔，现在的板式家具都是靠三合一连接件组装，这需要在板材上打很多定位连接孔。孔位的配合和精度会影响橱柜箱体的结构牢固性。专业大厂用多排钻一次完成一块板板边、板面上的若干孔，这些孔都是一个定位基准，尺寸的精度有保证。手工小厂使用排钻，甚至是手枪钻打孔，尺寸误差较大。

3) 看裁板，裁板也称板材的开料，是橱柜生产的第一道工序。大型专业化企业用电子开料锯通过计算机输入加工尺寸，由计算机控制选料尺寸精度，而且可以一次加工若干张板，设备的性能稳定，开出的板尺寸精度非常高，公差单位在微米，而且板边不存在崩茬。而手工作坊型则采用手动开料锯，尺寸误差大，而且经常会出现崩茬。

4) 看门板，门板是橱柜的面子，与人的脸一样重要。小厂生产的门板由于基材和表面工艺处理不当，门板容易受潮变形。

5) 看生产，生产工序的任何尺寸误差都会表现在门上，专业大厂生产的门板横平竖直且门间间隙均匀，而小厂生产组合的橱柜，门板会出现门缝不平直、间隙不均匀，有大有小。

6)看抽屉的滑轨,虽然是很小的细节,却是影响橱柜质量的重要部分。由于孔位和板材的尺寸误差造成滑轨安装尺寸配合上出现误差,造成抽屉拉动不顺畅或左右松动的状况,还要注意抽屉缝隙是否均匀。

7)看台面,台板加工平滑,接驳口无明显接缝,背面出厂喷码清晰可见。

8)闻气味,打开橱柜门,闻闻是否有刺激性气味,材料是否环保,并询问材料是什么样的品牌,什么档次。

(3)挑选洁具。

1)坐厕类,选购坐厕要注意冲水方式和耗水量。坐厕的冲水方式常见的有直冲式和虹吸式两种。一般来说,直冲式的坐厕冲水的噪声大些而且易反味。虹吸式坐厕属于静音坐厕,水封较高,不易反味。

2)浴缸类,浴缸按其制作材料分,有普通钢板浴缸、亚克力浴缸、铸铁浴缸、3.5 mm 厚钢板浴缸几类。一般来说,普通钢板浴缸清洗容易,但造型较单一;亚克力浴缸造型较丰富,但寿命短、老化后不易清洗;铸铁浴缸使用寿命长,档次高,价格较高,搬运、安装较麻烦。现在国际上比较流行的是德国产3.5 mm 厚钢板浴缸,因为此类浴缸表面釉面处理好、不挂脏、钢板厚寿命长、安装较容易,兼具了钢板浴缸和铸铁浴缸的优点。

3)面盆类,面盆除造型外,消费者最应注重釉面的好坏,因为好的釉面不挂脏,表面易清洁,长期使用仍光亮如新。选择时,可对着光线,从陶瓷的侧面多角度观察,好的釉面应没有色斑、针孔、砂眼和气泡,表面非常光滑。

①光洁度高的产品,颜色纯正,不易挂脏积垢,易清洁,自洁性好。判定时可选择在较强光线下,从侧面仔细观察产品表面的反光,以表面没有细小砂眼和麻点,或砂眼和麻点很少的为好。亮度指标高的产品采用了高质量的釉面材料和非常好的施釉工艺,对光的反射性好,均匀,从而使视觉效果好,显得产品档次高。

②选择时可用手在表面轻轻抚摸,感觉非常平整、细腻的为好。还可以摸到背面,感觉有"沙沙"的细微摩擦感为好。

③还可以用手敲击陶瓷表面,一般好的陶瓷材质被敲击发出的声音是比较清脆的。

4)龙头,选购龙头时要注意龙头阀芯的质量、龙头制造材质和表面处理的好坏,还要看它对水质的适应性和是否节水。一般优质的龙头采用的是进口陶瓷阀芯,以意大利和德国的为佳。制造材质上,大部分高档龙头采用黄铜制造。另外,购买龙头时一定要求厂家提供表面镀层的质量保证。

(4)挑选地板。随着人们对生活品质的日益追求以及环保意识的重视,地板商行的专业人士对地板的研发也不断地在推陈出新,地板的种类也越来越多。

1)选购实木地板的六个要素:

①选树种(确定品名、型号);

②选基材材质;

③选尺寸规格;

④选加工精度;

⑤选外观质量;

⑥选理化性能。

2)选购优质复合地板鉴别方法。

①看，优质复合地板表面光滑，色泽华丽自然、背面防潮平衡层厚；劣质复合地板表面粗糙，色泽暗淡、呆板，背面防潮平衡层薄。

②听，优质复合地板一般由表面耐磨层、装饰层、超高密度基材层和防潮平衡底层等构成，并经过高技术喷涂处理，耐磨层厚，用钥匙等硬物划过时发出金属声，脆而亮，且无明显划痕。

③摸，优质复合地板采用高密度板加工而成，单板质量大，尺寸厚薄一致，开槽精细，两块地板拼接无缝隙，用手摸接头很平滑；劣质复合地板采用密度纤维加工而成，单板质量轻，尺寸厚薄不一致，两块地板拼接有明显缝隙，用手摸接头有明显的凹凸之感。

④闻，由于选材和设备及工艺的不同，优质复合地板无污染，甲醛含量都能达到或优于国家标准，并有部分地板的甲醛含量达到欧洲 E_1 标准并通过了中国绿色环保认证，实现了国际国内环保标准双认证。

⑤问，生产优质复合地板的企业规模较大，售后服务体系完善，有质保认证。

3) 竹地板与木地板。竹地板是小竹片烘干，木地板是整体烘干。竹地板水分处理较木地板均匀收缩性小。竹地板都是直纤维排列，不易产生扭曲变形。木地板纤维排列错综复杂，所以容易扭曲变形。木地板纹理有花纹与直纹的不同，较难取得良好的整体铺装效果，竹地板则没有这方面的不足。竹材是植物中硬度较高的一种。竹地板较木地板更不怕水和干燥。

(5) 挑选墙纸。墙纸的颜色可分为冷色调和暖色调，暖色调则以红黄、橘黄为主；冷色调是以蓝、绿、灰为主。很多设计师一般会根据业主装修时的每个房间、家具、窗帘、地毯、灯光的不同风格而搭配相应的色调，使屋室环境显得和谐、统一。

第一招：由于卧房、客厅、饭厅各自的用途不一样，最好选择不同的墙纸，以达到与家具和谐的效果。面积小或光线暗的房间，宜选择图案较小、颜色较浅的墙纸，给人以明亮、宽敞之感。

第二招：用量估算估计房间墙面所用墙纸时，一般用房间的面积×3÷5.2＝一般所需卷数(一卷墙纸一般为52 cm宽、10 m长，面积为5.2 m²)。为安全计，在一般所需卷数基础上再加一卷；由于个别房屋结构有异，在确定实际需要数量时，请先由专业人员或施工单位在现场量度确认，否则无论购进墙纸过多或过少均给消费者带来不便，因为有的墙纸尽管是同一编号，但由于生产日期不同，颜色上便有可能出现细微差异，而每卷墙纸上的批号即代表同一颜色，所以在购买时还要注意每卷墙纸的编号及批号是否相同。

(6) 挑选灯具。

1) 买节能灯要首选知名品牌，购买时要确认产品包装完整，标志齐全。

2) 要注意钨丝灯泡功率，大部分厂商会在包装上列出产品本身的功率及对照的光度相类似的钨丝灯泡功率。如"15 W→75 W"的标志，一般指灯的实际功率为15 W，可发出与一个75 W钨丝灯泡相类似的光度。

3) 能效标签，国家目前对节能灯具已出台能效标准，达到标准的会有能效标签，这是平均寿命超过8 000 h以上的节能灯产品才可以获发。

4) 高品质节能灯的暖光设计和高超的显色技术，让光色悦目舒适。用户可按个人喜好，选择与家居设计相匹配的灯光颜色。

5) 选购节能灯时，要考虑电子镇流器的技术参数。镇流器是照明产品中的核心组件。国家标准重点规定了镇流器的能效限定值和节能评价值。

6) 外观的选择，灯具装饰的花样繁多，在选择整灯时，注意一下塑料壳，最好是耐高温、阻燃的塑壳。

7）选择到称心如意的节能灯具后，不要急着付款，一般店铺都会提供灯座给消费者测试灯管，付款前先试一试，确保节能灯的操作正常。

8）灯管在通电后，还应该注意荧光粉涂层厚薄是否均匀，这会直接影响灯光的正常照明效果。

2. 墙体彩绘

墙体彩绘在中国年轻人家庭中特别受欢迎，经彩绘后的墙体给人以自然和美的感受，同时不同的彩绘形式还可以突出年轻人的个性心理。所以在年轻人群的家庭装修中，墙体彩绘正逐渐流行起来。部分风格的墙体彩绘效果如图5-43～图5-46所示。

图5-43　中式花鸟类墙绘

图5-44　日韩漫画类墙体彩绘

图5-45　卡通类墙体彩绘

图5-46　电视背景类墙体彩绘

墙体彩绘所用材料一般为丙烯颜料。丙烯颜料是用一种化学合成胶乳剂与颜色微粒混合而成的新型绘画颜料。丙烯颜料出现于20世纪60年代，试验证明，它有很多优于其他颜料的特征：干燥后为柔韧薄膜，坚固耐磨，耐水，抗腐蚀，抗自然老化，不褪色，不变质脱落，画不反光，画好后易于冲洗，适合于作架上画、室内外壁画等；可以一层层反复堆砌，画出厚重的感觉；也可加入粉料及适量的水，用类似水粉的画法覆盖重叠，画面层次丰富而明朗；如在颜料中加入大量的水分可以出水彩、工笔画的效果，一层层烘染，推晕，透叠，效果纯净透明；丙烯颜料是水性的，环保型。

习 题

一、填空题

1. 常用的天然装饰石材有_____和_____两种。
2. _____玻璃在破碎时成无数带钝角的小块,不易伤人。
3. 釉面砖的吸水率不得大于_____。
4. _____木地板具有板面规格大,安装方便,装饰效果好的特点。

二、简答题

1. 在室外装饰工程中选用天然石材应注意哪些事项?
2. 塑钢门窗和铝合金门窗相比有何优点、缺点?
3. 建筑玻璃中哪些品种可用于室外玻璃幕墙?

附录 A

历年二级建造师考试材料真题

2017 年

一、单项选择题

1. 下列建筑钢材性能指标中，不属于拉伸性能的是（　　）。
   A. 屈服强度　　　B. 抗拉强度　　　C. 疲劳强度　　　D. 伸长率
2. 终凝时间不得长于 6.5 h 的水泥品种是（　　）。
   A. 硅酸盐水泥　　B. 普通水泥　　　C. 粉煤灰水泥　　D. 矿渣水泥
3. 下列用于建筑幕墙的材料或构配件中，通常无须考虑承载能力要求的是（　　）。
   A. 连接角码　　　B. 硅酮结构胶　　C. 不锈钢螺栓　　D. 防火密封胶
4. 建筑工程内部装修材料按燃烧性能进行等级划分，下列正确的是（　　）。
   A. A 级：不燃；B 级：难燃；C 级：可燃；D 级：易燃
   B. A 级：不燃；B_1 级：难燃；B_2 级：可燃；B_3 级：易燃
   C. Ⅰ级：不燃；Ⅱ级：难燃；Ⅲ级：可燃；Ⅳ级：易燃
   D. 甲级：不燃；乙级：难燃；丙级：可燃；丁级：易燃

二、多项选择题

1. 混凝土的优点包括（　　）。
   A. 耐久性好　　　B. 质量轻　　　　C. 耐火性好　　　D. 抗裂性好
   E. 可模性好
2. 木材干缩导致的现象有（　　）。
   A. 表面鼓凸　　　B. 开裂　　　　　C. 接榫不严　　　D. 翘曲
   E. 拼缝不严
3. 下列材料和构配件进场时必须进行抽样复验的是（　　）。
   A. 填充墙砌块　　　　　　　　　　B. 钢管脚手架用扣件
   C. 结构用钢筋　　　　　　　　　　D. 绑扎钢筋用钢丝
   E. 防水卷材

2016 年

一、单项选择题

1. 钢筋的塑性指标通常用（　　）表示。
   A. 屈服强度　　　B. 抗压强度　　　C. 伸长率　　　　D. 抗拉强度

2. 普通砂浆的稠度越大，说明砂浆的（　　）。
   A. 保水性越好　　　B. 粘结力越强　　　C. 强度越小　　　D. 流动性越大
3. 设计采用无粘结预应力的混凝土渠，其混凝土最低强度等级不应低于（　　）。
   A. C20　　　B. C30　　　C. C40　　　D. C50
4. 防水混凝土试配时的抗渗等级应比设计要求提高（　　）MPa。
   A. 0.1　　　B. 0.2　　　C. 0.3　　　D. 0.4
5. 关于普通混凝土小型空心砌块的说法，下列正确的是（　　）。
   A. 施工时先灌水湿透
   B. 生产时的底面朝下正砌
   C. 生产时的底面朝天反砌
   D. 出场龄期14 d即可砌筑
6. 硅钙板在吊顶工程中，可用于固定吊扇的是（　　）。
   A. 主龙骨　　　B. 次龙骨　　　C. 面板　　　D. 附加吊杆

二、多项选择题

1. 控制大体积混凝土温度裂缝的常见措施有（　　）。
   A. 提高混凝土强度
   B. 降低水胶比
   C. 降低混凝土入模温度
   D. 提高水泥用量
   E. 采用二次抹面工艺
2. 露天料场的搅拌站在雨后拌制混凝土时，应对配合比中原材料质量进行调整的有（　　）。
   A. 水　　　B. 水泥　　　C. 石子　　　D. 砂子
   E. 粉煤灰
3. 关于卷材防水层搭接缝的做法，下列正确的有（　　）。
   A. 平行屋脊的搭接缝顺流水方向搭接
   B. 上下层卷材接缝对齐
   C. 留设于天沟侧面
   D. 留设于天沟底部
   E. 搭接缝口用密封材料封严
4. 下列隔墙类型中，属于轻质隔墙的有（　　）。
   A. 空心砌块墙　　　B. 板材隔墙　　　C. 骨架隔墙　　　D. 活动隔墙
   E. 加气混凝土墙
5. 混凝土搅拌运输车到达工地后，混凝土因坍落度损失不能满足施工要求时，可以在现场添加（　　）进行二次搅拌，以改善混凝土施工性能。
   A. 自来水
   B. 原水胶比的水泥浆
   C. 同品牌的减水剂
   D. 水泥砂浆
   E. 同品牌的缓凝剂

2015年

一、单项选择题

1. 钢筋混凝土的优点不包括（　　）。
   A. 抗压性好　　　B. 耐久性好　　　C. 韧性好　　　D. 可塑性好
2. 关于混凝土外加剂的说法，下列错误的是（　　）。
   A. 掺入适当减水剂能改善混凝土的耐久性
   B. 高温季节大体积混凝土施工应掺速凝剂
   C. 掺入引气剂可提高混凝土的抗渗性和抗冻性
   D. 早强剂可加速混凝土早期强度增长

二、多项选择题

1. 混凝土拌合物的和易性包括(　　)。
   A. 保水性　　B. 耐久性　　C. 黏聚性　　D. 流动性
   E. 抗冻性

2. 下列防水材料中，属于刚性防水材料的有(　　)。
   A. JS聚合物水泥基防水涂料　　B. 聚氨酯防水涂料
   C. 水泥基渗透结晶型防水涂料　　D. 防水混凝土
   E. 防水砂浆

2014年

单项选择题

1. 下列指标中，属于常用水泥技术指标的是(　　)。
   A. 和易性　　B. 可泵性　　C. 安定性　　D. 保水性

2. 硬聚氯乙烯(PVC-U)管不适用于(　　)。
   A. 排污管道　　B. 雨水管道　　C. 中水管道　　D. 饮用水管道

3. 用于测定砌筑砂浆抗压强度的试块，其养护龄期是(　　)d。
   A. 7　　B. 14　　C. 21　　D. 28

4. 砌筑砂浆用砂宜优先选用(　　)。
   A. 特细砂　　B. 细砂　　C. 中砂　　D. 粗砂

2013年

一、单项选择题

1. 关于建筑工程质量常用水泥性能与技术要求的说法，下列正确的是(　　)。
   A. 水泥的终凝时间是从水泥加水拌和至水泥浆开始失去可塑性所需的时间
   B. 六大常用水泥的初凝时间均不得长于45 min
   C. 水泥的体积安定性不良是指水泥在凝结硬化过程中产生不均匀的体积变化
   D. 水泥中的碱含量太低，更容易产生碱-集料反应

2. 根据《混凝土结构工程施工质量验收规范》(GB 50204—2015)，预应力混凝土结构中，严禁使用(　　)。
   A. 减水剂　　B. 膨胀剂　　C. 速凝剂　　D. 含氯化物的外加剂

二、多项选择题

1. 混凝土的耐久性包括(　　)等指标。
   A. 抗渗性　　B. 抗冻性　　C. 和易性　　D. 碳化
   E. 粘接性

2. 下列施工措施中，有利于大体积混凝土裂缝控制的是(　　)。
   A. 选用低水化热的水泥　　B. 提高水胶比
   C. 提高混凝土的入模温度　　D. 及时对混凝土进行保温、保湿养护
   E. 采用二次抹面工艺

3. 根据《建筑装饰装修工程质量验收标准》(GB 50210—2018)，外墙金属窗工程必须进行的安全与功能检测项目有(　　)。
   A. 硅酮结构胶相容性试验　　B. 抗风压性能

C. 空气渗透性能　　　　　　　　D. 雨水渗漏性能

E. 后置埋件现场拉拔试验

2012 年

一、单项选择题

1. 下列元素中，属于钢材有害成分的是（　　）。
   A. 碳　　　　B. 硫　　　　C. 硅　　　　D. 锰

2. 下列材料中，不属于常用建筑砂浆胶凝材料的是（　　）。
   A. 石灰　　　B. 水泥　　　C. 粉煤灰　　　D. 石膏

3. 关于混凝土材料的说法，下列错误的是（　　）。
   A. 水泥进场时，应对其强度、安定性等指标进行复验
   B. 采用海砂时，应按批检验其氯盐含量
   C. 快硬硅酸盐水泥出厂超过一个月，应再次复验后按复验结果使用
   D. 钢筋混凝土结构中，严禁使用含氯化物的外加剂

4. 关于玻璃幕墙的说法，下列正确的是（　　）。
   A. 防火层可以与幕墙玻璃直接接触
   B. 同一玻璃幕墙单元可以跨越两个防火区
   C. 幕墙的金属框架应与主体结构的防雷体系可靠连接
   D. 防火层承托板可以采用铝板

二、多项选择题

下列钢筋牌号，属于光圆钢筋的有（　　）。
A. HPB235　　　B. HPB300　　　C. HRB335　　　D. HRB400
E. HRB500

2011 年

一、单项选择题

1. 关于建筑石膏技术性质的说法，下列错误的是（　　）。
   A. 凝结硬化快　　　　　　　B. 硬化时体积微膨胀
   C. 硬化后空隙率高　　　　　D. 防火性能差

2. 水泥强度等级是根据胶砂法测定水泥（　　）的抗压强度和抗折强度来判定。
   A. 3 d 和 7 d　　B. 3 d 和 28 d　　C. 7 d 和 14 d　　D. 7 d 和 28 d

3. 最合适泵送的混凝土坍落度是（　　）mm。
   A. 20　　　　B. 50　　　　C. 80　　　　D. 100

4. 根据相关规范，门窗工程中不需要进行性能复测的项目是（　　）。
   A. 人造木门窗复验氨的含量　　　B. 外墙塑料窗复验抗风压性能
   C. 外墙金属窗复验雨水渗漏性能　　D. 外墙金属窗复验空气渗透性能

二、多项选择题

对混凝土构件耐久性影响较大的因素有（　　）。
A. 结构形式　　　　　　　B. 环境类别
C. 混凝土强度等级　　　　D. 混凝土保护层厚度
E. 钢筋数量

2010 年

一、单项选择题

1. 普通钢筋混凝土结构用钢的主要品种是（　　）。
   A. 热轧钢筋　　B. 热处理钢筋　　C. 钢丝　　D. 钢绞线
2. 建筑钢材拉伸试验测得的各项指标中，不包括（　　）。
   A. 屈服强度　　B. 疲劳强度　　C. 抗拉强度　　D. 伸长率
3. 测定混凝土立方体抗压强度所采用的标准试件，其养护龄期是（　　）d。
   A. 7　　B. 14　　C. 21　　D. 28
4. 室内防水工程施工环境温度应符合防水材料的技术要求，并宜在（　　）℃以上。
   A. −5　　B. 5　　C. 10　　D. 15
5. 花岗石幕墙饰面板性能应进行复验的指标是（　　）。
   A. 防滑性　　B. 反光性　　C. 弯曲性能　　D. 放射性
6. 根据《混凝土结构工程施工质量验收规范》的规定，检验批中的一般项目，其质量经抽样检验应合格，当采用计数检验时，除有专门要求外，合格率应达到（　　）及以上，且不得有严重缺陷。
   A. 50%　　B. 70%　　C. 80%　　D. 90%

二、多项选择题

1. 加气混凝土砌块的特性有（　　）。
   A. 保温隔热性能好　　　　B. 自重轻
   C. 强度高　　　　　　　　D. 表面平整、尺寸精确
   E. 干缩小，不易开裂
2. 钢化玻璃的特性包括（　　）。
   A. 机械强度高　　B. 抗冲击性好　　C. 弹性比普通玻璃大
   D. 热稳定性好　　E. 易切割、磨削
3. 混凝土的自然养护方法有（　　）。
   A. 覆盖浇水养护　　　　　B. 塑料布覆盖包裹养护
   C. 养生液养护　　　　　　D. 蒸汽养护
   E. 升温养护
4. 烧结普通砖和毛石砌筑而成的基础特点有（　　）。
   A. 抗压性能好　　　　　　B. 整体性能较好
   C. 抗拉、抗弯、抗剪性能较好　　D. 施工操作简单
   E. 适用于地基坚实、均匀，上部荷载较小的基础工程
5. 下列常用建筑内部装修材料燃烧性能为 B 级的有（　　）。
   A. 甲醛　　　　　　　　　B. 挥发性有机化合物
   C. 苯　　　　　　　　　　D. 二氧化硫
   E. 氨
6. 混凝土应按国家现行标准《普通混凝土配合比设计规程》的有关规定，根据混凝土（　　）等要求进行配合比设计。
   A. 吸水率　　B. 强度等级　　C. 耐久性　　D. 工作性
   E. 分层度

2009 年

一、单项选择题

民用建筑工程室内装修采用的某种人造木板或饰面人造木板面积最少大于( )m² 时,应对不同产品、不同批次材料的游离甲醛含量或游离甲醛释放量分别进行复验。

A. 200　　　　B. 500　　　　C. 700　　　　D. 1 000

二、多项选择题

下列对金属幕墙面板加工制作工艺的说法,符合规范要求的有( )。

A. 单层铝板面板的四周应折边
B. 铝塑复合板折边处应设边肋
C. 铝塑复合板折边在切割内层铝板和塑料层时,应将转角处的塑料层切割干净
D. 在切除蜂窝铝板的铝芯时,各部位外层铝板上应保留 0.3~0.5mm 的铝芯
E. 蜂窝铝板直角构件的折角缝应用硅酮耐候密封胶密封

三、案例分析

背景资料

某建筑工程,建筑面积为 23 824 m²。地上 10 层,地下 2 层(地下水水位为-2.0 m)。主体结构为非预应力现浇混凝土框架-剪力墙结构(柱网为 9 m×9 m,局部柱距为 6 m),梁模板起拱高度分别为 20 mm、12 mm。抗震设防烈度为 7 度。梁、柱受力钢筋为 HRB335,接头采用挤压连接。结构主体地下室外墙采用 P8 防水混凝土浇筑,墙厚为 250 mm,钢筋净距为 60 mm,混凝土为商品混凝土。一、二层柱混凝土强度等级为 C40,以上各层柱为 C30。

事件一:钢筋施工时,发现梁、柱钢筋的挤压接头有位于梁、柱端箍筋加密区的情况。在现场留取接头试件样本时,是以同一层每 600 个为一验收批,并按规定抽取试件样本进行合格性检验。

事件二:结构主体地下室外墙防水混凝土浇筑过程中,现场对粗骨料的最大粒径进行了检测,检测结果为 40 mm。

事件三:该工程混凝土结构子分部工程完工后,项目经理部提前按验收合格的标准进行了自查。

问题:

1. 该工程模板的起拱高度是否正确?说明理由。模板拆除时,混凝土强度应满足什么要求?
2. 事件一中,梁、柱端箍筋加密区出现挤压接头是否妥当?如不可避免,应如何处理?按规范要求指出本工程挤压接头的现场检验验收批确定有何不妥?应如何改正?
3. 事件二中,商品混凝土粗骨料最大粒径控制是否准确?请从地下结构外墙的截面尺寸、钢筋净距和防水混凝土的设计原则三方面,分析本工程防水混凝土粗骨料的最大粒径。
4. 事件三中,混凝土结构子分部工程施工质量合格的标准是什么?

2008 年

一、单项选择题

场景(一)

某幼儿园教学楼为 3 层混合结构,基础采用 M5 水泥砂浆砌筑,主体结构用 M5 水泥石灰混合砂浆砌筑;2 层有一外阳台,采用悬挑梁加端头梁结构。悬挑梁外挑长度为 2.4 m,阳台栏板高度为 1.1 m。为了增加幼儿的活动空间,幼儿园在阳台增铺花岗石地面,厚度

为 100 mm，将阳台改为幼儿室外活动场地。另外有一广告公司与幼儿园协商后，在阳台端头梁栏板上加挂了一个灯箱广告牌，但经设计院验算，悬挑梁受力已接近设计荷载，要求将广告牌立即拆除。

根据场景(一)，回答下列问题。

1. 本工程主体结构所用的水泥石灰混合砂浆与基础所用的水泥砂浆相比，其(　　)显著提高。

 A. 吸湿性　　　B. 耐水性　　　C. 耐久性　　　D. 和易性

2. 按荷载随时间变异分类，在阳台上增铺花岗石地面，导致荷载增加，对断头梁来说是增加(　　)。

 A. 永久荷载　　B. 可变荷载　　C. 间接荷载　　D. 偶然荷载

3. 阳台改为幼儿室外活动场地，栏板的高度应至少增加(　　)m。

 A. 0.05　　　　B. 0.10　　　　C. 0.20　　　　D. 0.30

4. 拆除广告牌，是为了悬挑梁能够满足(　　)要求。

 A. 适用性　　　B. 安全性　　　C. 耐疲劳性　　D. 耐久性

5. 在阳台端头梁栏板上加挂灯箱广告牌会增加悬挑梁的(　　)。

 A. 扭矩和拉力　B. 弯矩和剪力　C. 扭矩和剪力　D. 扭矩和弯矩

场景(二)

南方某城市商场建设项目，设计使用年限为50年。按施工进度计划，主体施工适逢夏季(最高气温＞30 ℃)，主体框架采用C30混凝土浇筑，为二类使用环境。填充采用空心砖水泥砂浆砌筑。内部各层营业空间的墙面、柱面分别采用石材、涂料或木质材料装饰。

根据场景(二)，回答下列问题。

1. 根据混凝土结构的耐久性要求，本工程主体混凝土的最大水胶比、最小水泥用量、最大氯离子含量和最大碱含量以及(　　)应符合有关规定。

 A. 最低抗渗等级　B. 最大干湿变形　C. 最低强度等级　D. 最高强度等级

2. 按《建筑结构可靠度设计统一标准》(GB 50068—2001)的规定，本工程按设计使用年限分类应为(　　)类。

 A. 1　　　　　B. 2　　　　　C. 3　　　　　D. 4

3. 根据本工程混凝土强度等级的要求，主体混凝土的(　　)应大于或等于30 MPa，且小于35 MPa。

 A. 立方体抗压强度
 B. 轴心抗压强度
 C. 立方体抗压强度标准值
 D. 轴心抗压强度标准值

4. 空心砖砌筑时，操作人员反映砂浆过于干稠不好操作，项目技术人员提出的技术措施中正确的是(　　)。

 A. 适当加大砂浆稠度，新拌砂浆保证在3 h内用完
 B. 适当减小砂浆稠度，新拌砂浆保证在2 h内用完
 C. 适当加大砂浆稠度，新拌砂浆保证在2 h内用完
 D. 适当减小砂浆稠度，新拌砂浆保证在3 h内用完

5. 内部各层营业空间的墙、柱面若采用木质材料装饰，则现场阻燃处理后的木质材料每种应取(　　)m² 检验燃烧性能。

 A. 2　　　　　B. 4　　　　　C. 8　　　　　D. 12

场景(三)

某施工单位承接了北方严寒地区一幢钢筋混凝土建筑工程的施工任务。该工程基础埋深为-6.5 m,当地枯水期地下水水位为-7.5 m,丰水期地下水水位为-5.5 m。在施工过程中,施工单位进场的一批水泥经检验其初凝时间不符合要求,另外由于工期要求很紧,施工单位不得不在冬期进行施工,直至12月30日结构封顶,而当地11月、12月的日最高气温只有-3℃。在现场检查时发现,部分部位的安全网搭设不符合规范要求,但未造成安全事故。当地建设主管部门要求施工单位停工整顿,施工单位认为主管部门的处罚过于严厉。

根据场景(三),回答下列问题。

1. 本工程基础混凝土应优先选用强度等级≥42.5的(　　)。
   A. 矿渣硅酸盐水泥　　　　　B. 火山灰质硅酸盐水泥
   C. 粉煤灰硅酸盐水泥　　　　D. 普通硅酸盐水泥

2. 本工程在11月、12月施工时,不宜使用的外加剂是(　　)。
   A. 引气剂　　B. 缓凝剂　　C. 早强剂　　D. 减水剂

3. 本工程施工过程中,初凝时间不符合要求的水泥需(　　)。
   A. 作废品处理　　　　　　　B. 重新检测
   C. 降级使用　　　　　　　　D. 用在非承重部位

4. 本工程在风荷载作用下,为了防止出现过大的水平移位,需要建筑物具有较大的(　　)。
   A. 侧向刚度　　B. 垂直刚度　　C. 侧向强度　　D. 垂直强度

5. 若施工单位对建设主管部门的处罚决定不服,可以在接到处罚通知之日起(　　)日内,向作出处罚决定机关的上一级机关申请复议。
   A. 15　　B. 20　　C. 25　　D. 30

场景(四)

某宾馆地下1层,地上10层,框架-剪力墙结构。空间功能划分为:地下室为健身房、洗浴中心;首层为大堂、商务中心、购物中心;2层至3层为餐饮,4层至10层为客房。

部分装修项目如下:

(1)健身房要求顶棚吊顶,并应满足防火要求。

(2)餐饮包房墙面要求采用难燃墙布软包。

(3)客房卫生间内设无框玻璃隔断,满足安全、美观功能要求。

(4)客房内墙涂料要求无毒、环保;外观细腻;色泽鲜明、质感好、耐洗刷的乳液型涂料。

(5)饮用热水管要求采用无毒、无害、不生锈、有高的耐酸性和耐氯化物性;耐热性能好;适合采用热熔连接方式的管道。

根据场景(四),回答下列问题。

1. 可用于健身房吊顶的装饰材料是(　　)。
   A. 矿棉装饰吸声板　　　　　B. 岩棉装饰吸声板
   C. 石膏板　　　　　　　　　D. 纤维石膏板

2. 餐厅墙面采用的难燃墙布,其(　　)不应大于0.12 mg/m³。
   A. 苯含量　　　　　　　　　B. VOCs含量
   C. 二甲苯含量　　　　　　　D. 游离甲醛释放量

3. 客房卫生间玻璃隔断,应选用的玻璃品种是( )。
   A. 净片玻璃　　B. 半钢化玻璃　　C. 夹丝玻璃　　D. 钢化玻璃
4. 满足客房墙面涂饰要求的内墙涂料是( )。
   A. 聚乙烯醇水玻璃涂料　　　　B. 丙烯酸酯乳胶漆
   C. 聚乙烯醇缩甲醛涂料　　　　D. 聚氨酯涂料
5. 本工程饮用热水管道应选用( )。
   A. 无规共聚聚丙烯管(PP−R 管)　　B. 硬聚氯乙烯管(PVC−U 管)
   C. 氯化聚氯乙烯管(PVC−C 管)　　D. 铝塑复合管

场景(五)

某施工单位承担一项大跨度工业厂房的施工任务。基础大体积混凝土采用矿渣硅酸盐水泥拌制。施工方案采用全面分层法,混凝土浇筑完成后 14 h,覆盖草袋并开始浇水,浇水养护时间为 7 d。浇筑过程中采取了一系列防止裂缝的控制措施。

根据场景(五),回答下列问题。

1. 影响混凝土强度的因素主要有原材料和生产工艺方面的因素,属于原材料因素的是( )。
   A. 龄期　　　　　　　　　　B. 养护温度
   C. 水泥强度与水胶比　　　　D. 养护湿度
2. 为了确保新浇筑的混凝土有适宜的硬化条件,本工程大体积混凝土浇筑完成后应在( )h 以内覆盖并浇水。
   A. 7　　　　B. 10　　　　C. 12　　　　D. 14
3. 本基础工程混凝土养护时间不得少于( )d。
   A. 7　　　　B. 24　　　　C. 21　　　　D. 28
4. 混凝土耐久性包括混凝土的( )。
   A. 碳化　　　B. 温度变形　　C. 抗拉强度　　D. 流动性
5. 属于调节混凝土硬化性能的外加剂是( )。
   A. 减水剂　　B. 早强剂　　　C. 引气剂　　　D. 着色剂

二、多项选择题

场景(六)

发包方与建筑公司签订了某项目的建筑工程施工合同。该项目 A 栋为综合办公楼,B 栋为餐厅。建筑物填充墙采用混凝土小型砌块砌筑;内部墙、柱面采用木质材料;餐厅同时装有火灾自动报警装置和自动灭火系统。经发包方同意后,建筑公司将基坑开挖工程进行了分包。分包单位为了尽早将基坑开挖完毕,昼夜赶工连续作业,严重地影响了附近居民的生活。

根据场景(六),回答下列问题。

1. 根据《建筑内部装修防火施工及验收规范》(GB 50354—2005)要求,对该建筑物内部的墙、柱面木质材料,在施工中应检查材料的( )。
   A. 燃烧性能等级的施工要求
   B. 燃烧性能的进场验收记录和抽样检验报告
   C. 燃烧性能型式检验报告
   D. 现场隐蔽工程记录
   E. 现场阻燃处理的施工记录

2. 本工程餐厅墙面装修可选用的装修材料有（　　）。
   A. 多彩涂料　　　　　　　B. 彩色阻燃人造板
   C. 大理石　　　　　　　　D. 聚酯装饰板
   E. 复塑装饰板
3. 对工程施工现场管理责任认识正确的有（　　）。
   A. 总包单位负责施工现场的统一管理
   B. 分包单位在其分包范围内自我负责施工现场管理
   C. 项目负责人全面负责施工过程中的现场管理，建立施工现场管理责任制
   D. 总包单位受建设单位的委托，负责协调该现场由建设单位直接发包的其他单位的施工现场管理
   E. 由施工单位全权负责施工现场管理
4. 填充墙砌体满足规范要求的有（　　）。
   A. 搭接长度不小于 60 mm　　　B. 搭接长度不小于 90 mm
   C. 竖向通缝不超过 2 皮　　　　D. 竖向通缝不超过 4 皮
   E. 小砌块应底面朝下反砌于墙上

2007 年

一、单项选择题

1. 砌体结构的应用范围较广，但不能用作于（　　）。
   A. 办公室　　B. 学校　　C. 旅馆　　D. 大跨度结构
2. 硅酸盐水泥熟料主要由四种矿物组成，其中铝酸三钙含量为（　　）。
   A. 36%～60%　B. 15%～37%　C. 7%～15%　D. 10%～18%
3. 在常用水泥的特性中，属于凝结硬化较快、早期强度较高、水化热较大的是（　　）。
   A. 普通水泥　　　　　　B. 矿渣水泥
   C. 火山水泥　　　　　　D. 粉煤灰水泥
4. 混凝土的强度等级是以具有 95% 保证率的龄期为（　　）的立方体抗压强度标准值来确定的。
   A. 3 d、7 d、28 d　B. 3 d、28 d　C. 7 d、28 d　D. 28 d
5. 能延续混凝土凝结时间，并对混凝土后期强度发展无不利影响的外加剂是（　　）。
   A. 减水剂　　B. 早强剂　　C. 缓凝剂　　D. 引气剂
6. 厚大体积混凝土浇筑时，为保证结构的整体性和施工的连续性，采取分层浇筑时，应保证在下层混凝土（　　）将上层混凝土浇筑完毕。
   A. 终凝前　　B. 终凝后　　C. 初凝前　　D. 初凝后

二、多项选择题

1. 下列（　　）有明显的流幅。
   A. 热轧钢筋　　B. 碳素钢筋　　C. 钢绞线
   D. 热处理钢筋　E. 冷拉钢筋
2. 针对工程项目的质量问题，现场常用的质量检查的方法有（　　）。
   A. 目测法　　B. 分析法　　C. 实测法
   D. 试验法　　E. 鉴定法

2006年

一、单项选择题

1. 我国混凝土强度是根据（　　）标准值确定的。
   A. 棱柱体压强度　　　　　　　B. 圆柱体抗压强度
   C. 立方体抗压强度　　　　　　D. 立方体劈裂强度

2. 砂浆的强度等级用（　　）加数学符号来表示。
   A. MU　　　　B. M　　　　C. D　　　　D. MD

3. 砖的强度等级用（　　）加数字表示。
   A. C　　　　B. S　　　　C. M　　　　D. MU

4. 在砌体结构中，如采用混合砂浆，其中熟石灰的主要成分为（　　）。
   A. CaO　　　B. $CaCO_3$　　　C. $Ca(OH)_2$　　　D. CaO_2

5. 钢筋中的主要元素是（　　）。
   A. 碳　　　　B. 硅　　　　C. 锰　　　　D. 铁

6. 硅酸盐水泥分为42.5、42.5R、52.5、52.5R等几个等级，其中字符R表示（　　）水泥。
   A. 缓慢型　　B. 加强型　　C. 速凝型　　D. 早强型

7. f_{cu}是指（　　）强度。
   A. 立方体抗压　B. 圆柱体抗压　C. 棱柱体抗压　D. 棱柱体抗拉

8. 测定砂浆强度的正方体试件标准养护时间为（　　）天。
   A. 7　　　　B. 14　　　　C. 21　　　　D. 28

9. 水泥混凝土地面面层浇筑完成后，在常温下养护不少于（　　）天。
   A. 3　　　　B. 5　　　　C. 7　　　　D. 10

10. 混凝土悬臂构件底模拆除时的强度，需要达到设计的混凝土立方体抗压强度标准值的（　　）。
    A. 50%　　　B. 75%　　　C. 80%　　　D. 100%

二、多项选择题

1. 常用的水泥技术要求有（　　）。
   A. 细度　　　　　　　　　　B. 强度等级
   C. 凝结时间　　　　　　　　D. 体积安定性
   E. 耐久性

2. 防止砂浆出现和易性差、沉底结硬的措施包括（　　）。
   A. 采用高强度水泥配制低强度水泥砂浆
   B. 尽量采用细砂拌制砂浆
   C. 严格控制砂浆中塑化材料的质量和掺量
   D. 灰桶中的砂浆经常翻拌、清底

3. 焊接材料进场，应检查焊接材料的（　　）。
   A. 质量合格证明文件　　　　B. 推荐证书
   C. 宣传材料　　　　　　　　D. 中文标志
   E. 检验报告

2005 年

一、单项选择题

1. 熟石灰的成分是（　　）。
   A. 碳酸钙　　　B. 氧化钙　　　C. 氢氧化钙　　　D. 硫酸钙

2. 下列属于安全玻璃的是（　　）。
   A. 镜面玻璃　　　B. 釉面玻璃　　　C. 夹层玻璃　　　D. 镀膜玻璃

3. 混凝土的耐久性不包括（　　）。
   A. 抗冻性　　　B. 抗渗性　　　C. 耐水性　　　D. 抗碳化性

4. 钢筋强度标准值应具有不少于（　　）的保证率。
   A. 75%　　　B. 85%　　　C. 95%　　　D. 97.75%

5. 建筑石膏具有许多优点，但存在最大的缺点是（　　）。
   A. 防火性差　　　B. 易碳化　　　C. 耐水性差　　　D. 绝热和吸声性能差

6. 热轧钢筋的级别提高，则其（　　）。
   A. σ_s 和 σ_b 提高
   B. σ_s 和 σ_b 提高，δ 下降
   C. δ 提高，α_k 下降
   D. σ_s、σ_b 及冷弯性能提高

7. 以下坍落度数值中，适宜泵送混凝土的是（　　）mm。
   A. 70　　　B. 100　　　C. 200　　　D. 250

8. 下列哪种工程中宜优先选用硅酸盐水泥？（　　）
   A. 预应力混凝土　　　B. 耐酸混凝土
   C. 处于海水中的混凝土工程　　　D. 高温养护混凝土

9. 进行混凝土材料立方抗压强度测试时，试件应处于标准条件下养护，此标准条件是指（　　）。
   A. 温度 15 ℃±3 ℃，湿度 50%±5%
   B. 温度 20 ℃±3 ℃，湿度 95%±5%
   C. 温度 15 ℃±3 ℃，湿度 50% 以上
   D. 温度 20 ℃±3 ℃，湿度 95% 以上

10. 硅酸盐水泥的最高强度等级是（　　）。
    A. 62.5 和 62.5R　　　B. 72.5　　　C. 52.5　　　D. C50

11. 下列钢筋化学成分中的有害元素为（　　）。
    A. 铁　　　B. 锰　　　C. 磷　　　D. 硅

二、多项选择题

1. 骨料在混凝土中的作用是（　　）。
   A. 提高混凝土的流动性　　　B. 增加混凝土的密实性
   C. 骨架作用　　　D. 稳定体积　　　E. 节省水泥

2. 水泥的强度等级是依据规定龄期的（　　）来确定的。
   A. 抗压强度　　　B. 抗拉强度　　　C. 抗折强度
   D. 抗冲击强度　　　E. 抗剪强度

3. 常用混凝土早强剂有（　　）。
   A. 松香热聚物　　　B. 氯盐类　　　C. 硫酸盐类
   D. 三乙醇胺　　　E. 碳酸钾

附录 B
建筑材料相关英语翻译

1. 建筑材料的基本性质

密度	Density
表观密度	Apparent density
堆积密度	Bulk density
孔隙率	Porosity
密实度	Compactness
空隙率	Void ratio
亲水性	Hydrophilic nature
憎水性	Hydrophobic nature
吸水性	Water absorption
吸湿性	Moisture absorption
耐水性	Water resistance
抗渗性	Impermeability
抗冻性	Frost resistance
导热性	Thermal conduction
热容量	Heat capacity
比热	Specific heart
温度变形性	Thermal deformation
强度	Strength
比强度	Specific strength
抗拉强度	Tensile strength
抗压强度	Compressive strength
抗剪强度	Shear strength
抗弯强度	Bending strength
弹性	Elasticity
塑形	Plasticity
脆性	Brittleness
韧性	Toughness
硬度	Hardness
耐磨性	Abrasion resistance
化学组成	Chemical composition
矿物组成	Mineral composition
相组成	Phase composition
宏观结构	Macrostructure
细观结构	Submicroscopical structure
微观结构	Microstructure

2. 胶凝材料

胶凝材料	Binding material
水硬性胶凝材料	Hydraulic binding material
气硬性胶凝材料	Air-hardening binding material
有机胶凝材料	Inorganic binding material
无机胶凝材料	Organic binding material
石灰	Lime
熟化	Aging
石膏	Gypsum
建筑石膏	Building gypsum
高强度石膏	High strength gypsum
无水石膏水泥	Anhydrite cement
水玻璃	Soluble glass
水泥	Cement
水泥熟料	Cement clinker
硅酸盐水泥	Portland cement
水化	Hydration
水泥凝结硬化	Cement setting and hardening
水泥浆	Cement paste
水泥石	Set cement

水胶比	Water to cement mass ratio
环境温度	Environment temperature
环境湿度	Environment humidity
养护龄期	Curing age
石膏掺量	Content of gypsum
外加剂	Admixture
细度	Fineness
标准稠度用水量	Water consumption for standard consistency
凝结时间	Setting time
体积安定性	Volume soundness
水化热	Hydration heat
碱含量	Alkali content
碳化性	Carbonization resistance
腐蚀性	Corrosion resistance
耐热性差	Poor heat resistance
水泥混合材	Cement addition
活性混合材	Active addition
粒化高炉矿渣	Grain blast-furnace slag
火山灰质混合材	Pozzolanic admixture
粉煤灰	Fly ash
普通硅酸盐水泥	Ordinary Portland cement
矿渣硅酸盐水泥	Slag Portland cement
火山灰质硅酸盐水泥	Pozzuolana Portland cement
粉煤灰硅酸盐水泥	Fly ash Portland cement
复合硅酸盐水泥	Compound Portland cement
砌筑水泥	Masonry cement
中热硅酸盐水泥	Moderate heat Portland cement
低热硅酸盐水泥	Low-heat slag Portland cement
低热微膨胀水泥	Low-heat micro-expanding cement
快硬硅酸盐水泥	Lumnite cement
膨胀水泥	Expanding cement
自应力水泥	Self-stressing cement
白色硅酸盐水泥	White Portland cement
铝酸盐水泥	Aluminate cement

3. 混凝土

骨料	Aggregate
细骨料	Fine aggregate
粗骨料	Coarse aggregate
粗细程度	Coarse-to-fine degree
颗粒级配	Grain composition
骨料级配	Aggregate gradation
有害物质	Harmful impurity
最大粒径	Maximum grain size
吸水率	Water absorption rate
压碎指标	Crush index
碱-集料反应	Alkali-aggregate reaction
坚固性	Soundness
和易性	Placeability
工作性	Workability
流动性	Liquidity
黏聚性	Cohesiveness
保水性	Water retention property
坍落度法	Slump constant method
维脖稠度法	Vee-Bee's method
砂率	Sand ratio
强度等级	Strength grade
轴心抗压强度	Axial compressive strength
试件尺寸	Specimen size
加载速度	Loading speed
抗磨蚀性	Abrasion resistance
碳化	Carbonization
外加剂	Admixture
减水剂	Water reducing agent
引气剂	Air entraining agent
基本资料	Basic data
木质素硫磺盐类减水剂	Lignin sulphur salt water reducing agent
糖蜜类减水剂	

Molasses type water reducing agent
萘系高效减水剂
High-ring naphthalene series water reducing agent
水溶性树脂系高效减水剂
High-ring water dissoluble resin water reducing agent
聚羧酸系高效减水剂
High-ring Polyocarboxy acid series water reducing agent
复合减水剂
Compound water reducing agent
表面活性剂　　　Surface active agent
早强剂
Early strength admixture
氯盐类早强剂
Chloride salts early strength agent
硫酸盐类早强剂
Sulfate early strength admixture
水溶性有机化合物早强剂
Water soluble organic compound early strength admixture
复合早强剂
Complex Early strength admixture
缓凝剂　　　　　Retarder
防冻剂　　　　　Antifreezing agent
膨胀剂　　　　　Expansion agent
泵送剂　　　　　Pumped concrete agent
硅粉　　　　　　Silica fume
磨细矿渣　　　　Stone ground slag
其他掺合料　　　Other admixture
化学收缩　　　　Chemical shrinkage
干湿变形　　　　Shrinkage and water swelling
温度变形　　　　Temperature deformation
弹塑性变形　　　Elastic-plastic deformation
静力弹性模量
Static elastic modulus of concrete
徐变　　　　　　Creep
高性能混凝土　　High performance concrete
水　　　　　　　Water

高效减水剂　　　High efficiency water reducer
配置强度　　　　Configuration of strength
水胶比
Water to binding material ratio
单位用水量　　　Unit water consumption
拌和　　　　　　Mixing
养护用水　　　　Conservation of water
变形性能　　　　Deformation properties
设计依据　　　　Design basis
设计参数　　　　Design parameters
质量控制　　　　Quality control
质量评定　　　　Quality evaluation
综合评定　　　　Comprehensive evaluation
轻骨料混凝
Light-weight aggregate concrete
防水混凝土　　　Water-proof concrete
普通防水混凝土
Ordinary Water-proof concrete
外加剂防水混凝土
Admixture water-proof agent
防水剂防水混凝土
Water-proof concrete with water-proof agent
引气剂防水混凝土
Water-proof concrete with air entraining agent
减水剂防水混凝土
Water-proof concrete with water reducing agent
三乙醇胺防水混凝土
Triethanolamine water-proof concrete
膨胀水泥抗渗混凝土
Expansive cement concrete Water-proof concrete
纤维混凝土
Fiber reinforced concrete
钢纤维混凝土
Steel fiber reinforced concrete
合成纤维混凝土
Synthetic fiber reinforced concrete
防辐射混凝土　　Anti-radiation concrete
耐火混凝土　　　Fireproof concrete

耐热混凝土	Heat resistance concrete
耐酸混凝土	Acidproof concrete
粘结力	Bonding force
耐久性质	Durability
砂浆的变形	Deformation of mortar
水泥用量	The amount of cement
抹面砂浆	Facing mortar
普通抹面砂浆	Ordinary facing mortar
防水砂浆	Waterproof mortar
水泥砂浆	Cement mortar
防水剂	Water-proofing agent
膨胀水泥砂浆	Expansive cement mortar
装饰砂浆	Decorative mortar
特种砂浆	Special mortar
绝热砂浆	Thermal Insulation mortar
吸声砂浆	Sound absorbing mortar
耐腐蚀砂浆	Corrosion-proof mortar
聚合物砂浆	Polymer mortar
防辐射砂浆	Radiation protection mortar

4. 沥青

地沥青	Albafite
焦油沥青	Tar pitch
天然沥青	Natural asphalt
石油沥青	Petroleum asphalt
页岩沥青	Shale asphalt
木沥青	Wood pitch
煤沥青	Coal pitch
沥青建筑材料	Building asphalt material
改性沥青	Modified asphalt
液体沥青	Liquid asphalt
乳化沥青	Asphalt emulsion
填充料改性沥青	Filler material modified asphalt
沥青混合料	Asphalt mixture
沥青胶	Bitumen mastic
沥青混凝土	Asphalt concrete
沥青砂浆	Asphalt mortar
油分	Oil components
树脂质	Resinite
沥青质	Asphaltine
固体石腊	Solid paraffin
黏滞性	Viscosity
针入度	penetration degree
标准黏度	Standard viscosity
耐热性	Heat-durability
软化点	Softening point
脆点	Brittle point
温度稳定性	Temperature stability
塑形	Plasticity
大气稳定性	Atmospheric stability
道路沥青	Road asphalt
建筑沥青	Building asphalt
普通沥青	Ordinary asphalt
专用沥青	Special asphalt
掺配法	Mixing method
乳化法	Emulsification method
填充法	Filling method

5. 金属材料

炼铁	Ironmaking
炼钢	Steelmaking
铸锭	Casting
压力加工	Presswork
热处理	Heat treatment
平炉钢	Martin steel
转炉钢	Converter steel
电炉钢	Electric steel
沸腾钢	Boiling steel
镇静钢	Killed steel
半镇静钢	Semi-killed steel
特殊镇静钢	Special killed steel
碳素钢	Carbon steel
低碳钢	Low carbon steel
中碳钢	Medium carbon steel
高碳钢	High carbon steel
普通碳素钢	Common straight carbon steel
优质碳素钢	Prime carbon steel
高级优质碳素钢	High-grade carbon steel
特级优质碳素钢	Extra-grade carbon steel

合金钢	Alloy steel
低合金钢	Low alloy steel
中合金钢	Medium alloy steel
高合金钢	High alloy steel
碳素结构钢	Carbon structural steel
普通碳素结构钢	Common carbon structural steel
优质碳素结构钢	Prime carbon structural steel
合金结构钢	Alloy structural steel
普通低合金结构钢	Common alloy structural steel
工具钢	Tool steel
碳素工具钢	Carbon tool steel
合金工具钢	Alloy tool steel
高速工具钢	High speed tool steel
特殊性能钢	Special performance steel
专门用途钢	Special purpose steel
抗拉性能	Tensional properties
弹性阶段	Elastic stage
屈服阶段	Yield stage
强化阶段	Strengthening stage
颈缩阶段	Necking stage
冲击韧性	Impact toughness
冲击荷载	Impact load
冷脆性	Cold-brittleness
脆性转变温度	Brittle transition temperature
脆性临界温度	Brittle critical temperature
时效	Aging
时效敏感性	Aging sensibility
耐疲劳性	Fatigue durability
交变荷载	Alternate load
疲劳破坏	Fatigue failure
疲劳强度	Fatigue strength
硬度	Hardness
布氏法	Brinell hardness
洛氏法	Rockwell hardness
冷弯性能	Cold bending properties
焊接性能	Welding performance
碳	Carbon
硫	Sulfur
磷	Phosphorus
氧	Oxygen
氮	Nitrogen
硅	Silicon
锰	Manganese
钛	Titanium
钒	Vanadium
时效处理	Aging treatment
冷拉	Cold drawn
冷拔	Cold drawing
退火	Anneal
淬火	Quenching
回火	Temper
正火	Normalizing
防火涂料	Fire-retardant coatings
不燃性板材	Non flammable plates
化学腐蚀	Chemical corrosion
电化腐蚀	Electrochemical corrosion
保护膜法	Protective coating methods
电化学防腐	Electrochemical protection corrosion
合金化	Alloying
低合金高强度结构钢	Low alloy high tensile strength structural steel
热轧型钢	Hot-rolled section steel
角钢	Angle section steel
型钢	Section steel
槽钢	Channel section steel
冷弯型钢	Cold-rolled forming section steel
冷弯空心型钢	Hollow cold bending section steel
冷弯开口型钢	Open cold bending section steel
钢管	Steel tube
无缝钢管	Seamless steel tube
焊缝钢管	Welded steel tube
钢板	Steel plate
普通钢板	Normal steel plate

花纹钢板	Riffled steel plate
压型钢板	Profiled steel plate
彩色涂层钢板	Color-painted steel strip
低碳钢热轧圆盘条	Low carbon hot-rolled coil rod
热轧钢筋	Hot-rolled bar
冷轧带肋钢筋	Cold-rolled ribbed bar
冷轧扭钢筋	Cold-rolled-twisted bar
预应力钢筋	Prestressed bar
钢绞线	Steel strand
热处理钢筋	Heat-treated steel
铝合金制品	Al-alloy products
铝合金门窗	Al-alloy doors and windows
铝合金玻璃幕墙	Al-alloy glass curtain wall
铝合金装饰板	Al-alloy decorative plate
铝合金花纹板	Al-alloy riffled plate
铝合金波纹板	Al-alloy corrugated plate
铝合金冲孔板	Al-alloy perforated plate
超高强度钢	Ultra-high strength steel
低屈强比钢	Low yield ratio steel
新型不锈钢	New type of stainless steel
高耐蚀性金属及钛合金	High corrosion resistance metals and titanium alloy
耐火钢	Refractory steel
轻质、高比强度金属材料	Light-weight and high specific strength metal
耐低温金属材料	Low temperature resistant metal
形状记忆合金	Shape memory alloy
非磁性金属	Non-magnetic metal
非晶质金属	Non-crystal metal
金属纤维	Metal fiber
吸氢金属	Hydrogen pick-up metal

6. 建筑玻璃

垂直引上法	Vertical upward draught method
浮法工艺	Float technics
钠玻璃	Soda glass
铝镁玻璃	Aluminum-magnesium glass
钾玻璃	Potash glass
硼硅玻璃	Borosilicate glass
石英玻璃	Quartz glass
力学性质	Mechanical properties
弹性模量	Elastic modulus
光学性质	Optical properties
反射能力	Reflection ability
吸收能力	Absorbency ability
透射能力	Transmission ability
热性质	Thermal properties
比热	Specific heat
导热系数	Thermal conductivity
热膨胀性	Thermal expansivity
热稳定性	Thermal stability
冷加工	Cold working
热加工	Hot working
表面处理	Surface treatment
化学蚀刻	Chemical etching
平板玻璃	flat glass
普通平板玻璃	Ordinary Plate glass
浮法玻璃	Float glass
磨光玻璃	Polished glass
毛玻璃	Ground glass
安全玻璃	Safety glass
钢化玻璃	Toughened glass
夹层玻璃	Laminated glass
功能玻璃	Functional glass
吸热玻璃	Heat absorbing glass
热反射玻璃	Heat reflecting glass
太阳能玻璃	Solar powered glass
中空玻璃	Hollow glass
饰面玻璃	Facing glass
釉面玻璃	Enamelled glass
水晶玻璃	Crystal glass
艺术装饰玻璃	Art decoration glass
有机玻璃	Organic glass

7. 墙体材料和屋面材料

烧结砖	Clinker brick
焙烧	Roasting

煤矸石	Gangue
粉煤灰	Fly ash
烧结普通砖	Ordinary clinker brick
外观质量	Appearance quality
泛霜	Effloresce
石灰爆裂	Lime imploding
抗风化性能	Efflorescence resistance
烧结多孔砖	Sintered cellular brick
烧结空心砖	Sintered hollow brick
空心砌块	Hollow block
蒸压灰砂砖	Autoclaved sand-lime brick
蒸养粉煤灰砖	Steam-cured fly ash brick
炉渣砖	Slag brick

蒸压加气混凝土砌块
Autoclaved aerated concrete block
混凝土小型空心砌块
Small hollow concrete block
粉煤灰硅酸盐中型砌块
Medium-sized fly ash silicate block
QTC 轻质复合砌块
QTC lightweight compound block
FHR-Vc 复合硅酸盐硬质保温隔热板
FHR-Vc horniness composite silicate thermal baffle
预应力空心墙板
Prestressed hollow wallboard
玻璃纤维增强水泥-多孔墙板
Glass fiber reinforced cement - porous wallboard
轻质隔热夹芯板
Light-weight sandwich thermal baffle
网塑夹芯板　　Wire mesh-foam coreboard
纤维增强低碱度水泥建筑平板
Fiber reinforced low-alkali cement plate
玻璃纤维增强石膏板
Fiber reinforced plasterboard
钢丝网增强水泥轻质内隔墙板
Steel mesh reinforced cement light-weight interior partition plate
黏土瓦　　　　Clay tile
混凝土瓦　　　Concrete tile
石棉水泥波瓦
Asbestos cement corrugated tile
铁丝网水泥大波瓦
Large-size woven wire cement corrugated tile
塑料瓦　　　　Plastic tile
聚氯乙烯波纹瓦 PVC corrugated tile
玻璃钢波形瓦
Glass reinforced plastic corrugated tile
金属波形瓦　　Metal corrugated tile

8. 防水材料

沥青基防水涂料
Asphalt waterproof coating material
冷底子油　　　Adhesive bitumen primer
沥青胶　　　　Mastic asphalt
水性沥青基防水涂料
Waterborne asphalt waterproof coating material
高聚物改性沥青防水涂料
High polymer modified asphalt waterproof coating material
合成高分子防水涂料
Synthetic polymeric waterproof coating material
沥青防水卷材
Asphalt waterproof coiled material
石油沥青纸胎油毡、油纸
Petroleum asphalt felt paper and oiled paper
石油沥青玻纤油毡
Petroleum asphalt fiberglass felt paper
石油沥青玻璃布胎油毡
Petroleum asphalt glass cloth felt fetal
高聚物改性沥青防水卷材
High polymer modified asphalt waterproof coiled material
弹性体改性沥青防水卷材
Elastic modified asphalt waterproofing coiled material
塑性体改性沥青防水卷材

Plastic modified asphalt waterproofing coiled material
改性沥青聚乙烯胎防水卷材
Modified asphalt polyethylene waterproof coiled material
合成高分子防水卷材
Synthetic polymeric waterproof coiled material
三元乙丙橡胶防水卷材
Ethylene propylene diene monomer waterproof coiled material
聚氯乙烯防水卷材 PVC coiled material
氯化聚乙烯防水卷材
Chlorinated polyethylene waterproof coiled material
氯化聚乙烯-橡胶共混防水卷材
Chlorinated polyethylene-rubber mixed waterproof coiled material
建筑防水密封膏
Construction waterproof sealant
建筑防水沥青嵌缝油膏
Construction waterproof asphalt caulking ointment
聚氯乙烯建筑防水接缝材料
Polyvinyl chloride construction waterproof joint material
硅酮建筑密封胶
Silicone construction sealant
聚氨酯密封胶 Polyurethane sealant
止水带 Wateproof strip
塑料止水带 Plastic waterproof strip
橡胶止水带 Rubber waterproof strip

9. 绝热、吸声隔声及装饰材料
多孔吸声材料
Porous sound absorptive materials
薄板振动吸声结构
Sheet vibrating sound absorbing structure
共振吸声结构
Resonance sound absorbing structure
悬挂空间吸声体
Hanging spatial sound absorber
幕帘吸声体 Curtain sound absorber
柔性吸声材料
Flexible sound absorbing materials

10. 装饰材料
石材 Stones
天然石材 Natural Stones
人造石材 Man-made stones
岩浆岩 Magmatic rock
沉积岩 Sedimentary rock
变质岩 Metamorphic rock
毛石 Rubble stone
料石 Dressed stone
板材 Slabstone
颗粒状石料 Granular rock material
建筑陶瓷制品
Construction ceramic products
装饰玻璃制品 Decorative glass products
装饰砂浆及装饰混凝土
Decorative mortars and decorative concretes
塑料制品 Plastic products
装饰涂料 Decorative coatings
金属装饰材料 Metallic decorative materials
木质装饰制品 Wooden decorative products
人造板 Artificial lumber board
胶合板 Plywood
胶合板夹心板 Plywood sandwich board
纤维板 Fiber board
刨花板 Shaving board
木丝板 Woodwool board
木屑板 Xylolite board
镶拼地板 Veneer floor board
改性木材 Modified lumber
木材层积塑料 Compreg
压缩木 Compressed wood

11. 建筑材料检验
水泥细度检验 Cement fineness test
负压筛法
Negative pressure sieving method
水筛法 Water sieving method

手工干筛法	Handwork dry-sieve method
标准法检验	Standard method test
代用法检验	Substitution method test
体积安定性	Volume stability
水泥胶砂强度	Cement mortar strength test
堆积密度	Bulk density
取样	Sampling
人工拌和	Handwork mixing
机械拌和	Mechanical mixing
气压法	Pneumatic process
水洗分析法	Washing analysis method
超声波法	Supersonic method
回弹法	Resilience method
针入度检验	Penetration degree test
软化点检验	Softening point test
延度检验	Ductility test

12. 合成高分子材料

热塑性聚合物	Thermoplastic polymer
热固性聚合物	Thermosetting polymer
增塑剂	Plasticizer
填充剂	Filler
稳定剂	Stabilizing agent
固化剂	Solidifying agent
润滑剂	Lubricant
聚乙烯	PE
聚丙烯	PP
聚氯乙烯	PVC
聚偏二氯乙烯	PVDC
醋酸乙烯树脂	PVAC
聚苯乙烯	PS
丙烯腈-丁二烯-苯乙烯共聚物	ABS
聚甲基丙烯酸甲酯	PMMA
聚碳酸酯	PC
酚醛树脂	PF
脲醛树脂	UF
环氧树脂	EP
不饱和聚酯	UP
聚酯	PBT

聚氨酯	PUR
有机硅树脂	SI
聚酰胺	PA
三聚氰胺甲醛树脂	MF
塑料板材	Plastic sheet
塑料卷材	Plastic coiled material
玻璃纤维增强塑料	Glass fiber reinforced plastic
三元乙丙橡胶	Ethylene propylene terpolymer
氯丁橡胶	Polymeric chloroprene rubber
丁基橡胶	Butyl rubber
丁腈橡胶	Nitrile butadiene rubber
粘料	Adhesive
固化剂	Solidifying agent
填料	Filler
稀释剂	Thinner
偶联剂	Coupling agent
增塑剂	Plasticizer
胶粘机理	Mechanical of adhesive
机械连接理论	Mechanical coupling theory
化学键理论	Chemical bond theory
吸附扩散理论	Adsorption and diffusion theory
聚醋酸乙烯胶粘剂	Polyethylene acetate bonding adhesive
聚乙烯醇缩甲醛胶粘剂	Polyvinyl formal bonding adhesive
聚氨酯类胶粘剂	Polyurethane bonding adhesive
环氧树脂类胶粘剂	Epoxy resin bonding adhesive
不饱和聚酯树脂胶粘剂	Unsaturation polyester resin bonding adhesive
酚醛树脂胶粘剂	Phenolic resin adhesive

参考文献

[1] 高琼英. 建筑材料[M]. 3版. 武汉：武汉理工大学出版社，2006.
[2] 宋岩丽. 建筑材料与检测[M]. 上海：同济大学出版社，2010.
[3] 明光，黄艳. 建筑装饰材料[M]. 北京：中国水利水电出版社，2010.
[4] 魏鸿汉. 建筑材料[M]. 3版. 北京：中国建筑工业出版社，2010.
[5] 李亚杰，方坤河. 建筑材料[M]. 6版. 北京：中国水利水电出版社，2009.
[6] 陈宝璠. 土木工程材料检测实训[M]. 北京：中国建材工业出版社，2009.
[7] 王福川. 新型建筑材料[M]. 北京：中国建筑工业出版社，2003.
[8] 黄政宇. 土木工程材料[M]. 北京：高等教育出版社，2002.
[9] 汪绯. 建筑材料[M]. 北京：高等教育出版社，2010.
[10] 吴芳. 新编土木工程材料教程[M]. 北京：中国建材工业出版社，2007.
[11] 王世芳. 建筑材料[M]. 北京：中央广播电视大学出版社，1997.
[12] 黄晓明，潘钢华，赵永利. 土木工程材料[M]. 南京：东南大学出版社，2001.
[13] 吴科如，张雄. 土木工程材料[M]. 上海：同济大学出版社，2003.
[14] 张健. 建筑材料与检测[M]. 北京：化学工业出版社，2003.
[15] 苻芳. 建筑材料[M]. 南京：东南大学出版社，2001.
[16] 王忠德，张彩霞，方碧华，等. 实用建筑材料试验手册[M]. 3版. 北京：中国建筑工业出版社，2008.
[17] 沈春林. 路桥防水材料[M]. 北京：化学工业出版社，2006.
[18] 中国建筑工业出版社. 现行建筑材料规范大全（修订缩印本）[M]. 北京：中国建筑工业出版社，1995.

《建筑材料与检测》配套实训报告

班　　级：_____

姓　　名：_____

学　　号：_____

指导老师：_____

项目一
水泥标准稠度用水量测定

1. 实训目的

_____

_____

2. 实训步骤

(1)标准稠度用水量可采用_____和_____两种方法中的任一种来测定。如检测结果发生矛盾时,以_____为准。

(2)实训操作前必须检查测定仪的金属棒能否_____,试锥降至_____位置时,指针应对准标尺零点,搅拌机应运转正常。

(3)用水泥净浆搅拌机搅拌,搅拌锅和叶片先用_____擦抹,先将拌和水倒入搅拌锅内,再将称好的_____g水泥加入水中,倒入时防止水和水泥溅出;拌和时,先将锅放到搅拌机的锅座上,升至搅拌位置,固定好后,启动搅拌机低速搅拌 120 s,停拌 15 s,接着快速搅拌 120 s 后停机,此时,将_____和锅壁上的水泥浆刮入锅中。

(4)拌和完毕,_____将拌制好的水泥净浆装入已置于_____上的圆模中,用小刀插捣,振捣密实,刮去多余净浆,抹平后迅速将底板和试模移到_____上,并将其中心定在试杆下,降低试杆直至与_____接触。拧紧螺钉,然后突然放松,让试杆_____沉入水泥净浆中。读出_____与_____的距离,以试杆沉入净浆并距底面_____mm 的水泥净浆为标准稠度净浆。升起试杆后立即将其擦净。整个操作应在搅拌后 1.5 min 内完成。

其拌和用水量为该水泥的标准稠度用水量,按水泥质量的百分比计。

$$P = \frac{m_1}{m_2} \times 100\%$$

式中 m_1——水泥净浆达到标准稠度时拌和的拌和用水量(g);

m_2——水泥的质量(g)。

3. 数据记录与处理

编号	试样质量/g	加水量/g	试杆距底板距离 S/mm	稠度 P/%

项目二

水泥胶砂强度检测

1. 实训目的

_____

_____

2. 实训步骤

（1）检测前准备：试件所用试模为 40 mm×40 mm×160 mm 一式三联模，成型前将试模_____，_____装配，防止漏浆，内壁均匀涂刷_____。

（2）材料称重：试件是按胶砂的质量配合比为水泥∶标准砂∶水＝1∶3∶0.5 进行拌制的。一锅胶砂制成三条，每锅材料需要的材料用量为：水泥_____ g；标准砂_____ g；水的用量_____ g。

注：水泥胶砂强度应用中国 ISO 标准砂。ISO 标准砂由 1～2 mm 粗砂、0.5～1.0 mm 中砂、0.08～0.5 mm 细砂组成，各级砂质量为 450 g，通常以 1 350 g±5 g 包装成袋。

（3）搅拌：拌和程序为：_____，共计 240 s，搅拌完毕后，将叶片上的砂浆刮下，取下搅拌锅装试模。

（4）试件成型：将涂完油的空试模和模套固定到振实台上，试模和模套应对齐，将搅拌锅内的砂浆分两次装入试模，第一次先装入第一层，用大播料器垂直架在模套顶部，沿每个模槽来回一次，多余的刮出，不足的填满，将料层播平，开启振动台振实_____下。

然后装入第二层，用小播料器播平，再振实 60 下。取下试模，用一金属直尺近似 90°角架在试模顶部的一端，缓慢地割向另一端，一次将多余的砂浆割去，再将试件抹平。然后用一张纸写上班级、组号、成型日期。

（5）试件养护。《水泥胶砂强度检验方法（ISO 法）》(GB/T 17671—1999) 规定试验室温度为 20 ℃±2 ℃，相对湿度≥50%，湿气养护箱温度为 20 ℃±1 ℃，相对湿度≥90%，养护水温度为 20 ℃±1 ℃，试验室温度、湿度及养护水温度在工作期间每天至少记录一次，湿气养护箱温度、湿度至少每 4 h 记录一次。

1）脱模前的处理和养护。去掉留在模子四周的胶砂，立即将做好标记的试模放入雾室或湿箱的水平架上养护，湿空气应能与试模各边接触。养护时不应将试模放到其他试模上。一直养护到规定的脱模时间取出脱模。脱模前，用颜料笔按班级、组号、日期进行编号。两个龄期以上的试体，在编号时应将同一试模中的三条试体分在两个以上龄期内。

2）对于 24 h 以内龄期的，应在破型试验前 20 min 内脱模。对于 24 h 以上龄期的，应在成型后 20～24 h 内脱模。将脱模后做好标记的试块立即水平或竖直放在湿气养护箱内或放在规定条件下的水中养护，水平放置时刮平面应朝上。

3)到龄期的试件应在试验前 15 min 取出试件，揩去_____，并用湿抹布覆盖至试验。

(6)强度检测。

1)抗折强度测定。分别对养护龄期内的 3 d±2 h、28 d±3 h 取出三条试件先做抗折强度，试验前擦去试件表面的水分和砂粒，清除夹具上圆柱表面沾着的杂物。将试件的侧面与圆柱(定位销)接触。采用杠杆式抗折试验机时在试件放入前，应先将游动砝码移至零刻度线，调整平衡砣使杠杆处于平衡状态。试件放入后调整夹具，使杠杆有一仰角，从而在试件折断时尽可能地接近平衡位置。启动电机，丝杆转动带动游动砝码给试件加荷；试件折断后读杠杆上面标尺的读数可直接读出破坏荷载和抗折强度。

以一组三个棱柱体抗折强度的_____作为试验结果。当三个强度值中有超出平均值±10%的值时，应剔除后再取平均值作为抗折强度试验结果。

2)抗压强度测定。抗压强度试验通过标准规定的仪器，在半截棱柱体的侧面进行，试件受压面积为_____。试验前清除试件的受压面与加压板之间的砂粒和杂物，加荷速度为(2 400±200)N/s 均匀加荷。抗压强度为：

$$f_c = \frac{F}{A}$$

式中　f_c——抗折强度(MPa)；

　　　F——破坏荷载(N)；

　　　A——受压面积(1 600 mm^2)。

以一组三个棱柱体上得到的六个抗折强度测定值的算术平均值为试验结果。如果六个测定值中有一个超出测定值的±10%，就应剔除这个结果，而以剩下的五个值的平均值作为结果。如果五个测定值中再有超过它们平均数的±10%的值，则此组结果作废。

3. 数据记录与处理

编号	龄期	抗折破坏荷载/kN	抗折强度/MPa	抗折强度平均值/MPa	抗压破坏荷载/kN	抗压强度/MPa	抗压强度平均值/MPa
1	3 d						
2							
3							
1	28 d						
2							
3							

4. 结果判定

本项目检测水泥为_____；

生产厂家为_____；

强度等级（合格/不合格）_____。

项目三

混凝土用细骨料的检测

一、砂的筛分试验

1. 实训目的

_____

_____

2. 实训步骤

(1)准确称量试样_____,精确至 1 g,置于孔径按顺序排列好的套筛上的最上一层,将套筛装入摇筛机,固定好,摇筛_____,然后取下套筛,按筛孔大小顺序再逐个进行手筛,筛至每分钟通过量小于试样总量的1%为止。通过的颗粒并入下一号筛,逐层过筛,至筛完为止。

(2)试样各号筛上的筛余量均不得超过按下式计算的结果:

$$G = \frac{A\sqrt{d}}{200}$$

式中 G——在一个筛上的筛余量(g);

A——筛面面积(mm^2);

d——筛孔尺寸(mm)。

若超过按上式计算结果,应将该筛余试样分成两份,再次进行筛分,并以其两份筛余量之和作为该号筛的筛余量。

(3)分别称量各号筛的筛余试样,精确至 1 g,然后将每一层的筛余量和底盘的质量加和,与试验前的总量相比,相差不得超过试样总量的1%。

(4)结果计算。

筛孔尺寸/mm	分计筛余/%	累计筛余/%
4.75	$a_1 = m_1/m_总$	$A_1 = a_1$
2.36	$a_2 = m_2/m_总$	$A_2 = a_1 + a_2$
1.18	$a_3 = m_3/m_总$	$A_3 = a_1 + a_2 + a_3$
0.60	$a_4 = m_4/m_总$	$A_4 = a_1 + a_2 + a_3 + a_4$
0.30	$a_5 = m_5/m_总$	$A_5 = a_1 + a_2 + a_3 + a_4 + a_5$
0.15	$a_6 = m_6/m_总$	$A_6 = a_1 + a_2 + a_3 + a_4 + a_5 + a_6$

计算细度模数，并评定该试样的颗粒级配。筛分试验应筛分两次，取两次算术平均值作为测定结果。两次所得的细度模数之差大于 0.2 时，应重新进行试验。

$$M=\frac{A_2+A_3+A_4+A_5+A_6-5A_1}{100-A_1}$$

二、砂的表观密度测定

1. 实训目的

_____

_____

2. 实训步骤

(1) 称取烘干试样_____，精确至 1 g，通过漏斗，装入盛有半瓶冷开水的容量瓶中塞紧瓶塞。

(2) 静止 24 h 后，摇动容量瓶，排净水与试样中的气泡。然后用滴管加水至容量瓶的刻度线处，盖上瓶塞，用抹布擦干容量瓶外部的水分，称量其质量(m_2)，精确至 1 g。

(3) 容量瓶中的试样和水倒出，内外洗净，再向瓶内注水至瓶颈 500 mL 刻度线处，盖上瓶塞，擦干瓶外水分，称其质量(m_3)，精确至 1 g。

(4) 记录 $m_1=$_____；$m_2=$_____；$m_3=$_____。

(5) 结果计算。

计算砂样的表观密度 ρ_0：

$$\rho_0=\frac{m_1\rho_{H_2O}}{m_1+m_3-m_2}$$

式中　ρ_0——砂的表观密度(kg/m³)；

　　　m_1——干砂的质量 0.3 kg；

　　　m_2——试样、水和容量瓶的质量(kg)；

　　　m_3——水和容量瓶的质量(kg)。

三、砂的堆积密度测定

1. 实训目的

_____

_____

2. 实训步骤

(1) 松散的堆积密度。首先用天平称量容量筒的质量 m_1，将容量筒放在漏斗下面，然后将烘干的试样装入漏斗，将漏斗下面的活塞拔出，砂样徐徐流入容量筒，当容量筒上部呈锥形四周溢满时，停止加试样。用直尺从中间向两边试样刮平，称量筒和试样的总质量记为 m_2。

记录 $m_1=$_____，$m_2=$_____。

(2) 紧密堆积密度。首先用天平称量容量筒的质量 m_1'，将容量筒放在漏斗下面，将容量筒装满一半的试样，将垫棒垫入筒底，将筒按住左右各摇振 25 次，再装入另一半，垫棒在筒底水平方向转 90°，用同样的方式摇振 25 次，将筒加满，用直尺从中间向两边试样刮平，称量筒和试样的总质量记为 m_2'。

记录 $m_1'=$ _____，$m_2'=$ _____。

(3)结果计算。

1)计算砂的松散(紧密)堆积密度：

$$\rho_0' = \frac{m_2 - m_1}{V_0'}$$

式中　m_1——容量筒的质量(kg)；

　　　m_2——容量筒和砂的总质量(kg)；

　　　V_0'——容量筒的容积，1 L。

2)计算砂的松散(紧密)空隙率：

$$P' = \left(1 - \frac{\rho_0'}{\rho_0}\right) \times 100\%$$

3. 数据记录与处理

检验项目			检验结果					
表观密度 ρ_0/(kg·m^{-3})								
松散堆积密度 ρ_0'/(kg·m^{-3})								
紧密堆积密度 ρ_0'/(kg·m^{-3})								
松散空隙率 $P'_{松散}$/%								
紧密空隙率 $P'_{紧密}$/%								
颗粒级配								
标准要求	筛孔尺寸/mm		10	5.0	2.5	1.25	0.63	0.315	0.16	其他总和
	颗粒级配区	1区	0	10～0	35～5	65～35	85～71	95～80	100～90	
		2区	0	10～0	25～0	50～10	70～41	92～70	100～90	
		3区	0	10～0	15～0	25～0	40～16	85～55	100～90	
检验结果	1号筛余量/g								
	2号筛余量/g								
	1号分计筛余/%								
	2号分计筛余/%								
	1号累计筛余/%								
	2号累计筛余/%								
	平均累计筛余/%								
	1号细度模数/M_x			平均细度模数/M_x			级配区		
	2号细度模数/M_x								

7

项目四
混凝土用粗骨料(碎石)的检测

一、石子筛分析试验

1. 实训目的

_____

2. 实训步骤

(1)按下表规定的方法取烘干的试样(一般取 3 000 g)。

最大粒径/mm	9.5	16.0	19	26.5	31.5	37.5	63.0	75.0
最少试样质量/kg	1.9	3.2	3.8	5.0	6.3	7.5	12.6	16.0

(2)将试样倒入按顺序由_____到_____孔径、由_____到_____的套筛最上面一层。

(3)将套筛装入摇筛机,固定好,摇筛_____,取下套筛,按孔径由大到小的顺序,逐个进行手筛,直至每分钟的筛出量不得超过试样总量的0.1%为止。通过的颗粒并入下一号筛,直到筛完为止。

(4)称量每层筛的筛余量精确至_____ g。

二、石子的表观密度检测

1. 实训目的

_____

2. 实训步骤

(1)按下表规定的方法取烘干的试样 m_1(一般取_____ g)。

最大粒径/mm	<26.5	31.5	37.5	63.0	75.0
最少试样质量/kg	2.0	3.0	4.0	6.0	6.0

(2)将上项所取试样浸水饱和,将广口瓶倾斜,试样装入广口瓶中,将广口瓶加满水用_____沿瓶口滑行,使其_____瓶口水面,玻璃片盖住瓶口时,瓶内不得带有_____,擦干瓶外水分,称量其质量 m_2。

(3)小心将瓶内的水和试样倒出,内外洗净,重新注入_____,将瓶内气泡排净,盖上_____，擦干瓶外水分，称量其质量 m_3。

(4)记录 $m_1=$_____；$m_2=$_____；$m_3=$_____。

(5)结果计算。

计算试样的表观密度 ρ_0：

$$\rho_0 = \frac{m_1 \rho_{H_2O}}{m_1 + m_3 - m_2}$$

式中　ρ_0——试样的表观密度(kg/m^3)；

　　　m_1——干试样的质量 0.3 kg；

　　　m_2——试样、水、广口瓶和玻璃板的质量(kg)；

　　　m_3——水、广口瓶和玻璃板的质量(kg)。

三、石子的堆积密度检测

1. 实训目的

_____

_____

2. 实训步骤

(1)松散堆积密度。将容量筒放置在_____下面，漏斗活塞关闭，用铲子将漏斗装满，将活塞打开，使石子自由下落，当容量筒上面呈_____形四周溢面时，停止下落。除去凸出筒口表面的颗粒，并以合适颗粒填入凹陷孔隙，使表面平整，称其质量 m_2。将试样倒出，称量容量筒的质量 m_1。

记录 $m_1=$_____，$m_2=$_____。

(2)紧密堆积密度。首先称量容量筒的质量 m_1'，试样分_____层装入容量筒，放入第一层后，将_____放入筒底，用手按住把手，左右交替摇振_____次，再装入第二层，第二层装满后用同样的方法振实，再装入第三层，用同样的方法振实。第三次振实后，加料至_____，用垫棒沿筒口边缘滚动，刮下凸出筒口的颗粒，再用合适的颗粒填平，称取其质量 m_2'。

记录 $m_1'=$_____，$m_2'=$_____

(3)结果计算。

1)计算石子的松散(紧密)堆积密度：

$$\rho_0' = \frac{m_2 - m_1}{V_0'}$$

式中　m_1——容量筒的质量(kg)；

　　　m_2——容量筒和石的总质量(kg)；

　　　V_0'——容量筒的容积，10 L。

2)计算石子的松散(紧密)空隙率。

$$P' = \left(1 - \frac{\rho_0'}{\rho_0}\right) \times 100\%$$

3. 数据记录与处理

检验项目	检验结果							
表观密度 ρ_0 /(kg·m^{-3})								
松散堆积密度 ρ'_0 /(kg·m^{-3})								
紧密堆积密度 ρ'_0 /(kg·m^{-3})								
松散空隙率 $P'_{松散}$ /%								
紧密空隙率 $P_{紧密}$ /%								
颗粒级配								

	级配情况	公称尺寸/mm	累计筛余(按质量计,%)						
			筛孔尺寸/mm						
			40.0	31.5	25	20.0	16.0	10.0	5.0	2.5
标准要求	连续粒级	5～10					0	0～15	80～100	95～100
		5～16				0	0～10	30～60	85～100	95～100
		5～20			0	0～10		40～80	90～100	95～100
		5～25		0	0～5		30～70		90～100	95～100
		5～31.5	0	0～5		15～45		70～90	90～100	95～100
		5～40	0～5			30～60		70～90	95～100	
	单粒级	10～20			0	0～15		85～100	95～100	
		16～31.5	0	0～10			85～100		95～100	
		20～40	0～10			80～100		95～100		
		31.5～60	45～75	75～100			95～100			
		40～80	70～100			95～100				
检验结果	筛余量/g									
	分计筛余/%									
	累计筛余/%									

颗粒级配评定	
检验依据	
备注	

项目五

普通混凝土性能的检测

一、普通混凝土拌合物的和易性测定

1. 实训目的

_____

_____

2. 实训步骤

(1) 按比例配制出_____ L拌合材料(如水泥：3.0 kg；砂：4.2 kg；石子：7.7 kg；水：1.5 kg)，将它们倒在拌板上并用铁锹拌匀，再将中间扒一凹注，边_____边进行拌和，直至拌和均匀。

(2) 用湿布将拌板及坍落度筒内外擦净、润滑，并将筒顶部加上_____，放在拌板上。用双脚踩紧踏板，使其位置固定。

(3) 用小铲将拌好的拌合物分_____层均匀地装入筒内，每层装入高度在插捣后大致为筒高的_____。顶层装料时，应使拌合物高出筒顶。插捣过程中，如试样沉落到低于筒口，则应随时添加，以便自始至终保持高于筒顶。每装一层分别用捣棒插捣_____次，插捣应在全部面积上进行，沿螺旋线由边缘渐向中心。在筒边插捣时，捣棒应稍有倾斜，然后垂直插捣中心部分，每层插捣时应捣至下层表面为止。

(4) 插捣完毕后卸下漏斗，将多余的拌合物用_____刮去，使之与筒顶面齐平，筒周围拌板上的杂物必须刮净、清除。

(5) 将坍落度筒小心平稳地_____向上提起，不得歪斜，提离过程约___s内完成，将筒放在拌合物试体一旁，量出坍落后拌合物试体_____与筒的高度差(以 mm 为单位，读数精确至 5 mm)，即为该拌合物的坍落度。从开始装料到提起坍落度筒的整个过程在_____s内完成。

(6) 当坍落度筒提离后，如试件发生_____现象，则应重新取样进行试验。如第二次仍然出现这种现象，则表示该拌合物_____不好，应予记录备案。

(7) 测定坍落度后，观察拌合物的下述性质，并记录。

黏聚性：用捣棒在已坍落的拌合物锥体_____轻轻敲打，如果锥体逐步_____，表示黏聚性良好；如果突然_____，部分崩裂或石子离析，则为黏聚性不好的表现。

保水性：当提起坍落度筒后，如有较多的_____从底部析出，锥体部分的拌合物也因_____而骨料外露，则表明保水性不好；如无这种现象，则表明保水性良好。

二、普通混凝土抗压强度测定

1. 实训目的

_____

_____

11

2. 实训步骤

(1)试件的成型。

1)混凝土抗压强度试验一般以_____个试件为一组。每一组试件用的拌合物应从同一盘或同一车运送的混凝土中取出，或在试验室用机械或人工单独拌制。可以检验现浇混凝土工程或预制构件质量的分组及取样原则；应按《混凝土结构工程施工质量验收规范》(GB 50204—2015)及其他有关标准的规定执行。

2)制作前，应将试模清理干净，并在试模_____涂一层矿物油脂。

3)振动台振实成型：将拌合物一次装入试模，并稍有富余，然后将试模放在振动台上，开动振动台，振动到拌合物表面呈现_____为止，记录_____。振动结束后，用镘刀沿试模边缘将多余的拌合物刮去，并将表面抹平。

(2)试件养护。试件成型后应覆盖，以防止水分蒸发，并在室温为_____℃条件下至少静止_____d(但不超过 2 d)，然后编号拆模。拆模后的试件应立即放在温度为_____℃、相对湿度为_____％以上的标准养护室中养护。

(3)抗压试验步骤。

1)试件从养护地点取出后应_____进行试验，以免试件内部的温度、湿度发生显著变化。

2)试件在受压前应清理干净，测量尺寸，并检查其外观，试件尺寸测量应精确至 1 mm，并计算试件的_____(A)。试件不得有明显缺损，其承压面的不平度要求不超过 0.05%，承压面与相邻面的不垂直偏差不超过±1 度。

3)把试件安放在试验机下的压板中心，试件的承压面与成型时的顶面_____。开动试验机，当上压板与试件接触时，调整球座，使接触均匀。

4)加压时，应_____的加载。加载速度为：混凝土强度等级小于 C30 时，取_____MPa/s；当大于或等于 C30 时，取_____MPa/s。当试件接近破坏而开始迅速变形时，应停止调整试验机油门，直至试件破坏，然后记录_____(P)。

3. 数据记录与处理

(1)试拌材料用量、表观密度、和易性测定。

	项　　目	水泥	砂	石	水	坍落度 /mm	黏聚性	保水性
设计用量	每 m³ 用量/kg							
	15 L 试拌材料用量/kg 第 1 次							
	15 L 试拌材料用量/kg 第 2 次							

(2)混凝土立方体抗压强度测试。

混凝土配合比为水泥∶砂子∶石子∶水＝_____。

编号	试件尺寸/mm		受压面积 s/mm²	破坏荷载 P/N	抗压强度 f/MPa		换算成 150 mm 立方体强度 /MPa	换算成 28 d 龄期强度 /MPa
	长度 a	宽度 b			测定值	平均值		
1								
2								
3								

项目六

石油沥青的性能的检测

一、针入度试验

1. 实训目的

_____

_____

2. 实训步骤

(1)准备工作：加热、脱水、过筛、制模、养护。

(2)将试样注入盛样皿中，稍高一点，盖上盛样皿防止灰尘，在15 ℃～30 ℃的室温中冷却1～1.5 h后放入恒温水槽2 h。

(3)取出试样皿移入水温控制在±0.1℃的平底玻璃器皿中，水深超过试样_____ mm。将盛有试样的玻璃器皿置于针入度仪的平板上。

(4)慢慢放下针连杆，使针尖恰好与试样表面接触。拉下刻度盘的拉杆与针连杆顶端轻轻接触，调节指示器的指针指示为零。

(5)开动秒表，在指针正指5 s的瞬间，用手紧压按钮，使标准针自动下落贯入试样，经_____s停压按钮使针停止移动。如采用自动针入度仪，计时与标准针下落贯入试样同时开始，至_____s时自动停止。

(6)调节刻度盘拉杆与针连杆接触读取指针指向的读数，精确至0.5 mm。

(7)同一试样平行试验至少三次，各测点之间与器皿边缘的距离不应少于_____ mm。每次试验后应换针或用三氯乙烯棉球擦净，再用干棉花擦干。

(8)结果评定。同一试样3次平行试验结果的最大值和最小值之差在表中规定偏差范围内时，计算3次试验结果的平均值取整作为针入度试验的结果，以0.1 mm为单位。

二、延度试验

1. 实训目的

_____

_____

2. 实训步骤

(1)按规定的方法准备试样，然后将试样仔细自试模的一端至另一端往返数次缓缓注入涂满隔离剂的试模中，最后略高出试模，灌模时应注意勿使气泡混入。试件在室温中冷却 30～40 min，然后置于规定试验温度±0.1 ℃的恒温水槽中，保持 30 min 后取出，用热刮刀刮除高出试模的沥青。

(2)将保温后的试件连同底板移入延度仪的水槽中，然后将盛有试样的试模自玻璃板或不锈钢板上取下，将试模两端的孔分别套在滑板及槽端固定板的金属柱上，并取下侧模。水面距试件表面应不小于_____ mm。

(3)开动延度仪，并注意观察试样的延伸情况。此时应注意，在试验过程中，水温应始终保持在试验温度规定范围内，且仪器不得有振动，水面不得有晃动，当水槽采用循环水时，应暂时中断循环，停止水流。在试验中，如发现沥青细丝浮于水面或沉入槽底时，则应在水中加入_____，调整水的密度至与试样相近后，重新试验。

(4)试件拉断时，读取指针所指标尺上的读数，以 cm 表示。在正常情况下，试件延伸时应成锥尖状，拉断时实际断面接近于零。如不能得到这种结果，则应在报告中注明。

(5)结果评定。取三个平行测定值的平均值作为测定结果。如三次测定值不在其平均值的 5% 以内，但其中两个较高值在平均值的 5% 之内，则舍去最低测定值，取两个较高值的平均值作为测定结果。

三、软化点试验

1. 实训目的

_____

2. 实训步骤

(1)将装有试样的试样环连同底板置于_____水的恒温水槽中至少 15 min；同时将相关的用具也置于相同水槽中。

(2)烧杯内注入新煮沸并冷却至 5 ℃的蒸馏水，水面略低于立杆上的深度标记。

(3)取出试样环放置在支架中层板的圆孔中，套上定位环；将整个环架放入烧杯中，调整水面至深度标记并保持水温_____。将温度计由上层板中心孔垂直插入，使温度计测温头部与试样环下面齐平。

(4)将烧杯移至加热炉上，将钢球放在定位环试样中央，开动振荡搅拌器，使水微微振荡，并开始加热，在 3 min 内调节好水温并维持每分钟上升_____℃。在加热过程中，记录每分钟上升的温度值，如上升速度超出范围，则试验应重做。

(5)试样受热软化逐渐下坠，当与下层底板表面接触时，立即读取温度，精确至 1 ℃。

(6)结果评定。同一试样平行试验两次，当两次测定值的差值符合重复性试验精密度要求时，取其平均值作为软化点，精确至 0.5 ℃。

3. 数据记录与处理

样品名称			规格型号		
试验项目	规定标准	实测值		平均值	单项判定
针入度/0.1 mm					
延度/cm					
软化点/℃					
检验依据					
结论					
备注					

项目编辑：瞿义勇
策划编辑：李 鹏
封面设计：广通文化

免费电子教案下载地址
www.bitpress.com.cn

北京理工大学出版社
BEIJING INSTITUTE OF TECHNOLOGY PRESS

通信地址：北京市海淀区中关村南大街5号
邮政编码：100081
电话：010-68948351 82562903
网址：www.bitpress.com.cn

关注理工职教
获取优质学习资源

ISBN 978-7-5682-6508-9

定价：49.80元
（主教材＋实训报告书）